David Attenborough und Colin Butfield

Ozeane

DAVID
ATTENBOROUGH

# OZEANE

## DIE LETZTE WILDNIS UNSERER ERDE

COLIN BUTFIELD

Aus dem Englischen von Jörn Pinnow

dtv

MIX
Papier | Fördert gute Waldnutzung
FSC® C083411

3. Auflage 2025

dtv Verlagsgesellschaft mbH & Co. KG
Tumblingerstraße 21, 80337 München
produktionssicherheit@dtv.de
Titel der englischen Originalausgabe: *Ocean. Earth's Last Wilderness*, erstmals erschienen 2025 im Verlag John Murray

Umschlaggestaltung und -motiv:
dtv nach einem Entwurf von © Yeachin Tsai 2025
Redaktion: Julia Sommerfeld
Satz: Fotosatz Amann, Memmingen
Gesetzt aus der Minion Pro
Druck und Bindung: CPI books GmbH, Leck
Printed in Germany · ISBN 978-3-423-28466-0

# INHALT

# ANMERKUNG DER AUTOREN

Beim Verfassen dieses Buchs stützten wir uns auf die Arbeit zahlreicher Wissenschaftlerinnen und Wissenschaftler aus den unterschiedlichsten Disziplinen und ließen uns von ihren Forschungen inspirieren. Die wichtigsten Quellen sind am Ende des Buchs aufgeführt. Zudem gab es eine ganze Reihe exzellenter Forschender, die uns freundlicherweise ihre Zeit und Expertise zur Verfügung stellten, damit wir *Ozeane. Die letzte Wildnis unserer Erde* so aktuell und exakt wie möglich halten konnten.

Unser Dank geht insbesondere an Dr. Mark Belchier, Mitarbeiter der Regierung Südgeorgien und der Südlichen Sandwichinseln sowie der British Antarctic Survey; Madi Bowden-Parry, University of Exeter; Rod Downie, leitender Berater des Arktik-Programms, WWF; Nico Koedam, Professor emeritus (Vrije Universiteit Brussel), derzeit angegliedert an die Universiteit Gent, Marine Biology Research Group; Dr. Tom Bech Letessier, University of Plymouth und University of Western Australia; Professor Daniel Mayor, University of Exeter; Professor Michael Meredith, British Antarctic Survey; Professorin Pippa Moore, Newcastle University; Professor Callum Roberts, University of Exeter; und Dr. Dan Smale, Marine Biological Association, Großbritannien.

Ein besonderer Dank gilt Dr. Casper van de Geer von der University of Exeter. Er arbeitete während der Entstehung dieses Buchs stets eng mit uns zusammen, und seine hervorragenden Forschungen und sein großes Wissen sind überall auf den folgenden Seiten zu spüren.

Ein herzlicher Dank an alle.

David Attenborough und Colin Butfield, Februar 2025

# VORWORT

Meine früheste Erinnerung an den Ozean ist die an eine tropische Lagune.

Im warmen Wasser hoben und senkten sich Ammoniten. Gelegentlich trieben sie ein Stück vorwärts, wobei sich ihre gewundenen Widderhornschalen im sedimentreichen Wasser erstaunlich geschmeidig bewegten. Kugelförmige Belemniten spritzten Tinte, als sie vor einem Räuber über den Austernbänken flohen. Ich war mir ziemlich sicher, dass es in diesem reichen Meer noch Hunderte weiterer Arten gab, aber ich hatte sie noch nicht zu Gesicht bekommen und beschloss, weiterzusuchen.

Tatsächlich existierte diese tropische Lagune nur in meiner Fantasie, angeregt durch die Erkundung eines alten Kalksteinbruchs in Leicestershire, etwa 50 Kilometer von der nächsten Küste entfernt. Dies war ein wunderbarer Ort für Abenteuer für einen kleinen Jungen in den 1930er-Jahren, und die Gewissheit, dass es sich vor Millionen von Jahren um eine warme und wilde Lagune gehandelt haben musste, machte ihn noch reizvoller. Hier konnte ich tagelang nach in den Felsen vergrabenen Schätzen suchen, die sich in den alten tropischen Meeren gebildet hatten. Die aus den Steinen herausgeschlagenen Fossilien längst ausgestorbener Meerestiere in der Hand zu halten und zu wissen, dass meine Augen die ersten waren, die sie jemals zu Gesicht bekamen, weckten eine unersättliche Neugierde in mir. Und so sollte ich also den Rest meines Lebens mit der Frage verbringen, was wohl unter der Meeresoberfläche lebte.

Paläontologen sind sich darüber im Klaren, dass das Bild vom Urozean, wie sie ihn aus seltenen konservierten Fragmenten zusammensetzen, unvollständig ist. Viele der wunderbaren Wesen, die in den Meeren des Jura oder der Kreidezeit schwammen, werden wir nie kennenlernen – wurden sie nicht versteinert, können wir sie auch niemals entdecken. Hier bestehen einige Parallelen zu meinem Bestreben, den Ozean unserer Zeit im Laufe meines Lebens zu verstehen. Denn während meiner ersten Lebensjahrzehnte war unser Wissen darüber, was in unserem Ozean lebte, nur bruchstückhaft, und es gab noch so viel, das wir erst verstehen mussten. Zwar stießen wir in großen Meerestiefen auf für uns neue Kreaturen, doch wir hatten im Grunde wenig Ahnung davon, wie sie überleben konnten oder mit welch anderen Wesen sie sich die Tiefsee teilten. Nicht anders verhielt es sich mit den Meeren, in denen einst meine Ammonitenfossilien geschwommen waren. Wir Menschen erlegten unzählige Wale, wussten aber nicht, welche Auswirkung dies auf das Ökosystem des gesamten Ozeans haben würde. Wir fotografierten Korallenriffe, konnten aber nicht erklären, warum sie ein derart wunderbares Spektrum an Diversität boten.

Ich habe das Glück, seit fast 100 Jahren zu leben. Während dieser Zeit haben wir mehr über die Weltmeere erfahren als in jedem anderen Zeitraum der Menschheitsgeschichte. Die Meeresforschung hat Wunder der Natur offenbart, die sich ein Junge in den 1930ern nie hätte vorstellen können. Moderne Technologien haben es uns ermöglicht, das Verhalten von Lebewesen zu filmen, wie ich es mir zu Beginn meiner Karriere nie hätte erträumen können, und die Menschheit hat die Ozeane so grundlegend verändert, dass die kommenden 100 Jahre entweder ein Massenaussterben des maritimen Lebens oder eine spektakuläre Erholung dieses Naturraums mit sich bringen könnten.

Ich werde nicht mehr miterleben, wie diese Geschichte ausgeht, aber nach einem langen der Erforschung unseres Planeten gewidmeten Leben bin und bleibe ich überzeugt: Je mehr Menschen die Natur genießen und verstehen, umso größer ist die Hoffnung, dass wir sie und uns retten können. Als Colin und ich beschlossen, dieses Buch zu schreiben, nahmen wir uns vor, den Nervenkitzel der Entdeckungen zu vermitteln, die Gefahren, denen unsere Weltmeere ausgesetzt sind, deutlich zu machen und vor allem die Geschichten zu erzählen, von denen wir glauben, dass sie eine neue Generation dazu inspirieren können, über die Küste hinaus und unter die Wellen zu schauen.

David Attenborough, Februar 2025

TEIL EINS

# IN DER LEBENSSPANNE EINES BLAUWALS

Unser gesamtes Wissen stammte aus dem Reich des Todes: Probenbehälter mit ausgeblichenen Präparaten, die aus unvorstellbaren Tiefen geborgen worden waren, von Forschern und Fischern weitergegebene Geschichten, an Stränden oder Felsküsten angespülte Überbleibsel. Noch vor 100 Jahren war ein Großteil unseres Ozeans ein Geheimnis – eine gewaltige verborgene Welt, in die man nur über die eigene Vorstellungskraft Zutritt erlangte.

Zu dieser Zeit besaßen wir bereits umfangreiche Kenntnisse über das Leben an Land, doch über jene Arten, die zwei Drittel der Erdoberfläche und 99 Prozent der bewohnbaren Gebiete besiedeln, wussten wir kaum etwas. Die flüchtigen Einblicke, die wir bislang hatten gewinnen können, ermutigten uns aber, immer weiter und tiefer zu suchen. Zu Beginn ergab das alles nur wenig Sinn – eine schillernde Vielfalt an Leben in eigentlich nährstoffarmem Wasser, einsame, weit von jedem Kontinent entfernte Unterwasserberge mit überbordendem Leben, und hin und wieder stießen wir auf die sterblichen Überreste von Tieren, die wir uns überhaupt nicht erklären konnten. Nach und nach entdeckten wir allerdings Hinweise, aus denen wir Ideen entwickelten, die wir zu Hypothesen bündelten, bevor sie zu Erkenntnissen wurden. Der technische Fortschritt erlaubte es uns, das Leben in den Ozeanen zu beobachten, nachzuverfolgen und zu kartieren. Und so offenbarte uns der Ozean ganz allmählich und Stück für Stück einige seiner Geheimnisse.

## PAZIFIK, 1941

200 Kilometer vor der Küste Kaliforniens taucht ein Blauwal in Sichtweite eines Konvois schwer bewaffneter grauer Schiffe auf, die gerade in See stechen. Ein Matrose an Bord, der als Fischer in diesen pazifischen Gewässern gearbeitet hatte, erkennt den Blas, die typische Fontäne. Oben auf dem Kopf besitzt der Blauwal kräftige V-förmige Muskeln, die sein Nasenloch umschließen – das doppelte Blasloch, wie alle Bartenwale es haben. Entspannen sich die Muskeln, ist das Blasloch geschlossen, sodass kein Wasser einströmen kann, doch sobald der riesige Wal auftaucht, sind die Muskeln aktiv, das Blasloch öffnet sich, und der Wal kann atmen. Der Blas des Blauwals lässt sich leicht von der flachen, niedrigen Fontäne der hier so häufig vorkommenden Buckelwale unterscheiden, denn er schießt mit fast 600 Stundenkilometern aus den gewaltigen Lungen des größten Tiers unseres Planeten in die Höhe.

Es ist ein achtjähriges Weibchen. Sie hat in den kalten, reichen Gewässern vor Alaska gefressen und schwimmt nun Tausende Kilometer gen Süden, vorbei an Kelpwäldern und nährstoffreichen Flussdeltas. Sie ruht sich aus und frisst sich am enormen Nahrungsangebot satt, das sich an Tiefseebergen und in Auftriebsströmungen sammelt, wo nährstoffreiches Wasser Leben aus dem offenen Meer anzieht. Bald wird sie gen Küste abdrehen, dorthin, wo sich die Küstenvegetation von Tannen zu Kakteen wandelt, auf der Suche nach wärmeren, geschützten Gewässern, um ihr erstes Kalb zu gebären.

Weder Wal noch Matrose ahnen, dass weite Teile der Ozeane kurz vor einer Phase relativer Ruhe stehen, während die Menschheit die stürmischste Zeit ihrer Geschichte erlebt. Trotz Atomwaffentests und Seeschlachten werden die Gräuel des Zweiten Weltkriegs einigen Teilen der Weltmeere eine Erholungspause verschaffen. Gebiete wie die Nordsee werden für die Fischerei viel zu gefährlich und erleben daher eine erstaunliche Zunahme an marinem Leben. Ein ungewolltes Experiment, aus den grausamsten denkbaren Umständen geboren, das dennoch den ersten Beweis in großem Maßstab liefert, dass sich die Weltmeere schneller erholen können, als wir je gedacht hätten.

## LONG BEACH, KALIFORNIEN, 2024

Kurz vor dem Ende ihres Lebens macht sich unsere Walkuh zum letzten Mal auf die Reise. 100 Meter entfernt von einem kleinen Touristenboot taucht sie auf, während die Biologin an Bord von den Ernährungs- und Wandergewohnheiten berichtet und die Waltouristen darauf hoffen, eine Schwanzflosse oder den Blas zu Gesicht zu bekommen. Die Hafenkräne von Long Beach sind gerade außer Sichtweite, als das Boot die tieferen Gewässer erreicht, in denen Blauwale und ihre nahen Verwandten, die Finnwale, beobachtet werden können, wie sie die Strecke zwischen dem Channel Islands National Park und den Surferstränden sowie den Schiffshäfen vor der Küste von Los Angeles zurücklegen.

Unsere Blauwalkuh hat Glück gehabt im Leben. Sie ist eine der wenigen ihrer Art, die die kommerzielle Jagd auf Wale überlebten, und sie schwamm ein Dutzend Mal die Küste auf und ab, wobei sie Tausende von Kilometern zurücklegte. Wahrscheinlich brachte sie in ihrem langen Leben alle zwei, drei Jahre ein Kalb zur Welt – in dieser Zeit begann der Bestand ihrer Spezies, die knapp vor dem Aussterben stand, sich langsam wieder zu erholen.

Im Laufe ihres Lebens haben auch wir eine stattliche Strecke zurückgelegt: von der Auffassung von Walen als Tranlieferanten bis hin zu der Erkenntnis, dass diese Tiere bestaunt oder sogar verehrt werden sollten, sind sie uns doch mit ihrer großen Intelligenz und den komplexen sozialen Interaktionen gar nicht so unähnlich. Kluge und leidenschaftliche Menschen sorgten für ein Ende des industriellen Walfangs, und heute legen wir Wert auf die neue Beziehung zu den Tieren, die auf wissenschaftlichem Verständnis, Weitsicht und Mitgefühl beruht. Doch trotz dieser langen Wegstrecke haben wir es noch nicht geschafft, dieselbe Weitsicht für ihren Lebensraum aufzubringen und ihn angemessen zu schützen. Für viele von uns ist die Welt jenseits der Strände dunkel, bedrohlich und wie von einem anderen Stern. Aus den Augen und damit auch aus dem Sinn. Doch nach und nach ändert sich dies. Jahrzehntelange engagierte Forschung, der technologische Fortschritt und neuer Respekt für das traditionelle Wissen der Menschen vor Ort haben zu erstaunlichen Entdeckungen geführt, die die zentrale Rolle der Ozeane in unser aller Leben offenbaren und uns deutlich machen, was wir tun müssen, um sie wieder gesunden zu lassen.

Die Blauwalkuh taucht ein letztes Mal auf. Dann sinkt sie tief hinab. Die Walbeobachter werden sie nie wiedersehen.

Die Lebensspanne eines Blauwals – rund 90 Jahre – kann als praktischer Maßstab für unsere Reise durch die moderne Entdeckung des Ozeans dienen. Dabei unterscheidet sich die heutige Perspektive auf den Blauwal grundsätzlich von unserem Blick auf den Ozean zu jenem Zeitpunkt, als unsere Walkuh in den 1930er-Jahren geboren wurde.

Während Seefahrerkulturen, insbesondere aus Polynesien, über Tausende von Jahren Wissen angehäuft hatten, *wie* man fachmännisch die Meere überquert, und Nationen wie Großbritannien und die Vereinigten Staaten mit ihren kommerziell betriebenen Fischfangflotten gelernt hatten, *wie* man effizient große Mengen

Fisch aus dem Meer ziehen kann, so wusste die Wissenschaft doch noch immer nicht, *warum* Meeresströmungen sich so verhalten, wie sie sich verhalten, oder *warum* man bestimmte Fischarten zu bestimmten Zeiten an bestimmten Orten antrifft. Um diese Fragen beantworten zu können, brauchten wir einen neuen Blick auf unseren Planeten.

»Ozean« wäre eigentlich ein deutlich passenderer Name für unsere Welt als »Erde«. Heute sind mehr als 70 Prozent der Oberfläche unseres Planeten mit Salzwasser bedeckt, und zwar in einem einzigen, miteinander verbundenen planetaren Ozean. Die Bewegungen der tektonischen Platten und die Hochs und Tiefs der Eiszeiten bestimmen die geografische Ausdehnung des Ozeans, aber für die letzten rund 10 000 Jahre waren die wichtigsten Verbindungspunkte zwischen den Meeren exakt so, wie sie heute sind.

Als unsere Walkuh geboren wurde, konnten wir diese Verbindungen nur von der Oberfläche und von Land aus erkennen. Wir kannten die Umrisse der Kontinente, die den Ozean einrahmen, wir hatten zwischen den Landmassen die Lücken kartografiert, die das Rote Meer mit dem Indischen Ozean verbinden, das Mittelmeer mit dem Atlantik und den Atlantik mit dem Arktischen Ozean. Doch der Ozean ergibt nur in drei Dimensionen wirklich Sinn, weshalb wir zum wahren Verständnis den Blick eines Wals auf die Welt brauchten.

Das ermöglichte der Fortschritt in der Sonartechnik während des Zweiten Weltkriegs – und zu dem Zeitpunkt, als unsere Walkuh eine Teenagerin war, konnten wir zum ersten Mal den Meeresboden wirklich »sehen«. Die vom Sonar erzeugten Daten ließen erkennen, dass der Ozeangrund nicht diese flache, nichtssagende Ebene ist, als die wir ihn uns wohl zumeist vorgestellt hatten. Vielmehr ist er geprägt von gewaltigen Bergketten, tiefen Gräben und Vulkanen. Der Meeresboden hat also Eigenschaften und Regionen, die ebenso klar definiert sind wie der Boden an Land. Ab diesem Zeitpunkt begannen wir, den Ozean als fünf miteinander verbundene Seebecken zu verstehen: der Arktische, Atlantische, Indische, Pazifische und Südliche Ozean – auch wenn der Südliche Ozean erst 2021 als eigenständiges Seebecken anerkannt wurde.

Das Pazifische Seebecken ist bei Weitem das größte der fünf, es umfasst beinahe die Hälfte des Gesamtozeans und ist groß genug, um die Landmasse der Erde komplett aufzunehmen. Seinen Namen bekam der Pazifik vom portugiesischen Seefahrer Ferdinand Magellan (eigentlich Fernão de Magalhães), der ihn im 16. Jahrhundert als friedlich und still (port. »pacífico«) empfand. Das mag jemandem, der schon einmal die Winterstürme vor Hawai'i oder Nordkalifornien erlebt hat, seltsam vorkommen, doch Magellan erreichte den Ozean von der tödlich heimtückischen, noch heute nach ihm benannten Straße an der Spitze Südamerikas kommend, sodass sich im Vergleich dazu ein milder Tag im Pazifik wirklich friedlich angefühlt haben mochte. Der »Stille Ozean« ist dermaßen groß, dass man im australischen Melbourne aufbrechen und entweder zur Südspitze Chiles gelangen oder sich über die Beringstraße der Arktis nähern kann, ohne ihn jemals zu verlassen.

Sicher, alle fünf Ozeanbecken sind miteinander verbunden, doch für unser Verständnis davon, wie sich Strömungen, Nährstoffe und die Tierwelt im Ozean bewegen, ist es vor allem wichtig zu wissen, wie und wo die Becken miteinander verbunden sind. Vom Pazifik zum kleinsten der Becken, dem Arktischen, führt die flache, enge Beringstraße. Durch diesen Spalt gelangt nur relativ wenig Wasser sowie Fauna und Flora, es findet wenig Austausch statt. Im Gegensatz dazu trifft der Pazifik dort, wo er an das jüngste der weltweiten Ozeanbecken grenzt, im Grunde auf eine Art »Meermixer«, den Südlichen Ozean: Wasser aus dem Pazifik, dem Atlantik und dem Becken des Indischen Ozeans fließt im Südlichen Ozean zusammen und wird dort vom Antarktischen Zirkumpolarstrom, der sich im Uhrzeigersinn einmal um ganz Antarktika dreht, durchgemischt.

Mitte der 1950er-Jahre waren die wichtigsten Ozeanbecken, ihre Unterteilungen (Ostsee, Nordsee, Golf von Mexiko und andere) sowie ihre Verbindungspunkte Alltag in der wissenschaftlichen und politischen Sprache. Das ist bemerkenswert, denn obwohl wir schon lange wissen, dass verschiedene Meereshabitate an unterschiedlichen Stellen der Erde gedeihen – Korallenriffe in den Tropen, Kelpwälder in den gemäßigten Zonen –, fingen wir erst damals an, das Meerwasser selbst als Teil eines Systems und unsere zahlreichen Meere als einen einzigen Ozean zu verstehen.

Und in der Tat, je genauer wir hinsahen, umso deutlicher erkannten wir, dass bestimmte Arten überall im Ozean auftauchen: Zum Beispiel findet sich der Blauwal in allen Ozeanbecken; nur in die zugefrorenen Bereiche des Arktischen und Südlichen Ozeans stößt er nicht vor, was sich aber vermutlich in den kommenden Jahren ändern dürfte, da sich der Walbestand langsam erholt und sich das Meereis zurückzieht.

In den 1950er-Jahren war unsere Waldame mit 25 Meter Länge und mehr als 150 Tonnen Gewicht schließlich ausgewachsen. Sie war nicht nur »groß«, sie gehörte zu der größten Tierart dieses Planeten – und war deutlich massiver als die meisten Dinosaurier. Zwar wussten wir, warum ihre Art so groß werden konnte – die Auftriebskraft des Meerwassers erlaubt es Tieren im Ozean, eine Körperfülle zu entwickeln, die an Land kein Knochen aushalten würde –, doch reichten unsere Erkenntnisse über das Leben eines Blauwals nicht aus, um zu erklären, welchen evolutionären Vorteil eine solche Größe mit sich bringt. Es sollte noch einen erheblichen Teil der Lebensspanne eines Wals dauern, bis wir das Geheimnis lüften konnten.

Einen entscheidenden Hinweis erhielten wir, als wir die Meeresströmungen besser verstehen lernten. Wir wussten zwar schon länger, dass es bestimmende Strömungen an der Oberfläche des Ozeans gibt, doch erst in den 1960ern erbrachte die Zusammenführung jahrzehntelanger Arbeit zahlloser Wissenschaftlerinnen und Wissenschaftler die Beschreibung eines globalen Systems von Strömungen, der sogenannten thermohalinen Zirkulation oder umgangssprachlich auch »globales Förderband«. Benannt nach den beiden Faktoren, die die Meerwasserdichte bestimmen, nämlich der Temperatur (thermo…) und dem Salzgehalt (…halin), beginnt dieses Kreislaufsystem mit dem Gefrieren von Seewasser im hohen Norden und tiefen Süden unseres Planeten. Bildet sich Eis in der Arktis, bleibt das Salz zurück: Es kann nicht gefrieren, dafür aber lässt es das übrige Oberflächenwasser salziger werden. Dieses kalte und nun sehr dichte Wasser sinkt langsam ab, woraufhin anderes Wasser an die Oberfläche drängt, um es zu ersetzen – eine Strömung entsteht. Das dichte Wasser sinkt weiter Richtung Grund und verdrängt das in der Tiefe vorhandene Wasser gen Süden, und über Hunderte von Jahren bewegt sich nun diese langsame tiefe Strömung durch die Ozeanbecken bis hin zur Antarktis, wo weiteres kaltes, salziges, absinkendes Wasser hinzukommt. Dieser Antarktische Zirkumpolarstrom bewegt das Wasser sodann im Uhrzeigersinn um den Kontinent Antarktika, bis es in zwei Strömungen Richtung Norden abfließt – eine führt zum Indischen, die andere zum Pazifischen Ozean. Auf ihren Wegen gen Norden erwärmen sich die Strömungen und steigen an die Oberfläche. Das erwärmte Wasser setzt seine Kreisbahn um den Globus fort und kehrt schließlich in den Nordatlantik und die Arktis zurück, wo der Kreislauf von Neuem beginnt.

Die Strömungen bringen Nährstoffe aus der Tiefe an die Oberfläche, wodurch das Wachstum von Plankton und damit auch die Versorgung der gesamten ozeanischen Nahrungskette möglich wird. Wissenschaftliche Teams haben zudem erkannt, dass diese Strömungen einen bedeutenden Einfluss auf das Klima haben, da sie Wärme vom Äquator zu den Polen und in die umgekehrte Richtung transportieren. So sorgt beispielsweise das System, das warmes Wasser durch den Nordatlantik führt, dafür, dass Länder in Nordwesteuropa, wie etwa Großbritannien, deutlich wärmer sind als andere Länder auf demselben Breitengrad.

Lokale wie globale Ozeanströmungen sind damit entscheidend für alles Leben auf der Erde, nicht nur für das des Blauwals. Es wird jedoch angenommen, dass die aufsteigenden Strömungen besonders wichtig für die Evolution des Blauwals waren, da die an die Oberfläche beförderten Nährstoffe den Beutetieren des Blauwals als Nahrung dienen, und die Auswahl dieser Beute wiederum bewirkt, dass der Blauwal so groß wird. Dessen enorme Masse rührt somit von dem Verzehr unglaublicher Mengen der kleinsten Tiere des Ozeans her, wobei man eigentlich nicht besonders groß sein muss, um sich diese Beute zu sichern. Im Lauf ihres 90-jährigen Lebens wird unsere Walkuh Milliarden Krill – kleine, garnelenförmige Krebstiere – gefressen haben, und die Art und Weise, wie sie das tut, verlangt eine außergewöhnliche körperliche Wandlungsfähigkeit.

Bei all seiner Größe ist doch ein wirklich auffallendes Kennzeichen des Blauwals seine Stromlinienform. Wie ein Torpedo in Zeitlupe verdrängt er das Wasser um seinen Kopf und Körper, wenn er ohne jede Anstrengung und mit einer Reisegeschwindigkeit von zehn Kilometern pro Stunde dahingleitet. Stößt er jedoch auf einen Krillschwarm, kann er seinen gewaltigen Kiefer bis zu einem Winkel von fast 90 Grad öffnen, indem er den Unterkiefer aushakt und die Hautfalten unterhalb des Mauls ausdehnt. So nimmt er 80 000 Liter krillgesättigtes Wasser mit einem einzigen Schluck zu sich. Dieses filtert er dann durch seine Barten, die an beiden Seiten seines Oberkiefers hängen und das Wasser durchfließen lassen, während der Krill hängen bleibt. (Zum Vergleich: Wir Menschen können lediglich erbärmliche 0,07 Liter Wasser auf einmal schlucken, ohne Krill.) Beim Fressen bläht sich das Maul eines Blauwals auf dieselbe Größe wie der Rest seines Körpers auf – er sieht dann wie eine enorme Kaulquappe aus.

Das sogenannte *lunge-feeding* scheint sich, soweit wir das aus fossilen und geologischen Funden ableiten können, bei Bartenwalen vor etwas mehr als sieben Millionen Jahren entwickelt zu haben, etwa zu der Zeit, in der es laut Wissenschaft zu einem deutlichen Anstieg der nährstoffreichen Ozeanauftriebe kam. Diese Tiefenwasseraufstiege könnten dafür gesorgt haben, dass es wesentlich mehr Plankton, kleine Fische und Krebstiere gab, was dann jene Tierarten ausnutzten, die dazu in der Lage sind, große Wassermengen schluckweise zu filtern. Im Gegensatz zu anderen Bartenwalen haben sich Blauwale im Laufe der Evolution auf bestimmte Beutetiere spezialisiert, denn Krill bildet fast ihre gesamte Nahrungsgrundlage. Und diese Spezialisierung beeinflusste wiederum ihr Aussehen und ihr Verhalten.

Es gibt mindestens 85 Arten von Krill im Ozean, und alle ernähren sich von Plankton. Das Wort »Plankton« stammt vom griechischen Ausdruck für »umhertreiben« ab und bezeichnet jedes mikroskopische Tier (Zooplankton) oder jede Pflanze (Phytoplankton), die ohne eigenen Antrieb in den Ozeanströmungen schweben. Krill bildet riesige Schwärme, die jedoch nicht konstant beisammen sind und weit voneinander entfernt vorkommen können. Der beste Krilljäger muss daher in der Lage sein, viele Wochen lang effizient und ohne Nahrungsaufnahme »auf die Pirsch« zu gehen und gewaltige Mengen zu fressen, sobald er die Gelegenheit dazu bekommt. Ein großer Wal – mit einem ebenso großen Maul –, der stromlinienförmig gebaut ist und dennoch monatelang von seinen Fettreserven leben kann, während er entspannt enorme Distanzen zurücklegt, ist eine höchst effektive Lösung für das Überleben auf Basis einer Krilldiät.

Doch etwas noch Längeres als unser Blauwal jagt auch Krill. Mit fast 200 Meter Länge schwebt es nachts wie eine Säule im Wasser. Seine geisterhaft weiße Farbe schimmert leicht, während es helles blaues biolumineszentes Licht ausstrahlt, um Beutetiere in seinen Vorhang aus stechenden Tentakeln zu locken. Es mag wie eine einzelne Kreatur aussehen, vielleicht wie eine gewöhnliche lange, dünne Qualle, doch es handelt sich in Wahrheit um eine riesige Staatsqualle – eine Kolonie genetisch identischer Zooide, von denen jedes einzelne eine spezielle Funktion in dem Gebilde übernimmt: Manche fangen Beute, andere verdauen sie, manche schwimmen, andere vermehren sich. Die Staatsqualle schwebt hier in der Nacht durchs

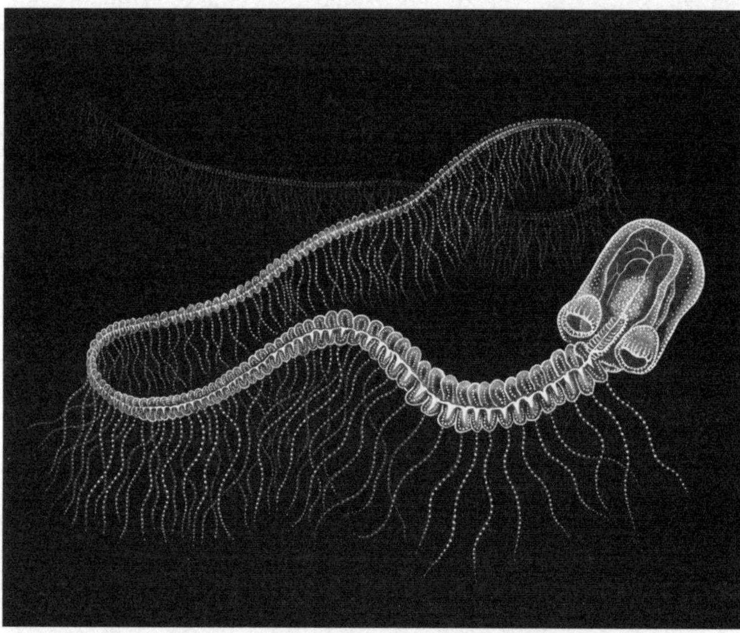

*Die Staatsqualle, die größer werden kann als ein Blauwal, ist eine Kolonie aus einzelnen Organismen, den sogenannten Zooiden.*

Meer, denn nun ist die Zeit gekommen, in der eine Vielzahl Tiere aus der Tiefe zur Nahrungsaufnahme nach oben steigt: die Vertikalwanderung – die größte tägliche Bewegung von Biomasse auf der Erde.

Zwar wusste man bereits seit vielen Jahren um eine vertikale Wanderung im Ozean, doch erst etwa zu der Zeit, in der unsere Waldame ihr mittleres Lebensalter erreichte, verfügten Wissenschaftler über die nötige Technologie und Forschungskapazität, um uns das wahre Ausmaß der allnächtlich im Ozean stattfindenden Bewegung zu offenbaren. Bis zu diesem Zeitpunkt waren die meisten Menschen davon ausgegangen, dass marine Migration vor allem eine horizontale Bewegung zu neuen Nahrungs- oder Paarungsgebieten bedeute, so wie wir es von vielen Walen, Thunfischen oder Seevögeln kennen. Doch Untersuchungen zeigten, dass eine gewaltige Anzahl von Krill, Laternenfischen, Tintenfischen und unzählige andere Arten tagsüber in Tiefen hinabtauchen, in die kein Sonnenstrahl dringt, um jenen Räubern zu entgehen, die auf Sicht jagen. Sobald aber die Nacht hereingebrochen ist, zieht es die im Dunkeln Versteckten dann ins phytoplanktonreiche Wasser, und sie strömen gen Wasseroberfläche.

Wie bei allen Wanderungsbewegungen warten auch in diesem Fall die Jäger bereits auf ihre Beute. Manche machen die Vertikalwanderung einfach mit und schnappen sich die Reisenden unterwegs, während andere, wie die große Staatsqualle, abwarten. Sie legt ihr Netz aus Fallen aus, das in etwa so groß ist wie zwei Fußballfelder hintereinander. Da bei diesem Migrationsspektakel jede Nacht Milliarden von Tieren auf und ab wandern, bleibt für jeden Räuber etwas übrig.

Die zweite Lebenshälfte unserer Walkuh war eine Zeit unglaublicher Entdeckungen. Wir konnten den Ozean endlich in drei Dimensionen sehen, und Meeresforscherinnen und -forscher nutzten die jüngsten Technologiesprünge und -innovationen, die eine gänzlich neue Perspektive der Tiefsee ermöglichten. Tauchboote etwa revolutionierten die Erkundung des Ozeans, was in den 1970er-Jahren zur Entdeckung einer völlig neuen Lebensform an hydrothermalen Vents führte. Ferngesteuerte Fahrzeuge konnten nun tagelang den Meeresboden erkunden und dabei Bilder und Daten an die Oberfläche senden. Heute kann jeder mit einer Internetverbindung im Livestream Missionen von ferngesteuerten U-Booten mitverfolgen, die Tausende Meter unter der Wasseroberfläche unterwegs sind.

Wir gewannen also neue Einblicke in den Ozean durch das Entsenden modernster Technik in die Tiefe – und auch ins Weltall. Im Jahr 1957 wurde der erste Satellit gestartet. Im Laufe der folgenden 60 Jahre machte die Weiterentwicklung der Satellitentechnik die Entdeckung von Tiefseebergen möglich, die bislang unter der Wasseroberfläche verborgen waren. Auch ließen sich nun Wanderbewegungen von Tieren, die mit Peilsendern ausgestattet wurden, nachverfolgen sowie neue Erkenntnisse zu den Hotspots der Ozeane und den wichtigsten Migrationsrouten marinen Lebens gewinnen.

Und die Kombination aus Sichtungen und Peilsenderverfolgung ergab auch ein neues Bild des Blauwals weltweit. Wir konnten Unterarten und Populationen identifizieren und einige wirklich gewaltige Wanderbewegungen aufzeichnen, die bislang unbekannte Verbindungen zwischen den unterschiedlichen Teilen unseres Ozeans offenbarten: So ergaben Forschungen beispielsweise, dass unsere Walkuh beziehungsweise ihre Unterart, der nördliche Blauwal, fast das gesamte Leben im Nordostpazifik verbringt und dabei im Norden bis nach Alaska und im Süden bis nach Costa Rica schwimmt.

Dabei können Satelliten und Tauchroboter nur einen Ausschnitt des Bildes liefern. Um wirklich zu begreifen, welcher Zusammenhang zwischen bestimmten Eigenheiten des Ozeans und der Wanderung bestimmter Arten besteht – warum eine Art genau den und keinen anderen Weg nimmt –, brauchen wir detailreiche Karten, und für diese spielt wieder das Sonar beziehungsweise das Echolot eine entscheidende Rolle.

Seit den späten 1980er-Jahren ermöglicht das Fächerecholot sehr präzise und aufschlussreiche Bilder großer Bereiche des Meeresbodens. Die jüngsten Versionen senden von einem Schiff mehr als 1500 Sonarpulse pro Sekunde aus. Die Schallwellen fächern über dem Meeresboden auf und erstellen so eine Schallkarte, die ein Computer in eine visuelle Darstellung des Meeresbodens umwandeln kann. Ende 2023 waren rund 25 Prozent des Ozeanbodens mit einer Auflösung von 100 Metern oder mehr kartografiert, und derzeit läuft ein großes Projekt zur Aufzeichnung des gesamten Meeresbodens bis 2030. Vervollständigt wird das Bild durch das Vertikalecholot, das Schallimpulse in der Wassersäule sendet und empfängt und auf diese Weise Schallkarten der Fischarten erstellen kann, die in diesem Gebiet schwimmen – dabei lässt sich mit dem Echolot natürlich nur das erkennen, was sich gerade zu diesem Zeitpunkt dort aufhält.

Und sogar diese Einschränkung können wir heute durch die Fortschritte in der DNA-Probenentnahme umgehen, dank der Forschende erkennen können, was durch eine bestimmte Wassersäule geschwommen ist. Für DNA-Tests der Umwelt untersuchen Wissenschaftlerinnen und Wissenschaftler das Meerwasser auf Spuren von Meerestieren, beispielsweise Haut, Fäkalien und Schleim, und analysieren so die DNA der Arten, die in den letzten Stunden das Gebiet durchquert haben, ohne dass man sie dazu fangen oder sehen musste.

Diese verblüffenden technologischen Neuerungen, zusammen mit Schiffen, die monatelang auf See bleiben können, und funkgesteuerten Überwachungssystemen in Bojen, die das ganze Jahr über Informationen über Wellen, Wassertemperatur und -zusammensetzung liefern, haben unser Verständnis des Ozeans regelrecht revolutioniert. In der Lebensspanne eines einzigen Blauwals haben wir uns vom oberflächlichen Blick verabschiedet und unseren Ozean in all seiner Tiefe und Bedeutung verstehen gelernt. Und während uns neue Technologien in den letzten 90 Jahren geholfen haben, den Ozean quasi mit Walaugen zu betrachten, haben sie uns auch in die Lage versetzt, den Lebensraum des Säugers bis zur Unkenntlichkeit zu verändern.

Es überrascht kaum: Legen wir eine Karte der globalen Fischereischwerpunkte (Orte, an denen am meisten gefischt wird) über eine Karte, auf der die von der Wissenschaft festgestellten höchsten Konzentrationen an Nährstoffen und marinem Leben eingezeichnet sind, finden wir frappierend viele Überschneidungen. Wie Wale können Schiffe heute monatelang unterwegs sein, Tiefseeberge erkennen und mit Echolot ihre Beute orten. Wir sind so gut geworden im Fischfang, dass wir laut Berechnungen im Jahr 2024 die Biomasse – also Lebewesen – im Ozean um 2,7 Gigatonnen reduziert haben. Zur Veranschaulichung sei gesagt, dass die gesamte Menschheit auf etwa 0,4 Gigatonnen Biomasse kommt. Man kann sich also leicht vorstellen, was für ein Ungleichgewicht wir erzeugen, wenn wir beinahe das Siebenfache aus dem Ökosystem des Ozeans entnehmen.

Die Veränderungen in der Lebenswelt der Walkuh gehen aber über die reine Überfischung hinaus. Der Blauwal hat, wie viele Arten im offenen Meer, seine Ernährung, sein Verhalten und seine Navigationsfähigkeiten über Millionen Jahre evolutionär verändert, um seinen Platz im diversen und komplexen Ozean unseres Planeten effizient zu nutzen – und seine Nische ist, wie wir gesehen haben, in einer Hinsicht besonders klein: Der Wal ernährt sich vor allem von Krill, und für diese Nahrungsquelle ist sein Körper perfekt gebaut. Das ließ ihn zu einem höchst erfolgreichen Jäger werden, der jedoch zugleich äußerst empfindlich auf alles reagiert, was seinen Zugang zu Krill und die Fähigkeit, Krill zu finden, verändert.

Wir wissen noch immer nicht genau, wie Blauwale ihre unterschiedlichen Sinne miteinander kombinieren, um den Ozean zu durchqueren, doch darf als gesichert gelten, dass Schall dabei eine wichtige Rolle spielt und es klare Routen gibt, über die sie zu unterschiedlichen Jahreszeiten wandern. Zweifellos haben wir ihre Sinneswahrnehmungen und diese Routen in vielerlei Hinsicht gestört, mehr, als uns überhaupt bewusst ist. Zehntausende große Schiffe transportieren Güter rund um den Globus, sie machen dabei Lärm und streifen versehentlich, aber unvermeidlich auch wandernde Wale. Im erwärmten, saurer gewordenen Ozean verändert sich die Verteilung von Leben, was dazu führt, dass an bestimmte Zeiten gebundene Ernährungs- und Fortpflanzungsmuster unzuverlässig werden. Indem wir absichtlich die größeren Tierarten für unsere Ernährung aus dem Ozean holen, zerstören oder beschädigen unsere Netze, Trawler und Schwimmbagger nicht nur ganze Habitate, sondern unterbrechen auch komplexe Nahrungsketten auf eine Art und Weise, die wir noch gar nicht recht verstanden haben.

Trotzdem wissen wir dank unserer neu erworbenen Kenntnisse heute auch von den Regenerationskräften des Ozeans. Wir verstehen inzwischen so viel mehr davon, wo das Leben aufblüht und wie wir ihm dabei helfen können. Wir haben Beispiele für Wiederherstellung und Erholung marinen Lebens aufgezeichnet, und die Menschheit kann, wenn sie es möchte, ihre Fischereipraktiken überwachen und verändern, um ein Gleichgewicht herzustellen, bei dem der Ozean sowohl unsere Bedürfnisse befriedigt als auch selbst gedeihen kann. Würde unsere Walkuh heute ein Kalb bekommen, könnte dieses sicher noch das 22. Jahrhundert erleben. In einer Welt, in der wir dieselbe Weitsicht und dasselbe Verständnis, mit denen wir einst ihre Art vor dem Aussterben retteten, walten lassen, um nun ihren Lebensraum zu schützen, könnte die Walkuh eine erstaunliche Wandlung miterleben. Ihre Nahrungsgründe in den kalten Gewässern der nördlichen Breitengrade würden voller Plankton, Krill und zahlloser Fischarten sein. Ihre Kälber würden in sicherem, von Mangroven und Korallen gesäumtem Wasser geboren. Durchquert sie den Ozean, würden ihre Wanderrouten frei von Netzen sein, und sie würde an Tiefseebergen vorbeiziehen, die voller Leben sind. Kommt sie näher an die Küste, würde der Meeresboden wieder von Tang, Korallen, Muscheln, Hummern und Austern bedeckt sein. Womöglich träfe sie auf ihren Reisen auch auf unsere Nachkommen – Mitglieder einer Gesellschaft, die mit der natürlichen Umgebung, die sie mit Nahrung, Lebensgrundlagen und Inspiration versorgt, im Gleichgewicht leben. Mitglieder einer Gesellschaft, die in einer Zeit leben, in der die Menschheit über den Drang, die Wellen zu beherrschen, hinausgewachsen ist, um endlich an der Seite der größten Wildnis der Erde, dem Ozean, aufzublühen.

In der Lebensspanne eines einzigen Blauwals haben wir mehr über unsere Ozeane gelernt als im Rest der Menschheitsgeschichte zusammen. Aber werden wir auch die Weitsicht haben, dem Ozean beizustehen, wenn er sich von den Schäden erholen muss, die wir ihm in derselben Zeit zugefügt haben?

Um diese Frage zu beantworten, müssen wir uns von unserer Walkuh verabschieden und in die wichtigsten Lebensräume des Ozeans eintauchen. Von der gigantischen Hochsee bis zu rätselhaften hydrothermalen Vents in der Tiefsee, von der eisigen Arktischen See bis zum wilden Südlichen Ozean, von einsamen Tiefseebergen bis zu dichten Unterwasserwäldern, strahlenden Korallengärten und verwickelten Mangroven – alle diese Habitate enthalten ihre eigenen evolutionären Wunder, inspirieren ihre menschlichen Beschützer und liefern wertvolle Hinweise dafür, wie die Zukunft des Lebens auf der Erde aussehen könnte.

TEIL ZWEI

# UNSERE OZEANWELT

KAPITEL 1

# KORALLENRIFFE

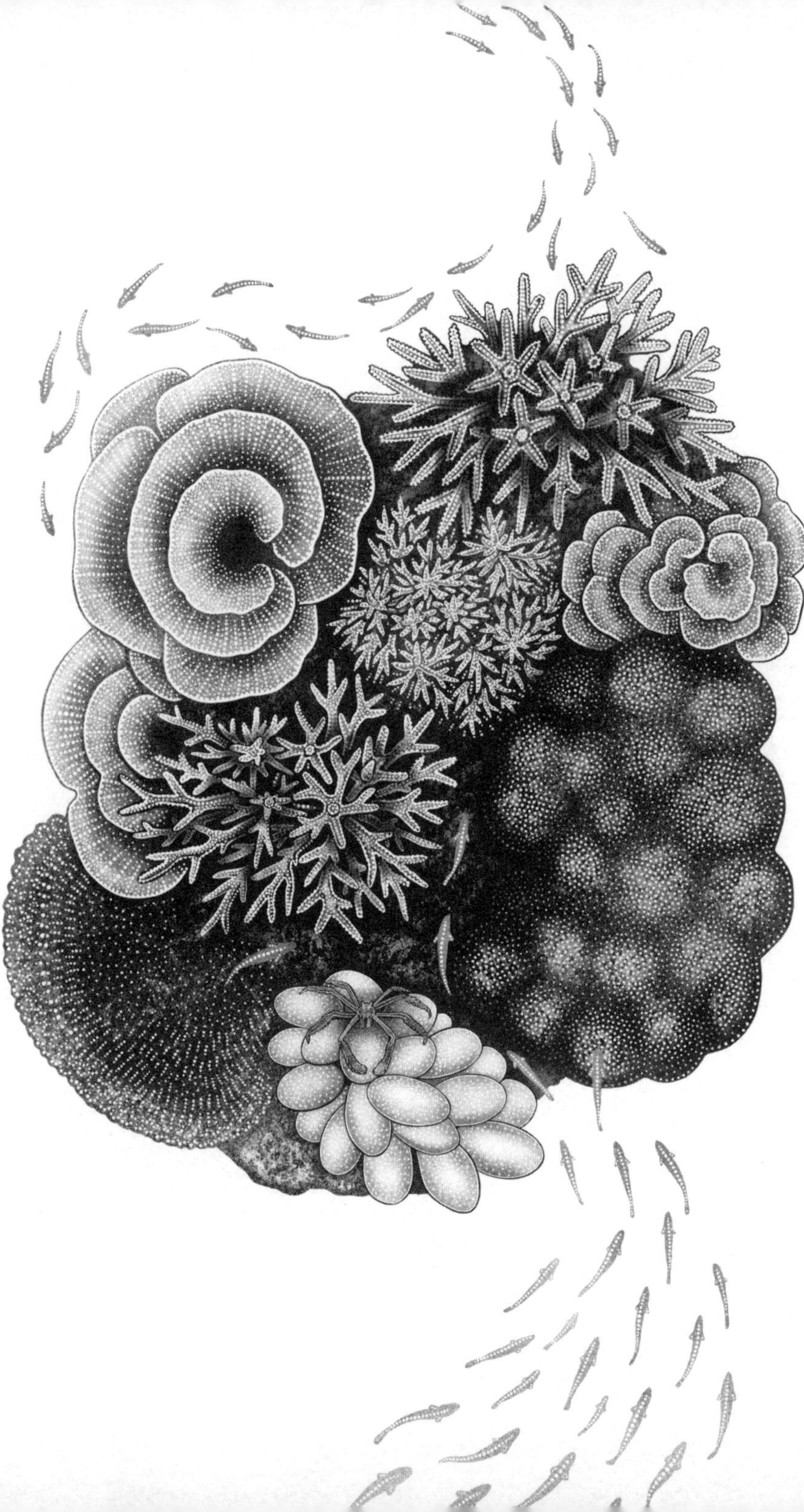

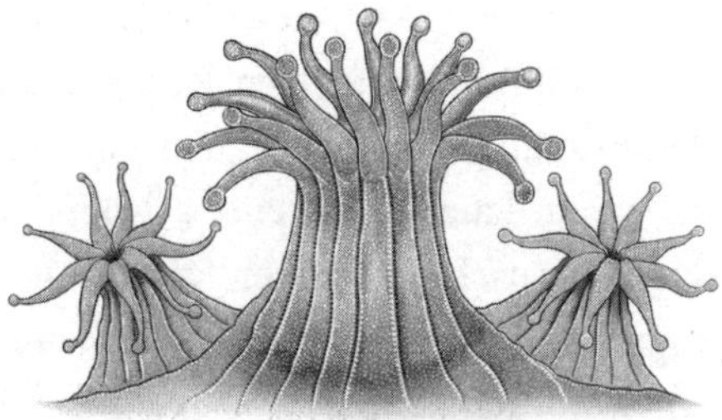

## CLOWNFISCH, GREAT BARRIER REEF, AUSTRALIEN

Konstantes Sonnenlicht hält in den Tropen die seichten Küstengewässer das ganze Jahr über warm, weshalb wir genau hier die erstaunlichste Vielfalt an Leben im weltweiten Ozean finden.

Als ich 1957 zum ersten Mal eine Taucherausrüstung anlegte, um an einem Korallenriff zu tauchen, war ich von dem Spektakel vor meinen Augen derart überwältigt, dass ich für einen Moment das Atmen vergaß. Nichts, was ich je an Land gesehen hatte, kam dieser Überfülle an Sinneseindrücken gleich, so viel Leben, solch eine Vielfalt, alles zum Greifen nah. Ich hätte hier tagelang schwimmen können und wäre der Farben, der Bewegung, des Zusammenspiels nie müde geworden. Das Leben in seiner zutiefst hypnotisierenden Schönheit.

Der Tauchgang fand im warmen, flachen Wasser eines Koralleninselchens des australischen Great Barrier Reef statt. Die Korallen, die hier gedeihen, sind auf regelmäßige Sonneneinstrahlung und warmes Wasser angewiesen, weshalb man sie meist im seichten Wasser der tropischen Meere findet. Eine Folge davon ist, dass die spektakulärsten Korallen häufig nur wenige Meter unterhalb der Wasseroberfläche wachsen. Man braucht keine Tauchausrüstung, um sie zu erreichen – schnorcheln und kurz untertauchen reichen völlig aus.

Mit einem Atemgerät kann man jedoch lange genug an einem Ort verweilen, um auf die kleinen Details des Lebens am Riff aufmerksam zu werden – die zahllosen winzigen Fische, die zwischen den Ästen der Korallen hindurchschwimmen, der Barrakuda, der unter einem Vorsprung darauf lauert, dass eine silbrig glänzende Beute vorbeikommt, der Feuerfisch mit seiner fächerartigen Flosse, der neben einem Stein schwebt und bei einem flüchtigen Blick leicht für eine Pflanze gehalten werden könnte.

Damals war das Great Barrier Reef noch größtenteils intakt. Ich bin sicher, dass es auch zu dieser Zeit bereits kleinere Schäden durch Fischerei und Umwelteinflüsse gab, doch mir kam es komplett unberührt vor. Von australischen Naturforschenden bekam ich immer wieder zu hören, man könne über die gesamten 2000 Kilometer Länge tauchen und an fast jedem der 3000 einzelnen Riffe eines der größten Naturschauspiele der Erde bewundern.

Dass Korallenriffe eine verblüffende Vielfalt an Leben beherbergen, wissen wir Menschen, seit wir zum ersten Mal eines gesehen haben, und mir wurden alte, seit Tausenden von Jahren mündlich überlieferte Geschichten aus Hawai'i und Polynesien erzählt, die von der Bedeutung der Korallenriffe und ihrem reichen Leben künden. Natürlich hatte ich auch neuere Forschungs- und Entdeckungsberichte gelesen, aber Worte allein können nicht auf den Anblick der unzähligen Lebewesen vorbereiten – jedes mit einem ganz eigenen Weg, den Widrigkeiten des Lebens zu trotzen –, die sich doch alle irgendwie zusammenfinden, um ein unglaublich vitales und pulsierendes Ökosystem zu bilden. Ich hatte an Land niemals etwas Vergleichbares gesehen. Obwohl wir wissen, dass tropische Regenwälder Wildtierleben von einer außergewöhnlichen Diversität besitzen, sehen wir bei einem einzelnen Spaziergang doch recht wenig davon. Bei diesem einen Tauchgang jedoch, der etwa 30 Minuten gedauert haben dürfte, fielen mir mehr Tierarten ins Auge, als ich hätte zählen können, geschweige denn identifizieren.

Das Pressluftttauchgerät war damals eine vergleichsweise junge Erfindung, und es gab auch noch nicht sehr viele Untersuchungen von Korallenriffen. Viele der Interaktionen zwischen den Arten oder gar der Aufbau der Nahrungskette auf einem Korallenriff, die wir heute womöglich als meeresbiologisches Grundwissen ansehen, waren in den 1950er-Jahren noch unbekannt.

Bei meinem Tauchgang fiel mir eine Art besonders auf. Ein kleiner Fisch, nicht länger als mein Zeigefinger, pendelte zwischen den Tentakeln einer Anemone hin und her. Er war hellorange und hatte drei weiße, von schwarzen Linien begrenzte Streifen um seinen Körper. Heute würden Kinder auf der ganzen Welt ihn augenblicklich als Nemo erkennen, doch zu dieser Zeit hatte ich noch nie von einem Clownfisch gehört, geschweige denn einen gesehen. Damals wunderte ich mich, warum er nicht von den Tentakeln der Anemone gestochen wurde. Als ich aber in anderen Anemonen in der Nähe noch weitere Clownfische erblickte, die sich ganz ähnlich verhielten, erkannte ich, dass zwischen Fisch und Anemone eine besondere Beziehung bestehen musste. Wie die aussah und sich entwickelt hatte, war mir völlig unbekannt.

Seit damals haben Wissenschaftlerinnen und Wissenschaftler herausgefunden, dass von den mehr als 1000 Anemonenarten lediglich zehn dieses Zusammenleben mit Clownfischen entwickelt haben. Doch für die, die diese Symbiose pflegen, ist sie überlebenswichtig. Clownfische besitzen sogar eine besonders dicke Schleimschicht auf ihrem Körper, um sich vor versehentlichen Stichen zu schützen, aber sie würden niemals an den nährstoffreichen Tentakeln der Anemone selbst knabbern, sondern leben quasi umhüllt von ihnen. Im Gegenzug für den Schutz, den ihm die Anemone bietet, reinigt sie der Clownfisch und verjagt mögliche Räuber. Darüber hinaus profitiert die Anemone von den vom Fisch ausgeschiedenen Nährstoffen: Ihre symbiotischen Algen wachsen schneller und produzieren mehr Nahrung als bei jenen Anemonen ohne Fisch.

Um schrittweise erklären zu können, wie eine Riffgemeinschaft funktioniert und warum ihre immense Artenvielfalt für uns alle so wichtig ist, brauchte die Wissenschaft die gesamte Spanne meines Lebens. Jahrzehnte der Forschung haben ergeben, dass Korallenriffe, auch wenn sie weniger als ein Zehntelprozent der Meere ausmachen, ein Drittel aller Meerestierarten versorgen. Und noch immer kennen wir nicht all ihre Geheimnisse. Bislang haben wir zwar bereits über 4000 Fischarten auf Korallenriffen gezählt, doch die Forschung geht davon aus, dass dort noch Hunderttausende von bislang unentdeckten Tier- und Pflanzenarten leben.

Tatsächlich haben wir erst in den letzten Jahren verstanden, dass es genau diese Vielfalt der Riffgemeinschaft ist, die den Clownfisch überhaupt erst zu einem Riff zieht. Denn junge Clownfische schwimmen im offenen Meer nicht einfach zum nächstgelegenen Riff, sobald sie groß genug dafür sind. Sie kehren auch nicht zum Riff ihrer Eltern zurück. Sie suchen sich vielmehr ein Riff nach dessen Klang aus, können sie doch sehr unterschiedliche Geräusche wahrnehmen – das Geklapper der Garnelen und Muscheln oder das Trommeln der Schwimmblasen. Je lauter das Riff, umso besser, denn der Lärm bedeutet, dass hier mehr Leben tobt, und je vielfältiger und belebter ein Riff, umso resilienter ist es gegen die zahlreichen Bedrohungen, denen es heute ausgesetzt ist.

Bei meinem ersten Rifftauchgang waren es die Farben und die Bewegung, die meine Aufmerksamkeit fesselten. Wäre ich heute noch in der Lage, einmal dorthin zurückzukehren, würde ich auch auf die Geräusche achten, mich bemühen, unter dem statischen weißen Rauschen die Knack-, Pfeif- und Klickgeräusche zu entschlüsseln, in der Hoffnung, dass sie laut genug sind, um weiteres Leben aus dem offenen Ozean anzulocken.

DA

Stellen Sie sich einmal vor, Sie hätten noch nie von Korallenriffen gehört. Eines Tages legt man Ihnen die Luftbildaufnahme eines typischen Korallenatolls vor: Im dunkelblauen Ozean sehen Sie die ringförmigen Riffe, die je eine azurblaue Lagune umgeben, was darauf hindeuten könnte, dass es einen Nährstoffauftrieb aus der Tiefe gibt. Doch die kleinen, flachen Inseln, welche die Riffe umgeben, haben weder Flüsse, die aus hohen, felsigen Bergen Stickstoff und Phosphor mitbringen könnten, um damit den Ozean zu düngen, noch Deltas mit reichen Sedimenten, ja nicht einmal einen Kontinentalschelf. Ihre rationale Schlussfolgerung dürfte also sein, dass es sich hier um nährstoffarmes Wasser handelt und es unwahrscheinlich ist, dass hier viele Arten leben. Sie hätten nur wenig Grund zur Annahme, dies könnte der Lebensraum mit der größten Biodiversität des Ozeans sein.

Doch im warmen Wasser rund um den Äquator, zwischen dem Wendekreis des Steinbocks und dem des Krebses, gedeihen auf Tausenden von Quadratkilometern Korallenriffe und mit ihnen das Leben. Diese Riffe können vielfältige Formen annehmen. Manche sind eher klein und liegen isoliert, wie jene rund um die zahllosen Inseln des Südpazifiks und des Indischen Ozeans, andere, wie das australische Great Barrier Reef oder das Mesoamerikanische Riff in der

Karibik, bilden ausladende Strukturen mit mehr als 1000 Kilometer Länge.

Es ist wichtig, zwischen »Korallenpolypen«, »Korallenkolonien« und »Korallenriffen« zu unterscheiden, gerade weil sie alle häufig – verwirrenderweise – schlicht als »Korallen« bezeichnet werden. Das Riff ist eine Kalksteinstruktur, die über Tausende von Jahren entstand, indem jede neue Generation Steinkorallen auf den Skeletten der vorhergehenden Generation siedelte. Es gibt viele verschiedene Korallenarten, doch meist wird zwischen harten, Riffe bauenden »Steinkorallen« und »Weichkorallen« unterschieden, wobei Letztere zwar ebenfalls auf Riffen wachsen, aber kein Kalkskelett hinterlassen. Den lebendigen Teil des Riffs dagegen bilden die oberen Flächen, auf denen Korallenkolonien gedeihen, wobei jede einzelne aus Korallenpolypen besteht – manchmal aus sehr, sehr vielen.

Korallenpolypen sind Tiere, die recht nah mit Quallen verwandt sind. Ein Quadratmeter einer gesunden Korallenkolonie kann durchaus mehr als 10 000 Polypen umfassen. Jeder einzelne Korallenpolyp sitzt kopfüber in einem kleinen, Korallit genannten Kelch, den er aus Kalk hergestellt hat, und streckt seine Tentakel hinaus ins Wasser, um mit ihnen Plankton zu fangen. In dem nährstoffarmen Wasser würde das erbeutete Plankton allerdings nicht annähernd ausreichen, um den Korallenpolypen zu ernähren.

Wie kann es dann sein, dass in diesen scheinbar unproduktiven Gewässern die verblüffendste Vielfalt an Leben im ganzen Ozean zu finden ist? Schon Charles Darwin zerbrach sich den Kopf über diese Frage, die als »Darwinsches Paradoxon« bekannt wurde. Er löste 1842 das Rätsel teilweise in dem heute berühmten Buch *Über den Bau und die Verbreitung von Korallenriffen*. Darin veröffentlichte er seine Erkenntnis, dass die meisten Korallenarten flaches Wasser benötigen, um zu wachsen. Was er zu diesem Zeitpunkt nicht erklären konnte, war, wieso in Wasser, das kaum Nährstoffe enthält, so viel

Leben gedeiht. Es sollte noch knapp 200 Jahre dauern, bis wir auf eine Antwort stießen, denn inzwischen kennen wir das grundlegende Geheimnis der Korallenriffe. Und es ist ein wahrhaft wunderschönes.

Im Zentrum der Erklärung steht eine der bemerkenswertesten und erfolgreichsten mutualistischen Beziehungen der Natur, nämlich die zwischen einem Korallenpolypen und einer einzelligen Alge mit Namen Zooxanthelle. Zooxanthellen leben im Gewebe des Korallenpolypen und pflegen ein ganz besonderes Verhältnis zu ihrem Wirt. Der Korallenpolyp bietet der Zooxanthelle Unterschlupf und versorgt sie mit dem nötigen Kohlendioxid und Wasser, damit sie per Fotosynthese aus Sonnenlicht Nahrung herstellen kann. Bei diesem Prozess nutzt die Zooxanthelle das reichlich vorhandene Sonnenlicht und produziert mit dessen Hilfe Nährstoffe, die wiederum der Korallenpolyp braucht, im vorhandenen Wasser aber nicht finden kann. Die Polypen verwenden dann den von der Zooxanthelle produzierten Zucker, Sauerstoff sowie Fette, um zu wachsen und zu atmen – der Prozess, bei dem aus Glukose Energie gewonnen wird –, was wiederum Kohlendioxid und Nährstoffe erzeugt, die die Zooxanthelle benötigt.

Hier haben wir tatsächlich einen fast lückenlosen Produktionskreislauf. Denn im Grunde reichen sich Zooxanthelle und Korallenpolyp das Essen auf höchst effiziente Art und Weise hin und her – bis zu 90 Prozent des von der Zooxanthelle produzierten organischen Materials werden vom Korallenpolypen aufgenommen. Die beiden werden dabei von einer ganzen Gemeinschaft aus Mikroben unterstützt, die in und auf dem Polypen leben und Stickstoff liefern, Ammoniak entfernen und noch viele andere hilfreiche Funktionen übernehmen. An Land ist eine Pflanze auf viele externe Beziehungen – mit Insekten, Pilzen und anderen Lebewesen – angewiesen, um etwas Ähnliches zu erreichen.

Korallen können auf diese Weise in nährstoffarmem Wasser gut wachsen. Das nährstoffarme Wasser ist dabei sogar ganz entscheidend, denn es verhindert übermäßiges Algenwachstum im Wasser oberhalb des Riffs. So bleibt das Wasser klar genug, und die Fotosynthese der Zooxanthelle kann effizient ablaufen. Diese bemerkenswerten Beziehungen machen das, was ein Hindernis für Leben hätte sein können, zu einem Lebensraum, der so reich an Biodiversität ist, dass nur ein unberührter tropischer Regenwald Vergleichbares bietet.

Das Korallenskelett selbst ist kalkweiß, doch die Zooxanthelle stellt Proteinpigmente in jenen unterschiedlichen Farben her, die wir mit Korallenriffen assoziieren. Wir wissen noch nicht genau, warum es all diese verschiedenen Farben gibt, doch Untersuchungen deuten darauf hin, dass einige von ihnen eine Art Sonnenschutz bieten und die Koralle somit nicht schädlichen ultravioletten Strahlen ausgesetzt ist. Die Wissenschaft vermutet zudem, dass die bezaubernden fluoreszenten Farben einiger Korallen auch eine evolutionäre Funktion besitzen könnten, nämlich um unterschiedliche Wellenlängen des Lichts für die Zooxanthelle zu filtern, damit sie ihre Fotosynthese effizienter gestalten kann. Das gelingt der Koralle, indem sie Licht in einer Farbe – meist Blau – absorbiert und in einer anderen – in der Regel Rot – abstrahlt. Blaues und rotes Licht gelten als besonders effektiv für die Fotosynthese, und Zooxanthellen brauchen beide. Nun durchdringen die längeren Wellenlängen von blauem Licht das Wasser sehr gut und sind daher reichlich im Ozean vorhanden, ganz anders als die kürzeren Wellenlängen von rotem Licht. Da aber die fluoreszierenden Proteine blaues Licht aufnehmen und rotes Licht in ihre Umgebung abgeben, geht die Forschung davon aus, dass es ebendiese herrlich leuchtenden Farben sind, die dazu dienen, den Zooxanthellen beim Wachsen zu helfen.

Korallenpolypen leben dicht an dicht gepackt, und ihr Gewebe bildet eine ununterbrochene Schicht, die die gesamte Kolonie wie eine

Haut überzieht. Je mehr die Kolonie wächst und altert, umso mehr spezialisieren sich die Polypen. In den sonnigeren Bereichen des Riffs sitzen sie eng gedrängt, wohingegen dort, wo es schattiger ist, ein einzelner Polyp derart groß werden kann, dass er eine für die Fotosynthese nötige ausreichend große Oberfläche erreicht. Nahrung wird geteilt und durch die Kolonie transportiert, damit sie als ganze wachsen kann, was ein eher langsamer Prozess ist: Die großen, an Steine erinnernden Korallen schaffen vielleicht nur einen Zentimeter pro Jahr, die wie ein Busch aussehenden Korallen mit Ästen kommen immerhin auf bis zu 20 Zentimeter. Es kann 10 000 Jahre dauern, bis aus der ersten Gruppe von Korallenlarven ein voll ausgebildetes Riff geworden ist, das dann allerdings unter idealen Bedingungen eine gewaltige Größe erreichen kann. So ist das Great Barrier Reef die größte von Lebewesen geschaffene Struktur der Erde und erstreckt sich bei rund 2000 Kilometer Länge auf über 40 000 Quadratkilometer.

Schätzungsweise 350 000 Quadratkilometer Korallenriffe besitzt die Erde, was sich nach einer gewaltigen Menge anhört, in Wahrheit aber wie gesagt weniger als ein Zehntel eines Prozents der gesamten Ozeanoberfläche ausmacht. Dass Riffe so selten sind, hängt damit zusammen, dass Korallen strenge Ansprüche an ihre Umgebung stellen. Sie brauchen seichtes, von Sonnenlicht durchflutetes Wasser in perfekter Temperatur und mit passendem pH-Wert. Jegliche langfristige Veränderung dieser Bedingungen macht das Überleben von Korallen unmöglich.

Korallen erschaffen komplexe dreidimensionale Strukturen mit einer Vielzahl unterschiedlich großer Schlupfwinkel, Löcher und Spalten, in denen Tiere aller Größen unterkommen. Bei einem gesunden Riff sorgt dies für ein verblüffendes Artenspektrum, was das Betrachten von Korallenriffen letztlich so faszinierend macht. Dabei sind es vor allem aber die Vielfalt und Anzahl der Arten in der Umgebung des Riffs, die es gesund erhalten.

Eine konstante Gefahr für die Korallen sind Meeresalgen, die auf und über ihnen wachsen und ihnen damit das Sonnenlicht rauben. Glücklicherweise haben Korallenpolypen ihre Verbündeten – ganze Heerscharen pflanzenfressender Fische wie Steuerbarsche, Kaninchenfische und Papageifische grasen die Algen ab und halten das Riff sauber. Aber nicht alle Fische sind auch Freunde der Korallen; manche, wie die Falterfische, ernähren sich auch von den Polypen. Ist alles im Gleichgewicht, bedroht dies niemals das Riff als solches, da es wiederum auch kleinere Raubfische wie etwa Zackenbarsche gibt, die sich einen Falterfisch als Mahlzeit nicht entgehen lassen und auch pflanzenfressende Fische bei Gelegenheit nicht ablehnen. Nimmt jedoch die Zahl der Zackenbarsche überhand und sind alle Pflanzenfresser verspeist, werden die Algen, die nun niemand mehr wegfrisst, die Korallen erdrücken. Das ist der Grund, warum ein gesundes Riff stets auch größere Raubfische braucht, um die kleineren in Schach zu halten.

Kürzlich entdeckte man, dass ein gesundes Riff eine überraschend große Menge Biomasse an (sowohl kleinen wie auch großen) Räubern im Verhältnis zur Beute vorweist. In der Tat finden sich mehrere Stellen in den Ozeanen der Erde, an denen man hin und wieder außergewöhnlich viele Haie antrifft. Das hängt damit zusammen, dass dort Fische, die sich schnell vermehren, von mehreren anderen Riffen zum Ablaichen zusammenkommen. Es sind Fische, die den überwiegenden Teil ihres Lebens eigentlich in einem sehr kleinen, begrenzten Lebensraum des Ozeans verbringen und dann zum Laichen bis zu 30 Kilometer weit wandern. Das daraus resultierende Futterangebot anlässlich dieses Events zieht natürlich jede Menge Haie und andere Raubfische an. Doch auch unter normalen Umständen ist ein von Haien frequentiertes Riff wahrscheinlich ein gesundes Riff.

Ein gesundes Riff mit hoher Diversität ist dabei so verführerisch für Meereslebewesen, dass es auch aus großer Entfernung neues Leben anlockt. Hält man über einem Korallenriff den Kopf ins Wasser, hört man eine Art konstant knisternde Geräusche, ein wenig so, als würde Regen auf ein Blechdach fallen. Das menschliche Ohr vermag diese Geräusche kaum auseinanderzuhalten, doch kann man feststellen, dass manche Stellen lauter oder intensiver klingen als andere. Wissenschaftlerinnen und Wissenschaftler haben die Geräusche aufgezeichnet, in Einzeltöne zerlegt und konnten damit zeigen, dass das, was uns wie Radiorauschen vorkommt, in Wirklichkeit das Produkt einer komplexen Gemeinschaft ist, die ihr Leben am Riff verbringt, während sie anderen eine Botschaft sendet – schnappende Garnelen kommunizieren durch das Abfeuern von Luftbläschen, Fische quaken und grunzen, dazu kommen allerlei Arten von Pfiffen und Pfeifen. So muss sich die Rushhour in New York City womöglich für eine außerirdische Zivilisation anhören! Die Meeresgeräusche sind allerdings so unterschiedlich, dass Forschungsteams sie nutzen konnten, um Riffe in verschiedenen Teilen der Welt zu unterscheiden, aber auch um festzustellen, ob sie gesund oder beschädigt sind. Am wichtigsten könnte jedoch die bereits erwähnte Erkenntnis sein, dass diese Geräusche jungen Korallenrifffischen helfen, sich ein gesundes Riff auszusuchen, auf dem sie sich dann ansiedeln.

Viele Rifffische verbringen den ersten Teil ihres Lebens als durch den Ozean schwebendes Plankton. Sind sie zu einer gewissen Größe herangewachsen, suchen sie sich also ein Riff, um dort heimisch zu werden. Kalkige Gebilde in ihren Schädeln, die sogenannten Otolithen, werden durch Schallwellen zu Bewegung oder Vibration angeregt und ermöglichen ihnen damit das Hören. Und sobald die Fische den für ein gesundes Riff typischen Klang vernehmen, machen sie sich auf den Weg dorthin. Auf diese Art und Weise locken also gesunde, artenreiche Riffe weitere Fische und andere Lebewesen an, wodurch sie ihren guten Zustand bewahren. Entsprechend unattraktiv als Siedlungsort ist für die marinen Lebewesen aus der Umgebung daher ein beschädigtes oder überfischtes Riff. Dort droht eine regelrechte Abwärtsspirale. Um dem zu begegnen, haben Forschende mit dem Abspielen aufgezeichneter Riffgeräusche experimentiert, um Fische zu weniger gesunden Riffen zu locken, in der Hoffnung, den Riffen damit bei der Erholung zu helfen.

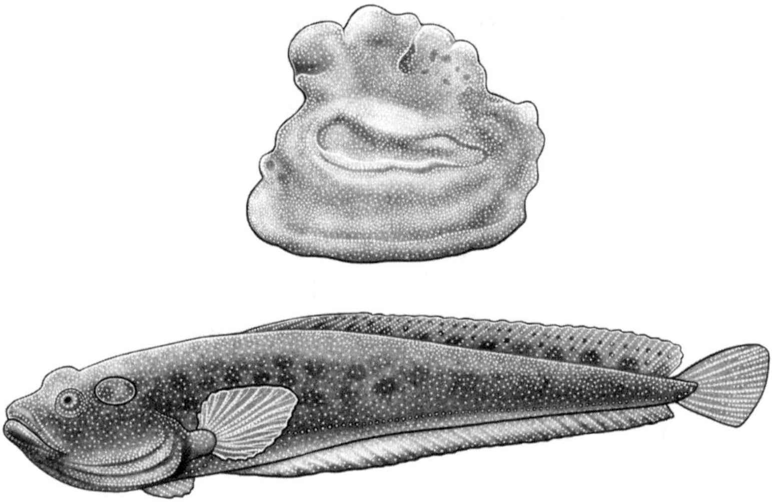

*Otolith eines Atlantischen Froschfischs. Die Otolithen reagieren nicht nur auf Schallwellen, sondern ermöglichen dem Fisch auch, Schwerkraft, Bewegung und Richtung wahrzunehmen.*

Korallen, wie wir sie heute kennen, leben seit 200 Millionen Jahren auf der Erde, und wo sie in welcher Menge gefunden werden, hat sich im Laufe der Zeit mit der Position unserer Kontinente, den Klimaveränderungen und unter dem Einfluss massenhaften Artensterbens verändert. Heute finden sich fossile Überreste von Korallen in den Bergen von Englands nicht besonders tropischem Lake District, im polnischen Heiligkreuzgebirge, das rund 500 Kilometer von der nächsten Küste entfernt ist, und sogar in den Spring Mountains bei Las Vegas. In den letzten 12 000 Jahren jedoch gediehen Korallenriffe wie bereits erwähnt vor allem zwischen den Wendekreisen des Steinbocks und des Krebses, was mit einem Wandel zusammenhängt, der unsere Welt verändern sollte: Nach dem Pleistozän, einem etwa zwei Millionen Jahre dauernden, von großen klimatischen Fluktuationen und einer Destabilisierung geprägten geologischen Zeitabschnitt der Erdgeschichte, geschah etwas Bemerkenswertes: Vor rund 12 000 Jahren begann auf der Erde eine verlässliche, vorhersagbare wärmere Phase, das Holozän. Mit zwei polaren Eiskappen, regelmäßigen Jahreszeiten in den gemäßigten Zonen und stabil warmen Temperaturen in den Tropen ergab sich ein Gleichgewicht, das es sowohl der Natur als auch der Menschheit erlaubte, regelrecht aufzublühen. Im zuverlässig warmen Sonnenlicht der tropischen Gewässer unseres Planeten entstanden enorme Riffe und mit ihnen üppiges marines Leben.

Doch inzwischen verändern sich diese Gewässer. Wir haben die sichere, stabile Periode des Holozäns verlassen – und nur auf diese Klimabedingungen war die menschliche Zivilisation bislang eingestellt – und betraten die unbekannte, instabile Phase des Anthropozäns, eines von Menschen geprägten Zeitabschnitts; eine Epoche, in der der menschliche Einfluss auf den Planeten zur bestimmenden Kraft geworden ist. Das ökologische Gleichgewicht, auf das Korallen für ihr wunderbares Dasein angewiesen sind, ist aus den Fugen geraten, es taumelt und schwankt gelegentlich von einem Zustand zum anderen. Viele Korallenriffe reagieren derart empfindlich auf Veränderungen in ihrer Umwelt, dass eine einzelne ernsthafte Abweichung unberechenbare Umbrüche im gesamten Ökosystem bewirken kann.

Der Ozean spielt eine lebenswichtige Rolle beim Ausgleich des globalen Klimas. Er fungiert wie ein gewaltiger Schwamm, der Kohlendioxid ($CO_2$) und Hitze aufsaugt. Man schätzt, dass er zwischen 1800 und 1994 erstaunliche 118 000 Milliarden Kilogramm von Menschen verursachtes $CO_2$ absorbierte. Und zwischen 1994 und 2007 noch einmal ein Drittel unserer $CO_2$-Emissionen. Während diese Leistung uns Menschen bislang vor einer davongaloppierenden globalen Erwärmung schützte, führte sie zu ernsthaften Konsequenzen für das Leben im Meer. Der Ozean hat so viel unseres überschüssigen Kohlendioxids aufgenommen, dass sein pH-Wert gesunken ist – der Ozean wird sauer. Das erschwert den Korallen das Wachstum, denn durch den gesunkenen pH-Wert des Wassers werden brachliegende Skelette langsam angegriffen und einzelne Korallen anfälliger für Bruchschäden. Auch die Gesamtstruktur des betroffenen Korallenriffs wird geschwächt, da es größtenteils aus Kalk besteht – dem Kalziumkarbonat der alten Korallenskelette –, der sich nun auflöst. Das gesamte Fundament des Riffs wird somit beschädigt und gerät in Gefahr.

Neben dieser direkten Auswirkung kann die zunehmende Versauerung des Ozeans auch dafür sorgen, dass die natürlichen Anlocktechniken der Riffe versagen, da sich ihre Geräuschkulisse verändert. Die Schalen der Meeresschnecken, Krebstiere und Muscheln werden durch den niedrigeren pH-Wert des Wassers weicher, was zu einem Rückgang der Populationen führt. Das Knacken der Muscheln und das Schnappen der Krabben werden immer leiser. Das Riff wird stiller. Folglich fällt es den Fischen schwerer, das Riff zu hören und damit ein brauchbares Riff als Habitat zu lokalisieren. Und Jungfische, die im offenen Ozean schwimmen, sind für Räuber eine viel leichtere Beute als am Riff. Abgesehen von der herzzerreißenden Vorstellung, wie Nemo und andere junge Fische auf der Suche nach einem Zuhause im offenen Meer davontreiben, kommt es zu einem negativen Rückkoppelungseffekt, der einen erheblichen Einfluss auf Korallenriffe hat: Die nächste Kohorte Fische erreicht das Riff zur Besiedlung und um zukünftige Generationen zu zeugen nicht, weshalb die Riffe noch mal um eine Stufe leiser werden.

Ein ähnliches Resultat erzielen wir bereits auf einem anderen Weg: durch Fischerei. Menschen sind Gewohnheitstiere, unter anderem was die Wahl der von uns verspeisten Fische angeht. Zum üblichen erwünschten Fang an Riffen gehören große Raubfische wie Zackenbarsche und Stachelmakrelen, die jedoch zugleich wichtig für die Aufrechterhaltung des Ökosystems Korallenriff sind. Tötet man zu viele Tiere einer einzigen Art, kann dies einen erheblichen Dominoeffekt erzeugen, insbesondere in einer derart von Wechselbeziehungen abhängigen Umwelt wie dieser. Überall auf der Welt finden sich Beispiele für solche Auswirkungen: Korallenriffe in der Karibik, an denen Fischfang in hohem Maße betrieben wurde, werden stärker von Algen bewachsen, da die pflanzenfressenden Fische verschwunden sind; in Kenia haben es Fischer auf Drückerfische abgesehen, was zu einer starken Zunahme von deren Beutetieren führte, den Seeigeln, die nun nicht mehr gefressen werden. Überfischte Riffe haben auch darunter zu leiden, dass Netze gegen Korallen prallen oder diese sich in ihnen verhaken. Das Polypengewebe ist sehr dünn und das darunterliegende Skelett zerbrechlich, weshalb hier schnell Schäden entstehen. Diese Wunden entzünden sich zudem rasch, was die Kolonie schwächt oder sie sogar gleich vollständig tötet.

Obgleich die Auswirkungen der Überfischung tiefgreifend sind, gibt es doch eine schnelle und einfache Lösung: Staaten könnten in ihren Hoheitsgewässern die zerstörerischsten Fischereimethoden und jene Praktiken verbieten, die unterschiedslos alle, und nicht nur die erwünschten Tiere fangen. Sie könnten das Dynamit- und Giftfischen untersagen, sodass nur noch weniger folgenreiche Methoden erlaubt blieben. Auch die Errichtung von Schutzzonen rund um die produktivsten oder empfindlichsten Habitate wäre hilfreich. Während auf diese Weise illegal umherstreifende Piratenfischer leer ausgingen, würden kleinere Fischereigemeinschaften in einem gesünderen Ozean mehr Fische fangen, und geschützte Riffe könnten lukrativen sanften Tourismus anlocken.

Als der pazifische Inselstaat Palau strikte Fischereikontrollen einführte, zunächst um küstennahe Riffe herum, später auch um solche auf offener See, erlebten die Fischer vor Ort, wie ihre Erträge wuchsen, da sich die Fischbestände sichtlich erholten. Und nachdem es sich herumgesprochen hatte, wie beeindruckend sich die Unterwasserwelt entwickelt hatte, blühte auch der Tauch- und Schnorcheltourismus auf, der neue Jobs und Einnahmen für Hotels und Restaurants brachte.

Die Korallenbleiche zu bekämpfen, ist hingegen nicht so einfach. Zu ihr kommt es, wenn Korallenpolypen durch Umweltverschmutzung unter Stress geraten oder weil sich Temperatur, pH-Wert oder Salzgehalt des Wassers verändern. Soweit wir wissen, hat es seit jeher hin und wieder Korallenbleichen gegeben. Plötzlich wärmere Phasen in einem begrenzten Gebiet oder natürliche Fluktuationen durch das El-Niño- oder La-Niña-Phänomen lassen für kurze Zeit die Wassertemperatur um ein Riff oder ein Riffsystem ansteigen oder absinken. Das ist bedrohlich für Korallen, denn sie können nur eine relativ geringe Temperaturschwankung tolerieren. Jenseits dieses Toleranzbereichs verändert sich der Fotosyntheseprozess, und die Zooxanthellen produzieren Substanzen, die die Korallenpolypen schädigen. Als Reaktion darauf stoßen die Polypen die Zooxanthellen ab. Das lässt sich leicht beobachten, denn ohne Zooxanthellen ist das Polypengewebe transluzent, also durchsichtig, und das darunterliegende weiße Skelett wird sichtbar – die Koralle ist »gebleicht«. Korrigiert sich die Temperatur rasch wieder in den Normbereich, kehren die Zooxanthellen zurück, und der übliche Essensservice wird wieder aufgenommen. Bleibt die Wassertemperatur jedoch zu lange außerhalb des Tolerierbaren, was durch den Klimawandel heutzutage mehr als nur wahrscheinlich ist, verhungern die Polypen. Von diesem Augenblick an gibt es kein Zurück mehr, und die Korallenkolonie wird zwangsläufig sterben.

Einige Korallenbleichen wurden auf Verschmutzungen oder extrem niedrige Ebbe zurückgeführt, wodurch die Korallen intensivem Sonnenlicht und großer Hitze ausgesetzt waren. Die weitaus größere Gefahr sind jedoch die lang anhaltenden Hitzewellen im Ozean. Sie können Wochen oder gar Monate dauern und den Ozean bis in Tiefen von Hunderten Metern erwärmen. Durch den Klimawandel werden diese marinen Hitzewellen extremer und häufiger.

Beim Gedanken an die Zukunft der Korallenriffe kann man selbst schreckensbleich werden, und dies nicht ohne Grund. Die globale Korallenbleiche im Jahr 1998 tötete acht Prozent aller Korallen weltweit und wurde gut untersucht, was uns sowohl ängstigen als auch Mut machen kann. Vor den Seychellen gingen geschätzt 90 Prozent aller Steinkorallen verloren. Forschungsteams beobachteten die sich anschließende Wachstumsphase genau und fanden heraus, dass die Rückkehr der Korallen verzögert wurde, sobald das Riff von Algen überhäuft war. Und gerade dort, wo die Überfischung von pflanzenfressenden Fischen ein Problem darstellte, hatten die betroffenen Riffe große Probleme, sich zu regenerieren. In anderen Gebieten konnten sich die Korallen jedoch besser erholen, und im Jahr 2010 war die geschätzte Korallenbedeckung weltweit zurück auf dem Niveau von vor 1998. Allerdings hatte es auch mehr als ein Jahrzehnt gedauert, bis es so weit war; und da Korallenbleichen immer häufiger auftreten, bleibt oft nicht genug Zeit für eine vollständige Genesung vor der nächsten Bleiche. Seit 2011 verzeichnen wir, da wir unseren Planeten weiter aufheizen, einen ständigen Rückgang der Korallenbedeckung und eine ungekannte Zunahme an Algenbewuchs.

Globale Bleichen ereigneten sich 1998, 2010 sowie 2014 bis 2017, und zum Zeitpunkt des Verfassens dieses Buchs 2024 leiden die Korallen weltweit erneut unter einer Bleiche. Geben wir weiterhin

Treibhausgase in dem Maße an die Atmosphäre ab, wie wir es derzeit tun, werden nur sehr wenige Korallenriffe überleben. Doch selbst wenn es uns gelingen sollte, unsere Emissionen zurückzufahren, sind die unvermeidbare Erwärmung und die Versauerung der Meere bereits im planetaren Klimasystem vorhanden. Das hat schwerwiegende Konsequenzen für Korallenriffe.

Und doch können wir womöglich den Schaden zumindest minimieren. Ein Schlüssel dazu könnte aus der Region mit den vielfältigsten Riffen weltweit kommen, dem Korallendreieck. Dieses Gebiet im Westpazifik zwischen Indonesien, Malaysia, den Philippinen, Papua-Neuguinea, Timor-Leste und den Salomonen umfasst rund sechs Millionen Quadratkilometer. Hier finden sich erstaunliche 76 Prozent aller Korallenarten weltweit, und die Wissenschaft identifizierte in diesen Gewässern über 2000 Rifffischarten. Mehr als 140 Millionen Menschen sind auf Fisch und Meeresfrüchte aus dem Korallendreieck angewiesen, entweder für den Lebensunterhalt oder als ihre wichtigste Proteinquelle. Forscherinnen und Forscher stellten fest, dass hier in den letzten Jahrzehnten die Steinkorallen zunahmen und der Algenbewuchs weniger wurde. Vermutlich helfen die Dichte und Diversität der Korallen in diesem Gebiet dabei, sie widerstandsfähiger gegen Temperaturspitzen werden zu lassen.

Ebenso ist die Wahrscheinlichkeit, dass ein Riff mit einem funktionierenden Ökosystem und gesunder Fischpopulation eine Korallenbleiche übersteht, deutlich höher. Dafür findet sich mitten im Pazifik ein ausgezeichnetes Beispiel: Im Jahr 2009 entdeckte eine Expedition von National Geographic Pristine Seas einige der atemberaubendsten Riffe, die es rund um die abgelegenen und unbewohnten Südlichen Linieninseln gibt. Es gelang, die Riffe durch eine sogenannte No-Take-Zone, in der jedes Fischen untersagt ist, zu schützen. Doch dann schien es so, als hätte mit El Niño 2016 die Katastrophe zugeschlagen. Die schlimmste je aufgezeichnete Korallenbleiche traf die Südlichen

Linieninseln und mehr als die Hälfte aller Korallen ging verloren. Wissenschaftlerinnen und Wissenschaftler erwarteten, dass die Riffe dasselbe Schicksal wie viele andere auf der Welt erleiden und sterben würden. Doch es geschah etwas Verblüffendes: Die Korallen kehrten zurück, an einigen Stellen sogar reicher und spektakulärer als zuvor. Die Ursache? Fische. Aufgrund der strengen Schutzvorkehrungen der Südlichen Linieninseln überlebte eine ganze Heerschar pflanzenfressender Fische und graste die Algen ab, was den Korallen Zeit gab, sich substanziell zu erholen.

Der Klimawandel ist eine global zu beantwortende Frage, wenngleich es auch auf nationaler und lokaler Ebene Menschen braucht, die entschlossen vorangehen. Denn man kann auch vor Ort ein Riff vor Überfischung und Umweltverschmutzung schützen, ihm Zeit verschaffen und beim Überleben helfen. Und überall dort, wo es gelang, Riffe gesund zu erhalten, haben die lokalen Fischer mehr zu fangen. Aber vor allem werden die Vorteile auch in Zukunft noch zu spüren sein.

## CABO PULMO, BAJA CALIFORNIA, MEXIKO

Sieht man sich Drohnenaufnahmen des Nationalparks Cabo Pulmo an, die aus ein paar Hundert Meter Höhe aufgenommen wurden, versteht man, warum dieser Ort auf der mexikanischen Halbinsel

Baja California etwas Besonderes ist. Aus dieser Höhe und mit einem guten Objektiv lassen sich deutlich die Linien erkennen, an denen vier Bereiche ineinander übergehen. Im Osten sind die buschigen, felsigen Hügel in einem trockenen Beigeton gehalten, durchsetzt mit khakifarbenen Vegetationsflächen, die sich genau dort im Tal und in den Schluchten erstrecken, wo regelmäßig Wasser fließt und kurz für Feuchtigkeit sorgt. Ein schmaler Sandstreifen reflektiert das Sonnenlicht und wird alle paar Sekunden von der weißen Gischt der sich brechenden Wellen überflutet. Unmittelbar hinter der Brandung liegt eine Lagune mit leuchtend blaugrünem, seichtem Wasser. Ein wenig weiter vor der Küste ist das wahre Wunder von Cabo Pulmo zu finden. Von Norden nach Süden verlaufende Felsgrate trennen die helle, einladende Lagune vom dunklen offenen Ozean. Diese Kämme bestehen aus Granit und bilden damit einen stabilen Boden für das Korallenwachstum.

Als sich unser Planet nach der letzten Eiszeit erwärmte, schmolzen die Eisflächen und zogen sich zurück, während der steigende Meeresspiegel die Kontinentalschelfe überflutete. Auf gewissen Breitengraden sorgten diese Phänomene für die Entstehung warmer, seichter Gewässer – ausgezeichnete Orte für das Wachstum von Korallenkolonien. Cabo Pulmo liegt genau am Rand dieser Breitengrade. Es befindet sich an der Spitze von Baja California, in der Nähe der Öffnung zum Golf von Kalifornien, wo es gerade noch warm genug für Korallen ist – bewegt man sich weiter nach Norden, verschwinden bald auch die Warmwasserkorallen. Cabo Pulmo ist also ein seltener und kostbarer Vorposten.

Man mag aus der Luft vielleicht verstehen, warum dieses Gebiet geografisch interessant ist, doch man muss ins Meer abtauchen, um zu erkennen, dass auch dieser vergleichsweise kleine Teil der großen Korallengemeinschaft eine faszinierende Geschichte zu erzählen hat. Denn hier rauben einem die Diversität und Dichte der Korallen schlicht den Atem. Die Felsen verlaufen an dieser Stelle wie Finger über den Meeresboden und führen in immer tiefere Abschnitte – beste Voraussetzungen für eine Vielfalt unterschiedlicher Arten.

Die Farben, die Feinheiten und die pure Schönheit dieser Unterwasserwelt lassen viele Touristen vermuten, dies sei ein ursprüngliches, unberührtes Riff. Die Korallendichte ist hier so hoch wie kaum irgendwo sonst im Golf von Kalifornien, was weitere Meeresbewohner in einer enormen Bandbreite und Fülle anzieht. Die Schwärme von Stachelmakrelen sind hier so groß, dass die Strudel, in denen sie schwimmen, Taucher komplett einhüllen können. Hier finden sich Bullenhaie, Buckelwale, Mantarochen, Schildkröten und Seelöwen, und die Vielfalt an Vögeln, die von den vielen Fischen angelockt werden, ist beeindruckend und von globaler Bedeutung. Man versteht, warum der Schriftsteller John Steinbeck bei seinem Besuch in den 1940er-Jahren schwärmte, die Gegend »pulsiert vor Leben«.

Dabei ist Cabo Pulmo keineswegs unberührt. In den 1980er-Jahren war der Puls des Lebens hier schwach und kaum noch zu spüren. Einige wenige dickköpfige Fische, ein kraftloses Echo der einst überbordenden Riffgemeinschaft, waren geblieben, doch die großen Ozeanwanderer – Haie, Rochen, Schildkröten und Wale – waren schon seit Jahren nicht mehr gesichtet worden. Cabo Pulmo rückte auf die Liste jener Orte, die von den Reiserouten der Ozeangiganten gestrichen worden waren.

Juan Castro, ein Fischer aus der Gegend, glaubte nicht, dass er Haie oder Wale in den Golf zurückholen könnte, aber zumindest wollte er seine Gemeinde wieder neu beleben. Die Erträge aus dem Fischfang waren zurückgegangen. Nach Jahrzehnten der Überfischung, zu denen noch die Anker und die beschwerten, Riffe zerstörenden Netze der Fischerboote kamen, war das komplexe Ökosystem aus dem Gleichgewicht geraten. Die Fischpopulationen waren gefährlich niedrig und die Menschen am Ende.

Es wäre ein Leichtes gewesen aufzugeben, so wie es an vielen anderen Orten geschieht, oder auf immer rücksichtslosere Fischereimethoden zurückzugreifen, um noch die letzten verbliebenen Fische zu fangen. Doch Juan Castro erinnerte sich an den reichen Ozean seiner Kindheit, die Haie, die er beim Fischen mit seinem Vater beobachtet hatte, und an die stolzen Menschen, die sich in dieser wunderschönen Region zu Hause fühlten. Er glaubte an die Kraft des Meeres, und er glaubte an seine Mitmenschen. Die Untersuchungen eines örtlichen Meereswissenschaftlers bestätigten, was Juan Castro nach einem Leben mit dem Meer instinktiv verstanden hatte: Mit ausreichend Zeit und Schutz würde sich das Riff, von dem seine Umgebung abhing, wieder erholen – es könnte ins Leben zurückfinden.

Zunächst untersuchten sie das Riff und identifizierten die Stellen, an denen noch gesunde Korallen übrig geblieben waren und kleine Fischschwärme lebten. Dann setzten sie sich bei der Regierung dafür ein, die Riffe in einem Meeresschutzgebiet zusammenzufassen. Das würde zumindest die fremden Fischerboote fernhalten, auch wenn es noch nicht für den ganz großen Wurf reichte. Denn die Untersuchungen des Wissenschaftlers legten nahe, dass es ein vollständiges Fischereiverbot brauchte, um das Riff zu retten. Für eine Gemeinschaft, die fast nur aus Fischerfamilien bestand, war das eine lebensentscheidende Herausforderung. Juan Castro überzeugte sie, dass es den Versuch wert sei, und im Jahr 1995 wurden die Fangverbotszone und das Schutzgebiet errichtet.

Der Jubel war nur von kurzer Dauer. Denn jetzt begann der schwierige Teil. Als sie ihre Fischereirechte aufgegeben hatten, waren für die Menschen vor Ort über Nacht die wichtigsten Nahrungsmittel- und Einkommensquellen verschwunden. Es lässt sich nur schwer ausmalen, wie das für eine Gemeinschaft gewesen sein muss, die seit Generationen vom Fischfang gelebt hatte, jetzt aber an der

Küste saß, nicht fischen gehen konnte und von Lebensmittelgutscheinen der Regierung abhängig war. Der auf Juan Castro und anderen Vorkämpfern für das Schutzgebiet lastende Druck und die Verantwortung, nun auch Ergebnisse zu liefern, dürften jeden Tag gewaltiger geworden sein. Und die Geduld, die ganz Cabo Pulmo aufbrachte, in diesen Anfangsjahren nicht wieder fischen zu gehen, bis die ersten Anzeichen für eine Erholung sichtbar wurden, war beachtlich. Vom Strand aus sahen die Menschen, wie mehr und mehr Seevögel kamen und nach den Fischen tauchten, die sie noch immer nicht fangen durften. Sie warteten weiter, während Meeresbiologen regelmäßig die Riffe untersuchten.

Zehn lange Jahre vergingen.

Dann spürten die Menschen eine Beschleunigung. Ein positiver Kipppunkt war erreicht. Biodiversität brachte Biodiversität hervor, reiche Gewässer zogen neue Arten an, gesunde Korallen pflanzten sich fort und boten anderen Tieren Unterschlupf. Haie wurden gesichtet, Wale kehrten zurück.

Die zehn Jahre fühlten sich für Juan Castro und die Menschen in Cabo Pulmo ungemein lange an, doch für die Wissenschaft ging die Verwandlung überraschend und erfreulich schnell vonstatten. Dieses Ausmaß an Regeneration in solch einer kurzen Zeitspanne machte Hoffnung. Nur wenige Habitate an Land würden sich ähnlich schnell erholen. Lässt man eine zuvor landwirtschaftlich genutzte Fläche zehn Jahre brach liegen, wird man sicher Veränderungen beobachten können, aber nicht in diesem Ausmaß. Natürlich wäre das Tempo je nach Region der Erde unterschiedlich, aber würde man zum Beispiel einen typischen Acker im westeuropäischen Flachland sich selbst überlassen, würden sich auf dem einst kultivierten Boden zunächst schnell Brombeeren und Brennnesseln breitmachen, lange im Boden schlummernde Eicheln würden sprießen und zu jungen Bäumen werden. Wahrscheinlich tauchte anschließend dorniges Gestrüpp auf, das von Beerenfressern wie Drosseln, die ihre Nahrung vorwiegend am Boden suchen, gepflanzt wurde. Vielleicht kämen auch vom Wind verbreitete Arten wie Eschen zum Vorschein, sofern es in der Nähe einen Wald gäbe. Im Laufe eines Jahrzehnts würde die Artenvielfalt sicherlich zunehmen, insbesondere bei Vögeln, Insekten und kleinen Säugetieren. Sicher verbesserten sich auch die Kohlenstoffspeicherung und die Bodenqualität. Doch selbst ein aufgegebener Acker, der in der Nähe eines Waldes mit alten Bäumen liegt, braucht mehrere Jahrzehnte, bis ein Lebensraum entsteht, der dem ursprünglichen Wald ähnelt, inklusive aller Arten, die es dafür braucht. In Cabo Pulmo hingegen kam es relativ rasch zu einer Erholung auf allen Ebenen des marinen Ökosystems, vom kleinsten Rifffisch bis zum größten Räuber, und zwar dank der Kraft des Ozeans und der Charakteristiken der Arten, die sich hier entwickelten.

Wahrscheinlich gehen viele unter uns davon aus, dass ein Korallenriff wie ein Habitat an Land funktioniert. Schließlich spricht man aufgrund der Biodiversität auch oft von den »Regenwäldern des Meeres«. Aber es gibt doch entscheidende Unterschiede, insbesondere wenn man die Rolle von Säugetieren und Fischen vergleicht. Obgleich viele Säugetiere und Vögel bis ins hohe Alter hinein Nachkommen zeugen (Menschen sind hier eine Ausnahme), haben sie nicht plötzlich mehr Nachwuchs, nur weil sie älter werden – eine gleichbleibende Anzahl von Kindern ist für die meisten schon ein beachtliches Ergebnis. Im Gegensatz dazu produzieren bei vielen Fischarten die älteren, größeren Exemplare deutlich mehr Eier als zu dem Zeitpunkt, als sie noch jünger und kleiner waren. Eine uralte Logik verlangt, dass man die jungen Fische, die man fängt, ins Wasser zurückwirft und sich vermehren lässt, dafür die älteren isst. Das ergibt Sinn, denn natürlich will niemand die junge, noch nicht fortgepflanzte Population auslöschen, allerdings vernachlässigt diese

Denkweise die Fortpflanzungs-Superkräfte von alten Fischen: Im Fall von Cabo Pulmo sorgte nach zehn Jahren Schutz ein ordentlich gealterter Bestand dafür, dass sich das Wasser immer schneller mit neuen Fischen füllte.

In der Meeresbiologie hatte man Derartiges bis dato nur selten miterlebt. Die Studien zeigten, dass innerhalb der Fangverbotszone von Cabo Pulmo die Fischbestände um mehr als 400 Prozent zugenommen hatten und die boomende Population sich bereits jenseits des geschützten Bereichs ausbreitete und andere Riffe besiedelte. Damit kommen wir zu einem weiteren wichtigen Unterschied zwischen Land und Meer: Im Meer gibt es keine Zäune, Straßen oder Städte. Sobald also ein geschützter Bereich eine gesunde Fischpopulation aufweist, werden nach und nach einige Fische aus der Schutzzone hinauswandern. Das kennt man als Übertragungs- oder auch Spill-over-Effekt, dieser ist ein wichtiger Grund dafür, weshalb Fangverbotszonen – gibt man ihnen ausreichend Zeit – den Fischern vor Ort ermöglichen, jenseits der Schutzzonen höhere Fangerträge zu erzielen als in der Zeit vor der Einführung des Schutzgebiets.

Die Anzahl der Fische erwies sich als klarer Beweis für die Erholung, doch für die Zukunft von Cabo Pulmo waren darüber hinaus auch die Schönheit und die Biodiversität der Riffe bedeutsam. Die blühenden Korallengärten, die merkwürdigen, seltenen Wirbellosen, die ansässige Seelöwenkolonie, die riesigen Seevogelschwärme und die Anziehungskraft der Wale, Delfine, Schildkröten und Haie – all das zusammen ergab ein Traumziel für Ökotouristen. Eine lebenswichtige Entwicklung, die das Cabo-Pulmo-Meeresschutzgebiet so erfolgreich machte, dass es zu einem Nationalpark erklärt wurde. Damit war zwar ausländischen Fischerbooten das Befahren dauerhaft verboten, ortsansässige Fischer durften aber ihre Netze auswerfen, und die Zukunft der gleichnamigen Stadt lag damit wieder in den Händen der Menschen vor Ort.

Die Fischerei wurde erneut profitabel, denn man konnte deutlich mehr Fisch in deutlich weniger Zeit fangen und verbrauchte dabei weniger Treibstoff als in der Zeit vor Errichtung des Schutzgebiets. Die Gemeinde Cabo Pulmo wollte sich indes nicht allein auf die Fischerei stützen. Es wurden Tauchschulen, Gästehäuser und Restaurants eröffnet und Führungen angeboten, um das Wunder der Riffe mit der Welt zu teilen. So konnte Cabo Pulmo ein stolzes Fischerstädtchen bleiben, ohne eine Überfischung zu riskieren.

Juan Castros Vision und die weitsichtige Entschlossenheit der örtlichen Gemeinschaft haben sowohl die Stadt als auch das Riff gerettet und dabei ein Vorbild geliefert, dass eine bessere Fischerei im Einklang mit der Bewahrung und dem Management unserer Meere möglich ist. Doch vielleicht ist noch viel mehr als das geschehen: Dieser Wandel könnte uns sogar noch etwas mehr Zeit verschafft haben. Wie erwähnt liegt Cabo Pulmo genau an der Grenze, an der im Ostpazifik noch Korallen wachsen können. Weiter nördlich ist es einfach zu kalt – noch. Während die vom Klimawandel angetriebenen Hitzewellen im Ozean Riffe überall auf der Welt ausbleichen, könnten es die Korallen an den äußeren Grenzen sein, die am längsten überleben. Es ist so gut wie sicher, dass wir die Grenze von 1,5 Grad Celsius globaler Erwärmung überschreiten, doch wenn wir schnell genug handeln, ist es noch immer möglich, die Temperaturen zu stabilisieren, bevor sie außer Kontrolle geraten. Gelingt das, sind Gegenden wie Cabo Pulmo genetische Rückzugsorte von unschätzbarem Wert – Orte, von denen aus neue Korallenriffe im Laufe der Zeit unseren Planeten besiedeln könnten.

Das Wunder von Cabo Pulmo hat also unser Verständnis von Korallenriffen verändert und gezeigt, dass es bereits ausreicht, Teile des Ozeans einfach in Ruhe zu lassen, damit sie sich regenerieren, ihre Umgebung neu beleben und sich gegen scheinbar unüberwindbare Widerstände verteidigen können.

Wir dürfen nun aber nicht selbstzufrieden werden. Denn die andauernde globale Erwärmung wird schlussendlich alle Riffe bis auf einige wenige, günstig gelegene überwältigen. Durch kluge, mutige Entscheidungen, wie wir unsere Ozeane befischen, können wir uns allerdings ein wenig mehr Zeit erkaufen, in der wir weitere kluge, mutige Entscheidungen für den Kampf gegen den Klimawandel treffen. Und natürlich können wir bei diesem Prozess unsere Korallenmeere und die Lebensräume, die sie umgeben, verändern. Das ist womöglich die größte Win-win-Situation auf unserem Planeten heutzutage, und wir sollten alles in unserer Macht Stehende tun, um eine Welt voller Cabo Pulmos zu ermöglichen.

# KAPITEL 2

# TIEFSEE

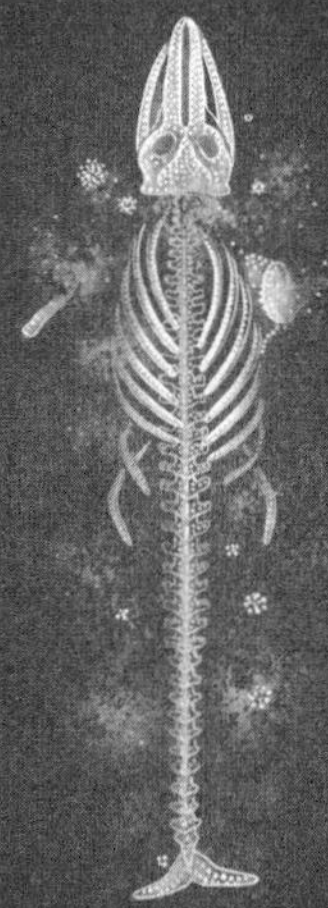

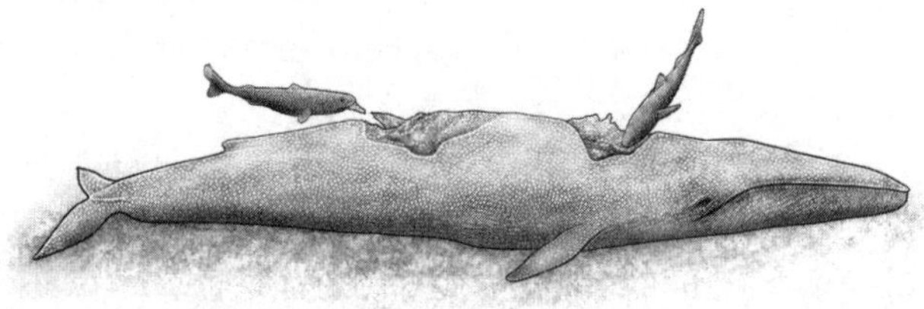

## DAS U-BOOT, AUSTRALIEN

Leviathan, Riesenkraken, Poseidon … die Tiefsee reizte schon immer unsere Vorstellungskraft, genau wie der Blick in den Himmel es getan hat. Vielleicht liegt es in der menschlichen Natur, dass wir uns Geschichten erzählen müssen, um uns Orte, die wir noch nicht verstehen und noch nicht wissenschaftlich beschreiben können, begreifbarer zu machen. Doch während wir in einer klaren Nacht die Sterne sehen und mithilfe eines einfachen Teleskops sogar die Landschaft auf der hellen Seite des Mondes betrachten können, sind die Tiefen des Ozeans die längste Zeit der Menschheitsgeschichte unerreichbar gewesen.

Ich erinnere mich, wie ich als Kind aufgeregt von den Erlebnissen des Naturforschers William Beebe las, der in diese völlig unbekannte Welt eingetaucht war, und zwar mithilfe einer stählernen Tauchkugel, der Bathysphere, entworfen von einem Ingenieur namens Otis Barton. Die Experimente fanden 1934 bei den Bermudas vor der Küste einer Insel mit dem wunderbaren Namen Nonsuch Island (in etwa: Unvergleichliche Insel) statt, und Beebe ließ sich nach und nach immer weiter hinabsenken, bis er schließlich die Rekordmarke von 923 Metern unter der Oberfläche erreichte. Ich stellte mir vor, wie es sich angefühlt haben musste, in solch einer winzigen Kugel zu sitzen, unter derart hohem Druck des umgebenden Meeres. Beebes Beschreibungen der kurzen, flüchtigen Begegnungen mit dem seltsamen Tiefseeleben lasen sich faszinierend, und ich fragte mich, ob er wohl je in der Lage sein würde, ein Foto von einem dieser Tiere zu machen.

Trotz der seitdem erreichten gewaltigen technischen Fortschritte gibt es noch immer wenig Filmmaterial aus der Tiefsee, und nur eine Handvoll Auserwählte können das Leben, das jenseits der sonnendurchfluteten Zone existiert, einmal mit eigenen Augen sehen. In meinem 88. Lebensjahr bekam ich die Chance, einer von ihnen zu sein. Ich drehte 2014 für die BBC einen Film über das australische Great Barrier Reef. 60 Jahre zuvor hatte ich dort zum ersten Mal gefilmt, wobei ich eine primitive Taucherausrüstung getragen hatte. Nun kehrte ich mit modernster Technik zurück, um zu enthüllen, wie das Leben an einem Riff funktioniert, welchen Gefahren es ausgesetzt ist, und um von einigen der aufregenden jüngsten Entdeckungen über Riffe zu erzählen. Wir planten, eine bestimmte Sequenz zu filmen, die mich all diese Ziele auf einmal erreichen lassen würde, und zwar, indem ich mit einem U-Boot 300 Meter tief tauchte, was zu dieser Zeit der tiefste Tauchgang in einem derartigen Fahrzeug im Gebiet des Great Barrier Reef sein würde.

Die *Alucia*, ein hochmodernes Schiff, war speziell für die wissenschaftliche Forschung konstruiert und führte ein U-Boot der Firma Triton sowie dessen ausgebildeten Piloten mit. Das U-Boot war ein kleines, durchsichtiges, fast kugelrundes Gefährt und besaß eine Plexiglaskuppel, die auch hohem Druck standhielt und durch die wir filmen konnten, sowie kräftige Scheinwerfer, mit denen wir unsere Umgebung ausleuchten wollten, sobald wir die von Sonnenlicht durchflutete Zone verlassen hatten.

Wir wollten am Osprey-Riff tauchen, das im Korallenmeer zwischen Papua-Neuguinea und Australien liegt, rund 145 Kilometer vor der Nordostküste von Queensland und direkt an einer Kante, an der es 600 Meter in die Tiefe geht. Diese Eigenschaft würde es uns erlauben, auf einem einzigen Tauchgang Korallen in verschiedenen Meerestiefen zu beobachten, auch wenn unser wichtigstes Ziel Filmaufnahmen und eine Probenentnahme von einer mysteriösen Korallenansammlung in einer Tiefe zwischen 100 und 150 Metern war.

Im Verlauf meiner Lebensspanne verlor die Welt die Hälfte ihrer Korallen. Vor allem das Great Barrier Reef leidet unter dem Klimawandel und der Umweltverschmutzung. Doch diese spezielle Tiefseekorallengemeinschaft wuchs und gedieh scheinbar unbeeinträchtigt davon, und Forschende überlegten, ob diese Korallen helfen könnten, andere Abschnitte des Riffs wiederzubeleben, an denen der Klimawandel bereits großen Schaden angerichtet hatte.

Im Inneren des U-Boots, das uns dorthin bringen sollte, fanden gerade einmal der Pilot, ein Kameramann und ich genug Platz. Anfangs ging es nur ganz langsam nach unten. Während wir abgelassen wurden, konnten wir noch einen Blick über die Wasseroberfläche werfen – einen 360-Grad-Rundumblick, während Wellen sanft an die Kuppel schlugen. Es war ein fantastischer, leicht beunruhigender Augenblick.

In dem Moment, in dem wir unter Wasser versanken, konnten wir uns kaum gegen den Instinkt wehren, die Luft anzuhalten. Wir tauchten direkt vor dem Riff und seinen faszinierenden Weichkorallen. Vor über zwei Meter hohen Gorgonien tummelten sich Schwärme von Hochseefischen, aber auch auf dem Riff ansässige Arten. Bei 30 Metern stoppten wir kurz, um eine Grüne Meeresschildkröte zu beobachten. Sie schien überhaupt keine Notiz von unserer Anwesenheit zu nehmen, obgleich unser Boot durchsichtige Wände hatte und wir mit voller Beleuchtung an ihr vorbeisanken, auf dem Weg in die mesophotische (Dämmerungs-)Zone. Nun waren wir zwischen den Welten.

Obwohl es recht dunkel wirkte, gab es noch ausreichend Licht, sodass hier einige speziell angepasste Korallen leben konnten, die unter diesen Umständen ebenso Fotosynthese betrieben wie ihre Verwandten weiter oben im Meer. Dazu entwickelten sie große, flache Platten, mit denen sie so viel von dem verbliebenen Licht aufnahmen wie nur möglich. In dieser Tiefe waren sie außerhalb der Reichweite von Wirbelstürmen und den sich schnell erwärmenden flachen Gewässern, die zur Korallenbleiche beitragen. Daher hoffte das uns begleitende Wissenschaftsteam, diese Korallen könnten auch dann noch überleben, wenn die Korallen näher an der Wasseroberfläche bereits absterben würden.

Das meiste Licht, das es in diese Tiefe schafft, stammt aus dem blauen Teil des Lichtspektrums, weshalb uns das felsige Riff dunkelblau erschien. Doch dann schalteten wir die starken Scheinwerfer an, und farbenprächtige Verwandte der Korallen aus hellerem Wasser wurden sichtbar. Unser U-Boot verfügte über einen mechanischen Arm, mit dem wir nun eine Probe nahmen. Dann tauchten wir tiefer.

In 200 Metern war es dann so dunkel, dass keine Korallen mehr wuchsen.

300 Meter, und wir erreichten den Meeresboden. In dieser Tiefe zeigten unsere Messgeräte einen Druck an, der mehr als 30-mal so hoch war wie an der Oberfläche, alarmierende 316 Kilogramm pro Quadratmeter. Im Scheinwerferlicht unseres U-Boots sahen wir zahllose Teilchen, die um uns herum langsam zu Boden sanken. Die Meeresbiologin Rachel Carson hat dieses Phänomen in ihrem Buch *Geheimnisse des Meeres* 1951 poetisch beschrieben: »Wenn ich an den Grund der Tiefsee denke, […] sehe ich stets die unaufhörliche Abwärtsströmung des Materials von oben, Flocke über Flocke, Schicht über Schicht – den überwältigendsten ›Schneefall‹, den die Erde je erlebte.«

Tatsächlich spricht man hier von »Meeresschnee«. Er besteht aus biologischen Überbleibseln, die aus höheren Schichten herabsinken wie Blätter aus der Baumkrone, die zu Boden fallen. Genau wie die Blätter an Land ist auch der Meeresschnee ein wichtiger Teil des Ökosystems und eine entscheidende Grundlage für die Nahrungskette der Tiefseekreaturen, die ihn herausfiltern, während er absinkt, oder auf dem Boden nach ihm suchen. Ist das Wasser mehr als 1000 Meter tief, erreicht ein Großteil des Meeresschnees den Boden gar nicht mehr, sondern wird bereits im Fall von Tieren und Bakterien gefressen und als Nährstoff und gelöstes Kohlendioxid ans Wasser zurückgegeben. In der Tiefe, in der wir uns befanden, bei etwa 300 Metern, schneite es noch auf den Boden, und zwar in verblüffend großen Mengen. Der Meeresschnee, der nicht gefressen wird, sammelt sich auf dem Meeresgrund als matschiger Schlamm, der an einigen Stellen des Ozeans Hunderte von Metern dick sein kann. Ganz egal ob verschluckt oder auf dem Boden angehäuft, der Meeresschnee transportiert jedes Jahr gewaltige Mengen Kohlendioxid in die Tiefsee und schließt es dort von der Atmosphäre ab – ein weiterer Baustein des Ozeans, um unseren Planeten stabil zu halten. Dabei ist der Meeresschnee weder überall im Ozean identisch, noch fällt er an einer Stelle unablässig. Die Dicke der Schneedecke hängt ganz allein davon ab, was über ihm geschieht. Sterben Tiere und Pflanzen, vor allem Zooplankton und Phytoplankton, weiter oben an der Oberfläche, schweben ihre Körper nach unten. Ausscheidungen, Sand und Ruß können ebenfalls Teil dieses Niederschlags sein. Am Osprey-Riff sorgten Papageifische, die Hunderte Meter oberhalb von uns an Korallen nagten, um an die winzigen Korallenpolypen zu gelangen, für einen signifikanten Anteil am Meeresschnee, den ich aus dem U-Boot sehen konnte.

Es war schon fast wieder Zeit für den Rückweg, als wir einen Tiefseezackenbarsch entdeckten. Er schien großes Interesse an uns zu haben, denn er schwamm mehrere Minuten lang neben unserem

U-Boot her, was es uns ermöglichte, ihn genauer zu betrachten und Filmaufnahmen von ihm zu machen. Er war einige Meter lang, und wir erfuhren erst später, dass diese Art noch nie zuvor in solch großer Tiefe beobachtet worden war – obwohl er hier höchstwahrscheinlich gar nicht so selten vorkommt, was angesichts unseres bisher noch geringen Wissens über das Leben in der Tiefsee gut möglich ist. In dieser Tiefe jedenfalls waren wir die seltenen Organismen, nicht der Zackenbarsch.

Wir brachen wieder zur Oberfläche auf, zurück zu Licht und Farbe.

DA

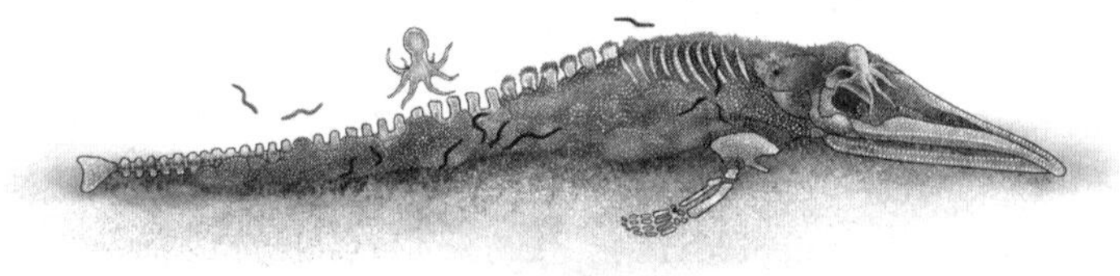

Charles Darwins *Über die Entstehung der Arten* und Jules Vernes *20 000 Meilen unter dem Meer* erschienen mit nur wenigen Jahren Abstand voneinander (1859 beziehungsweise 1869). Natürlich ist *20 000 Meilen unter dem Meer* ein Roman, der niemals wissenschaftliche Fakten darstellen wollte, aber es ist doch vielsagend, dass neben dem Weltall die Tiefsee zu genau der Zeit als gleichermaßen geheimnisvoller Handlungsort für Science-Fiction galt, in der die Menschheit die wissenschaftlichen Fakten des Lebens auf der Erde in den Griff zu bekommen schien. Ebenso vielsagend ist die Tatsache, dass rund 160 Jahre später Darwins Arbeit, zumindest in großen Teilen, weiterhin als treffende Beschreibung der Evolution des Lebens auf der Erde gilt, während wir noch immer zu verstehen versuchen, wie das Leben im tiefen Blau funktioniert. Diese Chronologie macht deutlich, wie schwer es für uns gewesen ist, die Tiefsee davon zu überzeugen, uns ihre Geheimnisse zu offenbaren.

In *20 000 Meilen unter dem Meer* schrieb Verne die berühmten Worte: »Man kann wohl den menschlichen Gesetzen trotzen, sich aber nicht den Naturgesetzen widersetzen.« Doch als er Ende der 1860er-Jahre dieses großartige Werk der U-Boot-Science-Fiction verfasste, waren wissenschaftliche Studien zur Tiefsee gerade dabei, das infrage zu stellen, was wir für die Naturgesetze des Ozeans gehalten hatten. So ging man zu dieser Zeit davon aus, dass in Tiefen jenseits von 550 Metern kein Leben existierte. Dies basierte auf Überlegungen von Edward Forbes, die er 1830 auf den Azoren angestellt hatte und die zu seiner azoischen Theorie führten: Seine Beobachtungen hatten ihn zu der Annahme gebracht, dass keine Pflanze ohne Sonnenlicht wachsen konnte und dass die Körper von Tieren unter extremem Druck kollabieren mussten. Rein logisch gesehen konnte es daher kein Leben in der Tiefsee geben. Obwohl dieses Argument schon zu Forbes' Zeit stark umstritten war, setzte es sich dennoch durch – vor dem Hintergrund, dass damals niemand auf der Welt wusste, was in der Tiefe war oder wie dort etwas überleben konnte.

Doch eine bahnbrechende Expedition sollte alles ändern. Nach ihrem Auslaufen im Jahr 1872 segelte die HMS *Challenger* über vier Jahre lang fast 128 000 Kilometer weit. Ihre Mannschaft unternahm dabei Tausende von Experimenten und entdeckte mehr als 4000 neue Arten marinen Lebens, darunter solches aus einer Tiefe von mehr als 550 Metern. Von diesem Augenblick an haben wir nicht mehr aufgehört, die Tiefsee zu erkunden, und sie hat unsere Neugier seither nie enttäuscht.

Während immer mehr Leben in der Tiefe entdeckt wurde, legen die Namen, die Wissenschaftler den abstrusen Arten gaben, nahe, dass sie sich auch damals schon bewusst waren, nur Bruchstücke eines weiterhin geheimnisvollen Reichs aufzudecken: »Knochenfressende Zombiewürmer«, »Vampirtintenfisch«, »Blutbauch-Rippenquallen« oder sogar das »Kopflose Hühnermonster« – eine wundervoll seltsame Form der Seegurke, die anders als die meisten ihrer Art nicht fest auf dem Boden lebt, sondern mit einem besonderen Schlag ihres Segels vom Meeresgrund abhebt und »schwimmt«. Sie ist dunkelrot und ähnelt ein wenig einem schwimmenden menschlichen Herzen oder, wenn man etwas Fantasie mitbringt, einem gerupften und enthaupteten Hühnchen. Am verblüffendsten ist jedoch, dass diese Seegurke eine originelle Fluchttechnik entwickelt hat – zumindest hat sie eine merkwürdige Fähigkeit, von der wir glauben, dass sie der Flucht dient, denn sie wurde zu selten beobachtet, als dass man sicher sein könnte. Wird das Hühnermonster gestört, hinterlässt es einen »Geist« von sich selbst, um Räuber zu verwirren. Der Geist ist eine Schicht biolumineszenter Haut, die das Kopflose Hühnermonster blitzschnell abwirft, um seinen Angreifer abzulenken und sich Zeit für die Flucht zu verschaffen.

Ein 2017 für eine globale Ozeankonferenz von den Vereinten Nationen veröffentlichtes Dokument hält fest, dass »der Ozean 200 000 bekannte Arten enthält, wobei die tatsächliche Anzahl der Arten bei Millionen liegen dürfte« – die Breite dieser Schwankung verrät schon die Unsicherheit. Der Marinezensus, ein außergewöhnliches, zehnjähriges Kooperationsprojekt (2000–2010) mit mehr als 2700 Wissenschaftlerinnen und Wissenschaftlern aus mehr als 80 Ländern, schätzte, dass bislang rund 230 000 marine Tierarten wissenschaftlich beschrieben wurden. Der Zensus selbst fügte dem 1200 neue Arten hinzu, wobei Tausende weitere noch auf eine formelle Untersuchung und Beschreibung warten. Zum Zeitpunkt des Verfassens dieses Buchs enthielt das *World Register of Marine Species* 247 199 Arten, und durchschnittlich 2332 neue Arten kommen jedes Jahr hinzu, was auch bedeutet, dass es bei dem derzeitigen Tempo noch mehrere Hundert Jahre dauern wird, bis die ein bis zwei Millionen weiteren Arten, die dort unten leben, gefunden, benannt und beschrieben sind. Zur Wahrheit gehört aber auch, dass das alles nur grobe Schätzungen sind – niemand weiß wirklich, wie viele Arten im Ozean leben.

Was wir dagegen ganz sicher wissen: In den Weltmeeren sind noch zahlreiche marine Arten zu entdecken, und viele davon wohl in großer Tiefe. Mit ziemlicher Sicherheit lässt sich auch sagen, dass manche von ihnen evolutionäre Anpassungen aufweisen dürften, die uns überraschen und verblüffen werden, so wie das auch schon bei anderen Arten der Fall war, die wir inzwischen kennen.

Fischarten, die sich in dunklen Höhlen weiterentwickelten, haben in der Regel über Generationen hinweg ihr Sehvermögen eingebüßt, da die natürliche Selektion kostbare Ressourcen auf nützlichere Sinnesorgane umgelenkt hat. In der Tiefsee liegt der Fall allerdings anders. In Tiefen, in die nie ein Sonnenstrahl dringt, haben einige der von uns entdeckten Arten in Relation zu ihrer Körpergröße riesige Augen; offenbar ist das Sehen ein wichtiger Teil ihres Lebens. Und tatsächlich: Viele Tiefseewesen nutzen Biolumineszenz, um zu kommunizieren oder ihre Beute zu finden, wozu sie hochentwickelte Augen benötigen, die deutlich mehr Blau- und Grüntöne (die typischen Farben von biolumineszentem Licht) wahrnehmen können als Menschen. Im Rückblick und nach sorgfältigen Untersuchungen ergibt das absolut Sinn, doch kaum jemand hätte das anhand unseres Wissens über das Leben im Rest des Ozeans so vorhergesehen. Und da es noch unglaublich viele Arten in der Tiefe zu entdecken – und natürlich zu erforschen – gibt, sollten wir uns eingestehen, dass wir kaum mehr als an der Oberfläche der dort vorhandenen evolutionären Wunder gekratzt haben.

In einer Welt, in der wir per Mausklick Bilder von den meisten Landflächen unseres Planeten aufrufen oder innerhalb weniger Tage

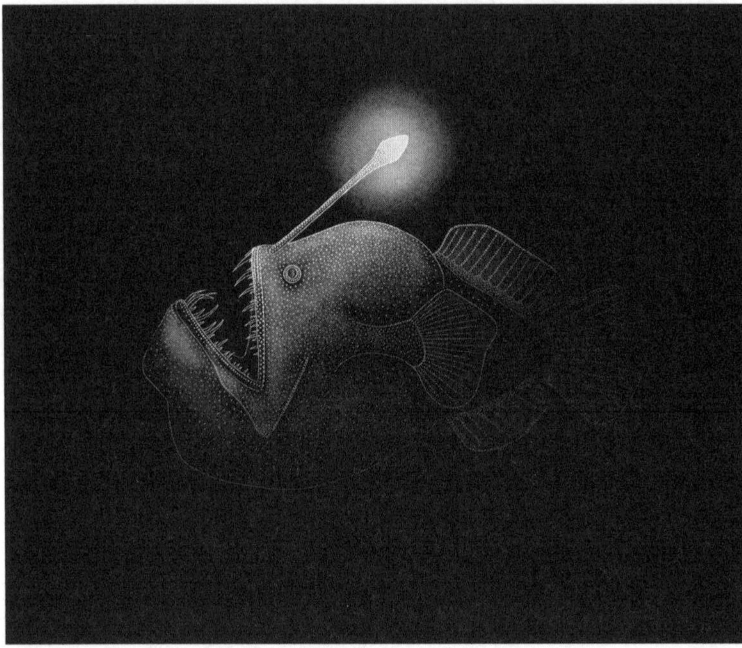

*Ein Schwarzangler. Das Außergewöhnliche dieser Fische ist neben ihrer Fähigkeit zur Biolumineszenz, dass sie keine Schuppen, sondern einen eher gallertartigen Körper besitzen.*

an extrem abgelegene Orte reisen können, zu denen man vor 50 Jahren noch eine groß angelegte Expedition hätte veranstalten müssen, ist es sowohl spannend als auch beruhigend zu wissen, dass ein Großteil unseres Planeten nicht nur noch unbekannt ist, sondern mit der heutigen Technologie und den heutigen Forschungsbudgets im Grunde auch jenseits unserer Erkenntnismöglichkeiten liegt. Dazu zählt auch die Tiefsee. Der Kontrapunkt dazu ist natürlich, dass der Schaden, den wir unseren Ozeanen bereits zufügen, so schwerwiegend ist, dass wir ganze Arten auslöschen beziehungsweise Populationen dezimieren, bevor wir überhaupt erfahren, dass sie existieren, und ganz sicher, bevor wir ihren Platz in diesem großartigen verwobenen Netz des Ozeanlebens erkannt haben.

Dabei handelt es sich nicht um ein Versagen der Wissenschaft, dass wir die Tiefe nicht wirklich verstehen: Es liegt einfach an ihrer schieren Größe, kombiniert mit den Herausforderungen der marinen Forschung. Stellen wir uns einen Fischer vor, der weit weg von jeder Küste, mitten im Ozean, in seinem kleinen Boot sitzt – für dieses Gedankenspiel ignorieren wir einfach einmal, wie er dort hingekommen sein könnte. Er ist mit einer traditionellen Angelrute ausgerüstet, an deren Ende ein kleines Gewicht angebracht ist. Unglücklicherweise hat er das Gewicht nicht fest genug angeknotet, und während er sich bemüht, einen Fisch fürs Abendessen einzuholen, löst es sich und beginnt, in die Tiefe abzusinken. In den ersten Minuten durchquert das Gewicht die von Sonnenlicht durchflutete Zone, den Bereich, den wir am besten kennen und in dem direkte Fotosynthese eine dominante Rolle spielt. Wasser absorbiert Licht sehr stark, weshalb das kleine Angelgewicht bei etwa 200 Metern das Sonnenlicht hinter sich lassen wird und ins Mesopelagial eintritt, die Dämmerungszone. Obgleich es hier noch blaues Licht gibt – das einigen Arten von Meeresbewohnern fürs Sehen ausreicht –, ist Fotosynthese kaum mehr möglich, weshalb die Dämmerungszone oft als Beginn der Tiefsee betrachtet wird.

Einige Arten entwickelten durch die Evolution ganz außergewöhnliche Eigenschaften, um in dieser Zone zu überleben. Eine der bemerkenswertesten ist der Erdbeerkalmar oder auch *Histioteuthis heteropsis*. Er hat ein großes gelbes Auge, das in der Regel direkt Richtung Oberfläche zeigt, sowie ein kleineres blaues Auge, mit dem er nach unten schaut. Erst nach längeren Untersuchungen wurde uns klar, dass das größere Auge dem Kalmar wohl hilft, Beute gegen das matte Licht der Oberfläche auszumachen, während das kleinere blaue Auge gleichzeitig nach unten blickt, um das

Aufblitzen von Biolumineszenz potenzieller Beutetiere in der Tiefe zu erspähen.

Das Gewicht des Fischers könnte bis zu 30 Minuten lang durch die Dämmerungszone sinken, je nachdem, wie schwer es ist, was es alles mit sich nach unten zieht und wie hoch der Salzgehalt des Wassers ist. Sollte es gegen Sonnenuntergang ins Wasser gefallen sein, könnte es an einem der großen Wunder der Erde vorbeikommen. Denn die größte Wanderbewegung unseres Planeten sind nicht die großen Herden der Serengeti oder die Interkontinentalflüge der Schwalben, sondern sie beginnt in den dunklen Tiefen der Hochsee, wenn Millionen hungriger Staatsquallen, Tintenfische und Fische – insbesondere Laternenfische, die zu den am häufigsten vorkommenden Wirbeltieren der Erde zählen – zum Fressen an die Oberfläche schwimmen. Wie bereits erwähnt: Diese Vertikalwanderung gilt als die größte tägliche Bewegung von Biomasse auf unserem Planeten, auch wenn es Vermutungen gibt, dass sie von menschlichen Pendlern noch übertrumpft werden könnte! Während des Zweiten Weltkriegs stiftete es große Verwirrung, als die neu entwickelte Sonartechnologie den Meeresboden Tausende von Metern näher an der Wasseroberfläche verortete, als Tiefenmessungen zuvor ergeben hatten. Die Erklärung: Die Dichte der wandernden Tiere war so groß, dass das Sonar die gewaltige Ansammlung mariner Lebewesen für den Meeresgrund hielt.

Indem sie sich in den sonnenbeschienenen Untiefen in eine Nahrungskette eingliedern, die mit dem Wachstum von Phytoplankton beginnt, und später in tieferem Wasser ihren Kot ausscheiden oder sterben, beseitigen die mesopelagischen Arten Tag für Tag vermutlich beträchtliche Mengen an Kohlenstoff, die sie sicher in der Wassersäule oder auf dem Meeresboden speichern. Doch so bedeutend diese tagtägliche Vertikalwanderung für die Kohlenstoffspeicherung auch ist – Forschungsteams haben in den letzten Jahren erkannt,

*Der Erdbeerkalmar liefert ein seltenes Beispiel für unsymmetrische Augen in der Natur.*

dass sie bislang jemanden übersehen hatten, der zu ihrer Überraschung wahrscheinlich eine ganz ähnliche Rolle dabei spielt: Jedes Jahr halten sich Billionen kleiner Krebstiere namens Ruderfußkrebse monatelang in der Nähe der Oberfläche auf, wo sie fressen und an Gewicht zulegen, bevor sie Hunderte Meter hinabsteigen, um in der Tiefe in einen Ruhezustand zu wechseln, der zwischen sechs und neun Monate andauert. In dieser Zeit leben sie von den gespeicherten Fettvorräten im Körper. Der Abfall, den sie ausscheiden, wird quasi in der Tiefsee eingelagert, womit die Ruderfußkrebse Kohlenstoff von der Oberfläche in die Tiefe bringen und sicherstellen, dass er für die kommenden Jahrhunderte oder gar Jahrtausende nicht wieder in die Atmosphäre aufsteigen und das Klima beeinflussen kann. Es gibt so viele dieser Krebstierchen, dass ihre jahreszeitlich bedingte Vertikalmigration inzwischen als eine wichtige Route anerkannt ist, wie Kohlenstoff in die Tiefsee transportiert wird.

Zurück zu unserem Angelgewicht, das weiter absinkt. Nach etwa 1000 Metern erreicht es das Bathypelagial, die Mitternachtszone. In diese Tiefe dringt kein Sonnenlicht mehr vor. Und für die nächsten 3000 Meter, für die das sinkende Gewicht etwa 90 Minuten braucht, bleibt es auch im Bathypelagial. In den oberen Schichten des Ozeans schwankt und verändert sich die Wassertemperatur, doch in der Mitternachtszone, überall in jedem Teil des Ozeans, rundum auf der Welt, bleibt sie konstant bei vier Grad Celsius. Ohne Sonnenlicht gibt es hier auch keine Fotosynthese und folglich auch nur wenig Phytoplankton, doch Zooplankton kommt weiterhin vor – vielleicht, weil es so den Fressfeinden weiter oben aus dem Weg gehen kann. Man nimmt zudem an, dass die Mitternachtszone ein wichtiger Lebensraum für Larven ist, die sich hier entwickeln und groß genug werden können, bevor sie wandern und andere Teile des Ozeans besiedeln.

Die Durchschnittstiefe des Ozeans liegt bei 3500 Metern, weshalb unser Angelgewicht in vielen Gegenden nach einigen Stunden des Absinkens in der Mitternachtszone seine Reise beenden würde. An anderen Stellen geht es jedoch noch sehr, sehr viel tiefer: Am tiefsten Punkt des Marianengrabens im Pazifik, dem Challenger-Tief, benannt nach dem Schiff, dessen Crew zum ersten Mal diesen Punkt vermaß, würde das Gewicht 10 920 Meter unter dem Fischerboot auf dem Meeresgrund zum Liegen kommen. Zum Vergleich: Der Mount Everest ist rund 8850 Meter hoch, und Interkontinentalflüge finden auf einer Höhe von etwa 10 000 Metern statt. Das erklärt vermutlich, weshalb die Wissenschaft davon ausgeht, dass wir erst einen kleinen Teil der Arten unseres Ozeans entdeckt haben – vor allem, wenn viele von ihnen winzig sind oder im Sediment des Tiefseebodens leben.

Immerhin gelangen uns in den letzten zehn Jahren große Fortschritte bei der Vermessung des Meeresgrunds. Da zuletzt immer klarer wurde, wie wichtig es ist, Form und Struktur des Ozeans zu verstehen, wird alles unternommen, um bis ins Jahr 2030 mithilfe moderner Ausrüstung den gesamten Meeresboden aufzuzeichnen. Zu den vielen Gründen, die für eine solche Messung sprechen, gehört, dass wir damit die Rolle der gewaltigen Ozeanströmungen bei der Regulierung des weltweiten Klimas besser verstehen können. Schon heute nutzen wir unser Wissen über diese Strömungen, um vorherzusagen, wie sich das Klima in verschiedenen Szenarien der Kohlenstoffemissionen verändern dürfte. Doch sobald wir die Gestalt des Meeresbodens in allen Details kennen, werden wir besser verstehen, wie und warum die Tiefseeströmungen sich bewegen. Dann ist es uns möglich, noch akkurater zu erfassen, welchen Einfluss der Ozean auf das globale Klima hat, und damit vorherzusagen, wie es sich in der Zukunft entwickeln wird.

Dabei wissen wir schon heute eine Menge. Wie bereits erwähnt ist die Tiefsee keine endlose flache, matschige Ebene, auch wenn einige Abschnitte in der Tat eben und viele Regionen außergewöhnlich schlammig sind. Der Ozeanboden ist vielmehr eine hochkomplexe Umwelt mit beeindruckenden geologischen Eigenschaften, wie wir sie auch an Land kennen: Schluchten, Bergketten, sanfte Hügel, Hochebenen, Bergrücken, Vulkane – zu denen noch einige unerwartete Formationen kommen.

Im Februar 1977 stieß ein Team der Woods Hole Oceanographic Institution aus Massachusetts, USA, auf warmes Wasser, das im Ostpazifik auf dem Meeresgrund entlang eines aufgespreizten Höhenzugs ausströmte – hier, zwischen der Cocos- und der Nazca-Platte, liegt die Galapagos-Spreizungsspalte, die durch sich auseinanderbewegende tektonische Platten entstand. Das vom renommierten Meeresbiologen Bob Ballard geleitete Team entdeckte damit erstmals einen aktiven hydrothermalen Vent – eine Formation, die dort entsteht, wo kaltes Meerwasser auf heißes Magma trifft. Die anschließenden Forschungsarbeiten stellten die Tiefseewissenschaft auf den Kopf. Bis dahin war man davon ausgegangen, dass alles Leben in der Tiefsee – selbst jenes, das nie das Sonnenlicht erblickt – zumindest indirekt von der Fotosynthese abhängt. Tiefseekreaturen würden, so dachte man, entweder näher an die Oberfläche wandern, um zu fressen, oder hingen davon ab, dass die oberflächennahen Nährstoffe irgendwie zu ihnen hinunterkämen: durch tote Wale, die auf den Meeresgrund sinken (der sogenannte Walsturz), Lebewesen, die in die Tiefe koten, Meeresschnee, durch toten absinkenden Seetang oder sonst wie Vergängliches. Doch Ballard und sein Team entdeckten an der Galapagos-Spreizungsspalte 30 Zentimeter lange Muscheln, Röhrenwürmer und ein vollständiges, schon lange existierendes Ökosystem, das sich von den Nährstoffen und Chemikalien ernährte, die aus der hydrothermalen Quelle aufstiegen.

Jack Corliss von der Oregon State University war damals an Bord der *Alvin*, des Unterseefahrzeugs, mit dem das Team unterwegs war, und nahm das Erstaunen der gesamten Wissenschaftswelt vorweg, als er seinen Kolleginnen und Kollegen auf dem Schiff 2000 Meter über sich erklärte: »Heißt es nicht immer, die Tiefsee sei wie eine Wüste? … Nun, hier unten gibt es überall Tiere.« Die Besatzung der *Alvin* hatte nicht nur Leben auf dem Meeresgrund gefunden, sie hatte ein eigenständiges Ökosystem entdeckt, das sich unabhängig von Sonnenenergie entwickelt hatte.

Bis zu diesem Zeitpunkt dachten wir, dass jede Nahrungskette mit Fotosynthese beginnen müsse – Pflanzen, Algen oder Bakterien nutzen Sonnenenergie, um Kohlendioxid und Wasser in Zucker und Sauerstoff zu verwandeln. Die *Alvin*-Besatzung hatte nun etwas grundsätzlich Anderes entdeckt – die Chemosynthese: Hier beginnt die Nahrungskette mit Mikroben, die ihren Energiebedarf über chemische Reaktionen decken. Leben, das die Sonne nicht braucht.

Seit dieser ersten Entdeckung konnten Hunderte weitere solcher Vents lokalisiert werden, darunter die Lost City, ein erstaunliches Hydrothermalfeld in einer Tiefe von 750 Metern im Mittelatlantischen Rücken, südlich der Azoren. Man schätzt, dass es bereits seit mindestens 30 000 Jahren aktiv ist, und seine Schlote – hochgewachsene Strukturen aus den Mineralien, die aus den Vents aufsteigen – ragen bis zu 60 Meter in die Höhe. Das Wasser, das aus diesen speziellen Vents kommt, ist nicht ganz so heiß wie das anderer Vents, und daher scheint sich an diesen Orten auch eine andere Gemeinschaft von Lebewesen entwickelt zu haben. Dieser Ort ist von unschätzbarem wissenschaftlichen Wert, denn viele aus der Forschungsgemeinschaft sind überzeugt, dass diese Bedingungen den Umständen, unter denen das Leben auf der Erde einst entstanden ist, so nahe wie nirgends sonst kommen könnten.

Während viele der geologischen Formen auf dem Ozeangrund jenen an Land zwar irgendwie entsprechen – Berge, Kämme und Vulkane beispielsweise –, erscheinen uns doch selbst diese Habitate und die sich daraus ergebenden Ökosysteme sehr fremd – womöglich, weil die Bedingungen, die das Leben in der Tiefsee bestimmen, so ganz anders sind als die, die wir gewohnt sind. Während an Land im Grunde Sonnenlicht, Regen, die Höhenlage und die verfügbaren Nährstoffe, die etwa von einem Fluss, über den Boden oder wandernde Arten herbeigebracht werden, ein Habitat und dessen Lebensformen bestimmen, kann in der Tiefsee ein herabsinkender toter

Wal für ein, zwei Jahre ein ganzes Habitat begründen, ganz ähnlich wie ins Meer hinausgetragene Vegetation oder ein abgestorbener und hinabgesunkener Baum.

Abgesehen von den fest etablierten Lebensräumen von hydrothermalen Vents oder den großen geologischen Formationen wie Tiefseebergen ist das Leben hier unten also viel vergänglicher als an Land oder in den küstennahen Gewässern und folgt einem gänzlich anderen Rhythmus. Hier gibt es viel weniger Sauerstoff und deutlich weniger Nährstoffe beziehungsweise verlässliche Nahrungsquellen als im sonnenlichtdurchfluteten Flachwasser, weshalb tendenziell alles sehr langsam vonstattengeht – darunter auch die zellulären Prozesse. Folglich wachsen hier viele Arten nur nach und nach, werden dafür aber sehr alt.

Interessanterweise bestimmt man das Alter von Fischen fast genauso wie das von Bäumen: Wissenschaftlerinnen und Wissenschaftler zählen die Ringe, oder Annuli, innerhalb der festen Struktur eines Fisches, etwa der Otolithen im Ohr. Jedes Jahr kommt eine neue Schicht hinzu, sodass man durchs Zählen unter dem Mikroskop das Alter eines Tieres recht gut feststellen kann. Beispielsweise schwimmt der zu den Felsenbarschen gehörende *Sebastes aleutianus* vor der Küste Alaskas in Tiefen von über 800 Metern und kann mehr als 200 Jahre alt werden. Eine Tiefseekorallenkolonie der Gattung *Leiopathes glaberrima*, die man bei Hawai'i aus über 400 Meter Tiefe nach oben holte, lebte dort schon vermutlich über 4000 Jahre.

Unter den langlebigen Tiefseearten ist der im Atlantik und Indo-Pazifik vorkommende Kaiserbarsch (*Hoplostethus atlanticus*) berühmt-berüchtigt. Warum, das verrät schon sein Trivialname: Schleimkopf. Diesen verdankt der Kaiserbarsch einer bemerkenswerten Anpassung, die es ihm ermöglicht, seine Umgebung in der Tiefsee zu erspüren. Er sondert aus einem Kanal auf seinem Kopf

Schleim ab, der ein ausgezeichneter Überträger für Vibrationen im Wasser ist. Das hilft dem Kaiserbarsch, Jägern aus dem Weg zu gehen und Beute auszumachen. Er kann über 150 Jahre alt werden und pflanzt sich erst fort, wenn er zwischen 20 und 40 ist. Im Vergleich dazu zeugen Sardinen im Alter von ein oder zwei Jahren Nachwuchs, werden dafür aber auch nur knapp zehn Jahre alt. Das sind zwei völlig verschiedene Fischarten, weshalb ein solcher Vergleich in mancherlei Hinsicht unfair ist, doch eines verbindet die beiden: Sie werden industriell gefischt, was die Lebensspanne und das Fortpflanzungsalter zu ganz entscheidenden Faktoren werden lässt. Denn während das Leben in der Tiefe sehr langsam verläuft, ist die Fischerei sehr schnell gewachsen.

Der Kaiserbarsch kann bis zu 75 Zentimeter lang werden, kommt meist jedoch nur auf etwa einen halben Meter und in großen Schwärmen in Tiefen zwischen 180 und 1800 Metern vor. In den späten 1970er-Jahren war die Fischereitechnik noch nicht so fortgeschritten wie heute, doch schon damals arbeitete niemand mehr mit Angelroute und Leine. Sonar, erste computerbasierte Navigationssysteme und riesige schwimmende Fabrikschiffe mit großen Tiefkühlräumen, hydraulischen Seilwinden und kilometerlangen Netzen sorgten dafür, dass die Trawler den Kaiserbarsch in verblüffenden Mengen aufspüren und fangen konnten. Die Ausbeute war so gewaltig, und die Industrie wuchs so rasant, dass der Kaiserbarsch innerhalb weniger Jahre von einem fast unbekannten Speisefisch zu einem Grundnahrungsmittel in vielen Haushalten und Restaurants avancierte.

Zu Beginn war der angerichtete Schaden schwer abzuschätzen: Die Meeresbiologie braucht für ihre Untersuchungen eine gewisse Zeit, während die Fischerei, die es auf hoch lukrative Arten abgesehen hatte, wie im Goldrausch war. Die Wissenschaftlerinnen und Wissenschaftler erkannten, dass der Kaiserbarsch ein soziales

Wesen ist und gern in Schwärmen schwimmt, sodass, selbst als die Gesamtmenge zurückging, die Fänge noch immer groß genug waren, da sich die verbliebenen Schwärme weiterhin leicht lokalisieren ließen. Doch man kann nicht jahrelang Tausende Tonnen eines langsam wachsenden Fischs aus dem Meer holen, ohne dass das Konsequenzen hat. Viele Fischereiunternehmen gingen pleite, und die Erfahrung, die man mit dem Kaiserbarsch gemacht hatte, wurde zu einer der bekanntesten Warnungen aus der Tiefsee.

Während man mit riesigen Netzen unglaubliche Mengen Kaiserbarsch aus dem Meer holte, tötete man zugleich unzählige andere Tiefseearten, und das fragile Ökosystem an den Tiefseebergen, an denen sich die Fische versammelten, wurde zerstört. Schwammbänke und empfindliche Tiefseekorallen, die Tausende von Jahren gebraucht hatten, um sich zu bilden, waren in einem Augenblick verschwunden. Sie wachsen derart langsam, dass es ihnen unmöglich ist, sich innerhalb einer Zeitspanne zu erholen, die für Menschen von Bedeutung ist; nüchtern betrachtet sind sie für immer verloren.

Die Notlage des Kaiserbarschs hat zwar Wissenschaftler und Umweltschützerinnen wachgerüttelt, die Tiefsee besser verstehen und beschützen zu wollen, doch am Drang einiger Zweige der Fischereiindustrie, diese reichhaltige Welt auszubeuten, hat sich nichts geändert. Tiefseefischerei kommt heute so ziemlich überall auf hoher See vor. Tiefseeberge werden in jedem Teil des Ozeans angesteuert, und die Marketingabteilungen der Unternehmen beeilen sich, die eher unappetitlich klingenden Tiefseefische in verkaufsfördernde Produkte umzubenennen: Der Patagonische Zahnfisch wurde zum Schwarzen Seehecht, und der Tiefsee-Schlinghai taucht namentlich überhaupt nicht auf, wenn sein Leberöl als Squalen beziehungsweise Squalan in Schönheitsprodukten angepriesen wird.

Der vielleicht merkwürdigste Aspekt an der Tiefseefischerei ist, wie wenig Geld damit gemessen am Aufwand verdient wird und wie wenig Fisch sie einbringt – der Kaiserbarsch war die eine Ausnahme von der Regel, mit der man reich werden konnte, allerdings nur für sehr kurze Zeit. Bei all dem unabsehbaren Schaden, den die Tiefseefischerei unserem Ozean zufügt, trägt sie zu weniger als einem Prozent der verzehrten Fischmenge bei. Viele der Tiefseeflotten werden von Regierungen bezuschusst oder greifen auf Methoden moderner Sklaverei zurück, um die Arbeitskosten so niedrig zu halten, dass für sie noch ein Gewinn herausspringt.

Es mag sein, dass einige wenige Tiefseefischereien kleinere Mengen Fisch nachhaltig fangen, doch wir können den Ozean nicht nur mit einer überschaubaren Anzahl vernünftiger Akteure schützen oder managen: Wir müssen uns die Auswirkungen der Industrie insgesamt anschauen und entsprechend handeln. Vor allem, wenn ein Großteil der Tiefseefischerei in Gewässern stattfindet, die außerhalb einzelstaatlicher Gerichtsbarkeit liegen und daher nicht von einzelnen Ländern verwaltet werden.

Zu unseren Lebzeiten haben wir nicht nur das Leben in der Tiefsee entdeckt; wir haben auch unser Verständnis davon grundlegend verändert, wie Leben auf unserem Planeten existieren kann. Die Idee, dass das Leben auf der Erde in der Tiefsee begann, ist nicht länger sonderbare Science-Fiction, sondern Gegenstand seriöser Forschung. Und obgleich wir noch immer wenig über diese Sphäre wissen, ist uns doch schon jetzt ihre entscheidende Bedeutung für das Leben auf der Welt klar. Daher ist es in einem solch frühen Stadium des Entdeckens und des Verstehens doch wohl unsere Pflicht, die Tiefsee einfach so lange in Ruhe zu lassen, bis wir mehr über sie sagen können.

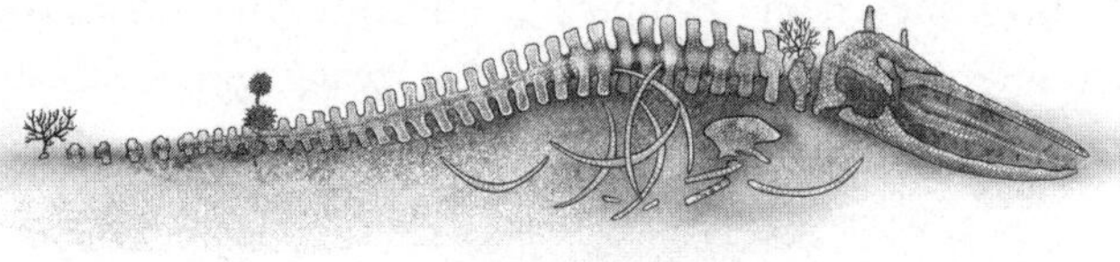

## WETTRENNEN IN DIE TIEFE

Es war, als hätte jemand den Startschuss für ein wirklich ungewöhnliches Wettrennen gegeben.

Ein Meereswissenschaftler steuert ein *Remotely Operated Vehicle* (ROV), einen kabelgeführten Tauchroboter in der Größe eines Lastwagens, 3000 Meter unterhalb seines Expeditionsschiffs über einen Joystick, der gar nicht so anders aussieht wie jene, mit denen man Videospiele spielt. Währenddessen dirigiert seine Kollegin neben ihm die Bewegungen und Aufnahmen der Kameras des Unterwasserfahrzeugs. Sie suchen nach einem Ort, von dem man weiß, dass hier mehr als 1000 Oktopusse zusammenkommen – obwohl diese Tiere ansonsten Einzelgänger sind.

Im Südchinesischen Meer, weit von der Küste entfernt, hantiert ein anderes Team sorgfältig mit drei toten Kühen. Sie senken einen Tierkadaver auf 650 Meter Tiefe, den zweiten auf 1600 Meter und den dritten auf 3400 Meter ab. Das Team befindet sich am Hang eines Tiefseebergs und muss diese Tiefenangaben genau treffen – es würde nicht reichen, die toten Tiere einfach über Bord zu werfen. Ein *Human Occupied Vehicle* (HOV), eine bemannte Tauchkapsel, namens *Shenhaiyongshi* bringt die toten Kühe also an die richtige Stelle. Daneben baut die Forschungsgruppe Stahlgestelle auf, die jeweils ein Aufnahmegerät, eine Videokamera und weitere ozeanografische Messinstrumente tragen. Als alles an seinem Platz ist, steuert sie zurück zum Hafen.

In der Zwischenzeit schließt eine kanadische Bergbaufirma eine ungewöhnliche Partnerschaft mit einem winzigen Inselstaat, der nur 12 000 Einwohner, keine Hauptstadt und nur eine Straße hat. Das Bergbauunternehmen möchte auf dem Ozeangrund Zehntausende kartoffelgroße Knollen abbauen, die wahrscheinlich seltene und immer wertvoller werdende Mineralien enthalten. Der Inselstaat braucht das Geld. Gemeinsam versuchen sie, eine obskure Gesetzeslücke auszunutzen, um im Eiltempo eine neue Rohstoffindustrie zu erschaffen, während eine verblüffende Koalition aus Wissenschaftlern, Aktivisten, Regierungen, Fischereibetrieben und Vertretern indigener Völker dagegen ankämpft.

Mit einem Mal schien es so, dass die Erkundung der Tiefsee eine neue Dringlichkeit bekommen hatte. Zwar waren seit der berühmten Entdeckung der hydrothermalen Vents 1977 nicht einmal 45 Jahre vergangen, doch schon befand sich die Menschheit in einem Wettlauf zwischen jenen, die diese fremdartige Umgebung verstehen und erkunden, und jenen, die die frisch entdeckten Mineralien abbauen wollten. Bis hierher hatten wir zwar nur ein Bruchstück des Ozeanbodens gesehen, doch schon stellten uns sowohl unser Verständnis als auch unsere Vorstellungskraft vor Herausforderungen. Denn je genauer wir hinsahen, umso mehr wurden uns unsere eigenen Grenzen bewusst.

Es ist ein wenig so, als würden wir einem Physiker aus den späten 1950er-Jahren ein modernes Smartphone vorlegen. Er wäre sicher in der Lage, verschiedene Aspekte des Geräts zu verstehen, etwa das Mikrofon, den Lautsprecher oder die Tatsache, dass es mit Elektrizität betrieben wird. Er mag bereits von Mikrochips gehört haben und sich vorstellen können, dass es sie auch kleiner und leistungsstärker gibt. Vielleicht könnte er sogar begreifen, dass die damals langsam aufkommende Satellitentechnologie zukünftig in der Lage sein mochte, uns Anrufe mit einem tragbaren Gerät zu ermöglichen. Und doch würde ihm das verbindende Wissen aus Jahrzehnten fehlen, um sich die von einer künstlichen Intelligenz angetriebenen Funktionen vorzustellen, die heute Milliarden von Menschen alltäglich nutzen, sobald sie ihr Smartphone anschalten und sich mit dem Internet verbinden. Ganz ähnlich nutzen wir zu Beginn des 21. Jahrhunderts unser rudimentäres Verständnis, um Erkenntnissplitter, die wir stückchenweise in der Tiefsee gesammelt haben, zu einem größeren Bild des Lebens in der Tiefe zusammenzusetzen. Häufig waren die neuen Entdeckungen so überraschend, dass sie eigentlich nur eines zeigten: Uns fehlte das Grundgerüst, um uns überhaupt ausmalen zu können, was die Lücken in unserem Wissen füllen könnte. Ein besonders bemerkenswertes Beispiel dafür ereignete sich, als ein Wissenschaftler der US National Oceanographic and Atmospheric Administration ein ROV zu einer Routineuntersuchung an einem Tiefseeberg steuerte:

Chad King liebt seinen Arbeitsplatz. Das Meeresreservat Monterey Bay National Marine Sanctuary vor Kalifornien ist seine Leidenschaft, und wenn er mit Wissenschaftskolleginnen und -kollegen, Schulkindern oder vor Fernsehkameras darüber spricht, braucht es nicht lange, bis er anfängt, von den dort vorkommenden Wundern zu schwärmen. Genau wie man bei der Erkundung des Ozeans vorgeht, hat auch Chad King an der Küste begonnen und sich dann nach und nach weiter nach unten vorgearbeitet. Er fing mit der Untersuchung der großen Kelpwälder vor der Küste von Monterey Bay an, doch als sich ihm die Möglichkeit bot, eine Expedition zur Erkundung des Ozeanbodens zu leiten, wusste er sofort, wohin er gehen wollte – zum Tiefseeberg Davidson.

Der Davidson ist ein erloschener Unterwasservulkan, der zuletzt vor geschätzt zehn Millionen Jahren ausbrach. Er wurde 2008 dem Meeresreservat Monterey Bay National Marine Sanctuary zugewiesen, nachdem Forschende des Monterey Bay Aquarium Research Institute Schwämme in Sofagröße und drei Meter große Korallen auf der Spitze des Bergs entdeckt hatten – der sich zwar zwei Kilometer über den Seeboden erhebt, dessen Gipfel aber immer noch 1200 Meter unter der Wasseroberfläche liegt. Chad King wusste, dass es erste Forschungen an der Spitze und den Hängen des Tiefseebergs gegeben hatte, doch über dessen Basis war so gut wie nichts bekannt.

Um die Unsicherheiten dieser Form der Tiefseeforschung zu beschreiben, nutzt Chad eine Analogie. Er sagt:

*Stellen Sie sich vor, man lässt Sie an einem Seil aus einem Hubschrauber über Manhattan, New York City, herab. Sie haben keine Ahnung von der Insel, die in undurchdringlicher Dunkelheit vor Ihnen liegt. Sie haben nur zwei helle Lampen zur Verfügung, mit denen Sie Ihre unmittelbare Umgebung beliebig ausleuchten können, aber das ist es auch schon. Sie wissen, Sie befinden sich irgendwo auf der Insel, und nun stellen Sie sich vor, Sie müssten eine Beschreibung von Manhattan abgeben, basierend auf dem, was Sie im Lichtschein Ihrer Lampen erkennen können. Einmal werden Sie vielleicht mitten im Central Park abgesetzt, beim nächsten Mal in China Town, dann wieder in der Nähe der Wall Street. Sie können anhand der winzigen Eindrücke, die Sie bekommen, nicht ganz Manhattan beschreiben.*

*Und genau so ist es bei einem Tauchgang – jedes Mal gibt es etwas Neues. Jedes Mal wird der Bildausschnitt etwas größer. Und übrigens ist der Davidson deutlich größer als Manhattan – 41 Kilometer lang und 13 Kilometer breit.*

Niemand hatte je zuvor den Fuß dieses Tiefseebergs zu Gesicht bekommen – es war wirkliches Erkunden –, und Chads Team warnte ihn, er werde vermutlich nur ein Habitat voller Sedimente sowie ein paar kleine Korallen und Schwämme vorfinden. Das wäre eher langweilig, hieß es. Ehrlicherweise musste Chad ihnen zustimmen. Das war in der Tat das wahrscheinlichste Ergebnis, doch bei dieser Expedition ging es ja gerade darum, dorthin zu gelangen, wohin noch niemand gekommen war, und die Tiefsee hatte die Forschungswelt ja schon einige Male überrascht.

Das ROV brauchte drei Stunden, um den Grund des Ozeans zu erreichen. Nachdem er 30 Stunden umhergefahren war und so ziemlich genau das gefunden hatte, was er erwartet hatte, begann für Chad die letzte Stunde des Tauchgangs, bevor er das ferngesteuerte ROV wieder an die Oberfläche bringen musste. Es schwamm über einen Hügel, als Chad und sein Team über die Kameras rund 150 Meter links von ihm etwas entdeckten. Sie konnten nur einen kurzen Blick darauf werfen, doch es wirkte seltsam – ein bisschen wie ein Haufen Fußbälle. Sie steuerten in die Richtung und stießen zu ihrer großen Verwunderung auf 20 bis 25 Kraken, die alle in umgekehrter Position dort verharrten. Angehenden Meeresbiologinnen und Meeresbiologen wurde stets beigebracht, dass Kraken in der Regel Einzelgänger sind, also nur selten zusammenkommen, doch hier versammelten sie sich in einer großen Gruppe, alle kopfüber und Kilometer unter der Wasseroberfläche. Das war nicht nur ein ungewöhnlicher oder unwahrscheinlicher Anblick, das war etwas, dessen Existenz sich niemand je hätte vorstellen können. Wir verstehen schlicht noch nicht genug vom Leben in der Tiefsee, als dass wir angemessen einschätzen können, was man glaubhaft entdecken kann.

Die Crew spekulierte, warum die Kraken hier sein mochten. Eine überzeugende Idee war nicht darunter, bis dem Team in den ROV-Lichtern ein leichter Schleier in der Wassersäule auffiel – ein wenig wie die Schlieren, die man an einem heißen Tag über dem Asphalt schweben sieht. Da stieg offenbar warmes Wasser aus einer Spalte im Meeresgrund auf. Chad hatte von diesem Phänomen bereits gehört, doch nichts sprach dafür, dass es auch in dieser Region auftauchen könnte – der Vulkan war schon lange erkaltet. Aber er musste akzeptieren, was er da sah. Als die Kameras des ROV näher heranzoomten, erkannte die Mannschaft Eiersäcke unter jedem Kraken, und ihr dämmerte, dass es sich um Weibchen handelte.

Chad King beschloss, das ROV den Hang weiter hinunter zu steuern, um zu sehen, ob dort unten noch mehr warmes Wasser freigesetzt wurde. Die Lichter krochen vorwärts, und nach und nach kamen Hunderte und Aberhunderte Kraken ins Bild, alle in derselben umgekehrten Haltung, alle weiblich, alle mit Eiern. Der Wissenschaftler erkannte, dass sie sich entweder entlang dieser Risse aufgereiht oder in Vertiefungen auf dem Boden niedergelassen hatten, anscheinend mit warmem Wasser gefüllte Becken. Chad war erstaunt über die Vielzahl der Tiere, aber er hatte – um bei seiner Manhattan-Analogie zu bleiben – keine Ahnung, ob dieses Phänomen nur in diesem Block stattfand oder kilometerweit ganz normal war.

Die Antwort ließ noch eine Weile auf sich warten, denn das ROV musste zurück an die Oberfläche. Als er die Filmaufnahmen im Nachhinein analysierte, konnte Chad King hochrechnen, dass sich wohl mehr als 1000 brütende Krakenweibchen in diesem kleinen Gebiet befunden hatten. Technische Probleme verhinderten dann allerdings monatelang, dass er wieder hinabtauchen konnte.

Beim nächsten Mal konnte er das ROV gegen ein U-Boot eintauschen. Er würde also nicht von oben zuschauen müssen, sondern die Situation mit eigenen Augen betrachten. Was er wohl vorfinden würde? Waren die Kraken noch immer da? Oder war die Ansammlung nur vorübergehend gewesen? Hing sie vielleicht mit den Jahreszeiten zusammen? Chad war sich des metaphorischen wie wörtlichen Drucks bewusst – sie hatten eine große Forschungsexpedition zusammengestellt, um einen abgelegenen Unterwasservulkan zu erkunden, und sie hatten keine Ahnung, ob ihre Forschungsobjekte überhaupt mitspielen würden.

Fast sechs Monate nach der ersten Entdeckung sank Chad King in seinem U-Boot mehr als drei Kilometer hinab zum Fuß des Tiefseebergs Davidson. Alle Beteiligten waren nervös. In der Tiefsee arbeitet das GPS nicht zuverlässig, und auch wenn man das Schiff auf der Wasseroberfläche zur exakten Position fahren kann, wächst die Spannbreite der Ungenauigkeit, je tiefer man kommt, bis sie auf dem Meeresboden fast 70 Meter erreicht hat. Das mag nach nicht viel klingen, doch wenn es stockdunkel ist und die Lampen nur ein paar Meter weit reichen, ist der Weg zum Ziel alles andere als ein Kinderspiel. Sich an das genaue Aussehen eines Felsens oder den Winkel eines Hügels zu erinnern, kann in der Tiefseeforschung entscheidend sein.

Die Sorge war jedoch unbegründet, die Kraken waren noch da. Im Laufe der Untersuchung fand die Crew in diesem Bereich sogar noch Tausende mehr. Wie beim ersten Mal nur Weibchen, eine riesige Ansammlung mit einer fast unüberschaubaren Anzahl Eiern. Die Forschenden konnten sogar eine Krake beim Schlüpfen beobachten. Chad filmte, wie sich eine Babykrake aus dem Eiersack löste, sich vom Meeresboden erhob und in den Ozeanströmungen davontrieb.

Weil die umgekehrten Kraken Blumen ähnelten, gaben die Wissenschaftlerinnen und Wissenschaftler diesem Ort in Anlehnung an den gleichnamigen Beatles-Song den Namen »Oktopusgarten«. Eine Wiese »blühender« Oktopusse, und langsam verstand das Team diese Ansammlung: Eines der evolutionären Wunder der Kraken ist, dass Weibchen normalerweise ihre Eier legen, dann bei dem Laich bleiben, ohne zu fressen oder sich fortzubewegen, weshalb sie häufig sterben, sobald der Nachwuchs geschlüpft ist. Offenbar lässt sich durch das Brüten hier im warmen Wasser die Zeit zwischen dem Eierlegen und dem Schlüpfen aber deutlich verkürzen – nach heutigen Schätzungen um bis zu 90 Prozent.

Wie bei den meisten Tiefseeentdeckungen provozierten die Antworten neue Fragen. Wohin schwammen die winzigen Kraken? Sie waren viel zu leicht, um sich gegen die Tiefseeströmungen zu behaupten, also wurden sie weggetrieben. Aber wie weit? Kehrten sie als erwachsene Tiere an diese Stelle zum Brüten zurück, oder ließen sie sich an dem Warmwasseraustritt in der Tiefsee nieder, der gerade in der Nähe war? Wie fanden sie überhaupt eine solche Stelle? Starben weibliche Kraken hier noch, nachdem ihr Nachwuchs geschlüpft war, jetzt, da die Brutzeit doch so verkürzt war?

Die für Chad King dringendste Frage lautete, ob der Oktopusgarten ein einmaliges Naturwunder war, über das er zufälligerweise gestolpert war, oder ob solche Stellen überall in den Ozeanen vorkamen. Mit den von ihnen gesammelten Beweisen waren die Forschenden vermutlich in der Lage, den Tiefseeberg Davidson vor Tiefseebergbau oder -fischerei zu schützen, doch was war mit den anderen Orten, an denen Ähnliches geschah? Nach vielen weiteren Monaten geologischer und hydrologischer Forschung und Überlegung an Land hatte das Team eine Reihe von Orten gefunden, an denen ähnliche Umweltbedingungen herrschten. Aber würden hier auch Kraken brüten?

Die geologische Eigenart, die das Team am Davidson festgestellt hatte, ist ein Niedrigtemperatur-Hydrothermalfeld an der Rückenflanke des Berges. Es entsteht dort, wo poröses vulkanisches Basaltgestein vorkommt: Kaltes Seewasser dringt tief in den Stein ein und wandert dann senkrecht und waagrecht unterirdisch durch Kanäle in dem Felsen. Einen Großteil dieser Strecke ist das Vulkangestein unter einer Hunderte Meter dicken Sedimentschicht begraben, sodass das Wasser nicht entweichen kann. Während es tief unterirdisch durch das Gestein fließt, erwärmt es sich. Das liegt aber nicht an vulkanischer Aktivität – der Davidson ist ja bereits erloschen –, sondern daran, dass tiefer in der Erde, näher an ihrem Kern, die Umgebungstemperatur wärmer und konstanter ist als die des zirkulierenden Tiefseewassers – aus genau diesen Gründen funktionieren ja auch Geothermie-Wärmepumpen, mit denen sich Häuser und Büros heizen lassen. Das Wasser an dieser Stelle am Davidson wird auf 10 oder 10,5 Grad Celsius erwärmt – was uns vielleicht nicht besonders warm erscheint, aber doch deutlich wärmer ist als der Rest der Tiefsee, in der normalerweise 1,6 bis 1,8 Grad Celsius herrschen. Das Wasser wandert weiter durch die Kanäle, bis es schließlich Bereiche erreicht, in denen der Druck geringer ist und es wieder an die Erdoberfläche steigen kann.

Kommen wir zurück zu Chad, der mit seinem Team bald die dritte Expedition vorbereitete. Sie entschieden sich erneut für ein ROV. Zwar würden sie dann von der Oberfläche aus zuschauen müssen, doch das ROV konnte doch deutlich länger unter Wasser bleiben als ein bemanntes Vehikel. Nach einer anfänglichen Untersuchung des Davidson-Gebiets wollten sie sich woanders umsehen. Chad wusste von einem großen Vulkankegel in etwa zehn Kilometer Entfernung und vermutete, dass auch aus diesem porösen Vulkangestein, das nicht sehr tief unter Sedimenten begraben war, warmes Wasser aufsteigen und dort womöglich ebenfalls ein Oktopusgarten – ein »Oktokegel«, wie ihn das Team inzwischen nannte – vorhanden sein könnte. Sie überlegten, das ROV an die Oberfläche zu holen, um mit dem Fahrzeug an Bord schneller zu der neuen Stelle fahren zu können, doch am Ende entschieden sie sich, das mit dem Begleitschiff verbundene ROV über den Meeresgrund zu steuern. Eine sehr gute Entscheidung, wie sich herausstellte.

Auf dem Weg über den schlammigen Meeresgrund vom Oktopusgarten zum Vulkankegel stießen sie auf etwas, was so gut wie noch nie zuvor beobachtet worden war: einen Walsturz. Wir alle bekommen hin und wieder mit, dass ein toter Wal an Land angespült wird, dabei kommt es deutlich häufiger vor, dass ein toter Wal einfach in die Tiefe hinabsinkt. Einen solchen Kadaver zu finden, ist für die

Forschung aber noch einmal etwas ganz anderes. Fast zwei Drittel der Erdoberfläche sind von Wasser bedeckt, weshalb es bei dieser Größenordnung fast unmöglich ist, einen toten Wal in den Tiefen der Ozeane zu finden, zumal die Tiefseeforschung so mühsam und teuer ist. Und doch geht die Wissenschaft davon aus, dass ein Walsturz zu den wichtigsten Ereignissen der Tiefsee gehört.

Ein toter Wal ist eine Extralieferung an Nährstoffen für die Tiefseebewohner. Bei den seltenen Gelegenheiten, bei denen Wissenschaftlerinnen und Wissenschaftler einen Walsturz entdeckten, war der Kadaver immer von Fressgästen bedeckt. Fast immer konnten in solchen Fällen an dem toten Wal bislang völlig unbekannte (und doch in der Tiefsee vermutlich verbreitete) Lebensformen entdeckt werden, denn das plötzlich eingetroffene Speiseangebot lockte sie alle an.

Stellen Sie sich Chad Kings Verblüffung und Freude vor, als die Scheinwerfer des ROV die Kiefer- und Bartenknochen eines großen toten Wals erfassten. Wenige Sekunden später kam der Rest des Körpers ins Licht. Große sogenannte Aalmuttern fraßen die letzten Walspeckreste von den Knochen, indem sie daran zogen und zerrten, kabeljauähnliche Tiefseefische, sogenannte Grenadierfische, schlängelten sich durch die Rippen, Krabben plünderten das Innere des Kadavers, knochenfressende Osedax-Würmer machten sich daran, die Lipide aus den Knochen zu verdauen, und natürlich fanden sich hier am Wal auch Tiefseekraken – etwa 20 auf dem Kadaver, ein weiteres Dutzend ganz in der Nähe.

Den ersten Walsturz entdeckte man 1987, und seitdem sind nicht einmal 30 solcher Fälle wissenschaftlich erforscht worden. Die meisten Wale waren schon lange Zeit vorher auf den Meeresgrund herabgesunken und bestanden nur noch aus Knochen – wenngleich Knochen, die von bislang gänzlich unbekannten Lebewesen verzehrt wurden. Einen Walsturz entdeckt man also nicht nur äußerst selten;

zufällig über einen zu stolpern, an dem noch dazu Fleisch ist, grenzt an einen unvorstellbaren Glücksfall. Chads ROV-Tauchgang wurde live gestreamt. Die Videoaufnahmen sind an sich schon faszinierend, doch gerade die hörbare Aufregung des Forschungsteams, die mit eher trockenen akademischen Kommentaren begann und sich bis zu »Oh, mein Gott, da ist ein Walsturz!« steigerte, zeigt, wie ungewöhnlich und unerwartet dieser Fund war.

Aufgrund der begrenzten Daten, die die Wissenschaft bisher sammeln konnte, geht sie davon aus, dass es vier aufeinanderfolgende ökologische Sukzessionsstufen der Fauna gibt, die sich an dem Walkadaver laben. Zuerst kommen Aasfresser wie Haie, Schleimaale oder Kraken, die frei schwimmen und große Entfernungen zurücklegen können. Sie fressen das Weichgewebe. Mit der Zeit siedeln sich dann Lebewesen wie Krebstiere und Vielborsterwürmer auf dem schwindenden Kadaver an. In der dritten Stufe, dem sogenannten chemoautotrophen Stadium, ist der größte Teil des Weichgewebes aufgefressen, und Osedax-Würmer und andere Organismen bauen die Lipide aus den Knochen ab. Der Wal, den das Forschungsteam fand, war in einem Zustand zwischen der zweiten und dritten Stufe, und sie schätzten, dass er demnach seit etwa drei bis vier Monaten auf dem Grund lag. Die vierte und letzte Stufe wurde noch bei keinem Walsturz beobachtet, doch die Wissenschaft geht davon aus, dass es zu einer »Riff-Phase« kommt, bei der die mineralischen Reste des Skeletts von Filtrierern besiedelt werden. Die vier Stufen überlappen sich und unterscheiden sich je nach Größe des Wals und der Tiefe, in die er gefallen ist.

Zur Wahrheit gehört, dass noch wenig gesichertes Wissen besteht, doch die Forschung ist weitgehend überzeugt, dass Walstürze überlebenswichtig sind für das Tiefseeökosystem. Man vermutet, dass der steile zahlenmäßige Rückgang von Walen während und nach dem kommerziellen Walfang eine verheerende Auswirkung auf das

Leben in der Tiefsee hatte. Es bleibt aber noch viel aufzuklären und zu verstehen.

Da die meisten Walstürze bislang im Ostpazifik entlang der kalifornischen Küste beobachtet worden waren – höchstwahrscheinlich, weil hier die meiste Forschung betrieben wird –, war die Aufregung sowohl in der Wissenschaftsgemeinde als auch in der Öffentlichkeit groß, als im März 2020 ein Team aus Wissenschaftlerinnen und Wissenschaftlern des Südlichen Marinewissenschafts- und Ingenieurlabors Guangdong, China, einen Walsturz im Südchinesischen Meer entdeckte. Die Beteiligten montierten eine Unterwasserkamera, die zwei Monate lang jeden Tag Fotos machte und deren Ergebnisse faszinierende Fragen über das Leben in der Tiefsee aufwarfen: Kommen bei einem Walsturz im Südchinesischen Meer andere Lebewesen vor als in den übrigen Teilen der Welt? Handelt es sich bei diesen Lebewesen um andere Arten als die, die ansonsten im Südchinesischen Meer vorkommen, und hängt ihr Überleben daher möglicherweise von Walstürzen ab? Wie finden die mobilen Aasfresser die Kadaver, und was fressen sie in den Zeiten zwischen zwei Walstürzen? In einer Zeit, in der wir noch so wenig über das Leben der Tiefsee wissen, zugleich aber intensiv fischen und womöglich sogar in Kürze damit beginnen, auf dem Meeresgrund Bergbau zu betreiben, sind Antworten auf diese Fragen überlebenswichtig.

Was uns zu den Kühen zurückbringt.

Die Forschenden standen vor drei Optionen: Sie konnten nach weiteren Walstürzen suchen, auf das Anspülen eines toten Wals warten und ihn dann zu einem Tiefseetestgelände bringen oder ein passendes Alternativexperiment durchführen. Keine Frage, eine Kuh ist biologisch etwas anderes als ein Wal, aber die Forscher fanden doch ausreichend Ähnlichkeiten, um einen »Kuhsturz« als gültiges Experiment durchführen zu können. Interessanterweise sorgen unsere intensive Nutzviehwirtschaft und der umfangreiche Fleischtransport rund um die Welt immer wieder dafür, dass totes Vieh im Meer landet, weshalb dieser Versuch doch gar nicht so ungewöhnlich ist, wie er zunächst wirken könnte. So ertranken 2019 fast 15 000 Schafe im Schwarzen Meer, als das Schiff kenterte, das sie transportierte. Was sich anschließend auf dem Meeresboden abgespielt haben dürfte, kann sich jeder selbst ausmalen – eine rasche, deutliche Zunahme an knochenfressenden Würmern darf als ziemliche sichere Konsequenz dieses grausigen Unfalls gelten.

Die chinesischen Wissenschaftlerinnen und Wissenschaftler platzierten wie eingangs erwähnt drei Kühe in unterschiedlichen Tiefen am Hang des Tiefseebergs Zhongnan, zum einen, um zu überprüfen, ob die verschiedenen Tiefen zu verschiedenen Geschwindigkeiten bei der biologischen Sukzession führten, aber auch, um zu beobachten, ob unterschiedliche Tiergemeinschaften angezogen würden. Darüber hinaus installierten sie Kameras in der Nähe und warteten ab. Schon nach einigen Monaten waren deutliche Trends zu erkennen. Bei der Kuh in der niedrigsten Tiefe, auf 650 Metern, war die Hälfte des weichen Gewebes bereits nach 24 Stunden verschwunden, und der Rest war nach wenigen Monaten aufgelöst. Im Gegensatz dazu hatte die ganz tief, nämlich auf 3400 Meter versenkte Kuh noch immer ein Drittel ihres Weichgewebes. Die Analyse der unterschiedlichen Tierarten, die bei den drei Kühen auftauchten, machte deutlich, dass in den drei Tiefen völlig unterschiedliche Gemeinschaften existieren, und es wurden viele Arten gezählt, die man nie zuvor im Südchinesischen Meer beobachtet hatte.

Die Tiefsee enthält mehr als 95 Prozent der gesamten Biosphäre unserer Erde, und bei jeder Untersuchung offenbart sie sich uns ein wenig mehr. In wenigen Jahrzehnten haben wir gelernt, dass die größte Wanderbewegung jede Nacht zwischen den tiefen Schichten des Ozeans und seiner Oberfläche stattfindet; haben hydrothermale Vents entdeckt, die unser Verständnis von Biologie revolutionierten, und erkannt, dass die Tiefsee fundamental daran beteiligt ist, den Klimawandel zu verlangsamen, indem sie gewaltige Mengen Kohlenstoff speichert und Wärme in der Wassersäule aufnimmt. Je genauer wir hinschauen, umso besser verstehen wir, wie wichtig die Tiefsee für das Leben auf der Erde ist.

Inzwischen geht man davon aus, dass es weltweit solche Niedrigtemperatur-Hydrothermalfelder an Bergrückenflanken gibt wie jenes, an dem Chad King auf den Oktopusgarten stieß. Sollte das tatsächlich so sein, wären das riesige Gebiete mit potenziellen Oktopusgärten oder zumindest Warmwasserrefugien für andere Phänomene, denen wir noch nicht begegnet sind und die wir uns noch nicht vorstellen können.

Vieles von dem, was wir in der Tiefsee entdeckten, hat wissenschaftlichen Wert, manches hat gar globalen Wert für die Stabilität unseres Planeten, doch eine besonders kontrovers diskutierte Entdeckung hat auch wirtschaftlichen Wert: Wir sind in der Tiefe auf Metalle der Seltenen Erden gestoßen. Besonders gefragt sind Ferromanganknollen, die in großen Mengen auf den Ebenen des Tiefseebodens zu finden sind. Diese etwa kartoffelgroßen Klumpen enthalten unter anderem Mangan, Nickel, Cobalt und Kupfer. Einige Bergbaufirmen drängen darauf, diese Vorkommen in industriellem Maßstab abzubauen, wobei sich Wissenschaftlerinnen und Wissenschaftler sehr besorgt über die Folgen zeigen, die Meeresbodenbergbau auf das Tiefseeleben, die Kohlenstofflagerung und die Fischpopulationen haben könnte. Wir wissen so wenig darüber, wie die Tiefsee mit dem Rest der Welt verbunden ist, dass es derzeit unmöglich ist, alle Folgen vorherzusehen.

Der Wettlauf um den Meeresbodenbergbau wirft wichtige Fragen auf: Wenn wir Gebiete der Tiefsee schützen möchten, wie entscheidet man dann, welche Gebiete das sein sollen? Bis zum Jahr 2000 hatte niemand eine Ahnung von den hydrothermalen Vents der Lost City im Atlantischen Ozean. Und man geht davon aus, dass es noch viele weitere ähnliche Gebiete gibt. Der Oktopusgarten wurde erst 2018 entdeckt. Wir verstehen nur oberflächlich die Bedeutung von Walstürzen für das Leben im Ozean, wobei ironischerweise die größte Anzahl von Walsturzstellen an den großen Schifffahrtsrouten liegt, da viele Wale durch Kollisionen mit Schiffen sterben. Und wie schützt man die gewaltige Vertikalwanderung von Laternenfischen aus den Tiefen an die Oberfläche, wenn nicht dadurch, dass man das offene Meer und die Tiefsee zu Schutzgebieten erklärt?

Weitsichtige Menschen sind bereits vor Jahrzehnten zusammengekommen, um zu würdigen, dass Antarktika, der einzige Kontinent der Erde ohne indigene Bevölkerung, vor der Ausbeutung oder Inbesitznahme bewahrt werden muss – ein allen Menschen der Welt gemeinsamer Ort für Wissenschaft und Frieden in einer immer kompetitiveren Welt. Vielleicht haben wir inzwischen genug Beweise gesammelt, um darauf hinzuweisen, dass es der gesamten Menschheit nützt, wenn wir mit der gleichen Weitsicht auch die Tiefsee schützen.

Jessica Battle, Kaja Lønne Fjærtoft und Sol Kahoʻohalahala (»Onkel Sol«) sind sicher dieser Meinung. Alle drei erkannten, dass ihnen nur wenig Zeit bleibt, um im Wettlauf gegen den Meeresbodenbergbau aktiv zu werden. Für diesen Wettlauf haben sich indigene Führer, Politikexperten, Wissenschaftler und Umweltschützer aus der ganzen Welt zusammengetan. Angesichts der aktuellen Umstände und angebrachten Eile könnte man erwarten, dass sie bereits müde sind, müde vom Kampf gegen besser ausgestattete Gegner. Dabei stimmt das Gegenteil: Die Mitstreiterinnen und Mitstreiter aus ganz unterschiedlichen Bereichen sind wie beflügelt, weil dieser spezielle Kampf jetzt genau zur rechten Zeit kommt.

Onkel Sol hätte man als Redner bei der Konferenz der Internationalen Meeresbodenbehörde 2023 nicht unbedingt erwartet. Die Diplomaten in ihren Anzügen blickten von ihren Laptops und Papierstapeln auf, als der weißhaarige Mann Anfang 70 im traditionellen Hawai'i-Shirt mit großer Leidenschaft über den Pazifik sprach. Er sah aus wie ein Mann, der sein Leben am und mit dem Wasser verbracht hatte und sprach wie ein Anführer im Besitz von über Generationen gesammeltem Wissen. Als ehemaliger Abgeordneter, Stammesältester im Beirat des Papahānaumokuākea Marine National Monument Reserve und *Cultural Community Member* des Pacific Remote Islands Marine National Monument besitzt Kaho'ohalahala das Wissen, die Erfahrung und die Autorität, um mit einer Vielzahl von Argumenten gegen den Meeresbodenbergbau einzutreten. Doch er sprach nicht von Statistiken. Er nahm weder das Wort »Einkünfte« noch »Fischfang« noch »gebundener Kohlenstoff« in den Mund, obwohl er den Wert all dieser Dinge kennt. Vielmehr versuchte er, den größeren Kontext dessen klarzumachen, was hier zu einer rein geopolitischen Debatte zu werden drohte. Er sprach von Kumulipo – dem alten Schöpfungsmythos Hawai'is –, davon, wie sich die erste Lebensform in der tiefsten Quelle der dunkelsten Meere entwickelte. Der erste Korallenpolyp entstand, dem alle anderen Lebewesen folgten. Wer die von seinem Volk verehrten Gewässer zerstöre, so sagte Onkel Sol, »dezimiert aus reiner Profitgier heilige und kulturelle Verbindungen«.

Jessica Battle, Expertin für Ozeanpolitik und Governance-Spezialistin, die schon ihr ganzes Leben lang Verträge aushandelt, erzählt davon, wie sie sich 15 Jahre lang für das kürzlich unterzeichnete Hochseeabkommen der Vereinten Nationen eingesetzt hat. Sie weiß aber auch, dass Aktivistinnen und Aktivisten ohne die Unterstützung durch große multilaterale Vereinbarungen gegen jeden kurzsichtigen Versuch vorgehen müssen, den Ozean auszubeuten, und in

Kürze auch in Einzelverfahren jeden Antrag auf Meeresbodenbergbau werden abwehren müssen. Allerdings hat sie das Gefühl, dass sich das Blatt wendet.

»Sogar die Fischereiindustrie ist dagegen! Menschen, mit denen ich mich schon immer über Fischerei stritt, sind der Meinung, dass Meeresbodenbergbau zu schädlich für das marine Leben ist!«, erklärt sie. Wichtig ist dabei auch ein wirtschaftliches Argument, denn Verfechter des unterseeischen Bergbaus behaupten, wir bräuchten diese Mineralien für Batterien, Computerchips und sogar Windkraftanlagen. Doch viele Unternehmen, die diese Dinge produzieren, haben bereits angekündigt, keine Rohstoffe kaufen zu wollen, die am Meeresboden abgebaut wurden.

Jessica Battle sitzt oft mit am Tisch, wenn über globale Vereinbarungen zum Ozean-Management verhandelt wird, und sie zeigt sich optimistisch. Zum Zeitpunkt des Verfassens dieses Buchs haben bereits 32 Staaten den Tiefseebergbau unterbrochen, verboten oder zu einem Moratorium aufgerufen, und es gibt ernst zu nehmende Forderungen nach einem umfassenden globalen Aufschub. Jessica weist darauf hin, dass im Gegensatz zu vielen anderen umweltschädlichen Rohstoffindustrien weltweit dieser Industriezweig noch am Anfang steht. Können wir ihn jetzt aufhalten, zumindest, solange wir noch über die Tiefsee dazulernen, stehen keine Lebensgrundlagen auf dem Spiel, muss keine Firma dichtmachen, muss kein Übergang zu grüner Industrie bewältigt werden.

Abseits internationaler Verträge läuft die Diskussion darüber auch in vielen Küstenstaaten. Die ehemalige Regierungsmitarbeiterin Norwegens Kaja Lønne Fjærtoft führt im Namen des World Wide Fund For Nature (WWF) nun eine Koalition an, die gegen das jüngste Vorhaben der norwegischen Regierung protestiert, Meeresgrundbergbau nicht nur in den Küstengewässern, sondern auch weit draußen auf dem Kontinentalschelf zu erlauben. Es gibt viele Gründe, beim Tiefseebergbau das Vorsorgeprinzip anzuwenden, doch Kajas Verbündete von Universitäten, Jugendgruppen, NGOs und aus der Wissenschaft betonen in ihrer Auseinandersetzung mit der norwegischen Regierung vor allem eines: Da wir noch so wenig über die Tiefsee wissen, wie können wir da die Auswirkungen von derart viel Lärm, Erdarbeiten und Umweltverschmutzung vorhersagen – geschweige denn managen? Denn bei all den Unsicherheiten über die Tiefsee steht doch eines fest: Die Regeneration dauert dort deutlich länger als im Rest des Ozeans.

Die Tiefsee funktioniert auf einer ganz anderen Zeitskala als die menschliche Welt: Wachstum dauert Jahrhunderte; Habitate entwickeln sich über Jahrtausende; Erholungsprozesse erstrecken sich über so lange Zeiträume, dass sie im Grunde für uns nicht messbar sind. Folglich verlangt unsere Herangehensweise an die Tiefsee vielleicht nicht nur einen Politikwechsel, sondern auch einen Perspektivenwechsel – wir brauchen einen Blick, der unsere Begrenzungen und die natürliche Tendenz, uns auf das Kurzfristige anstatt auf das Generationenübergreifende zu konzentrieren, berücksichtigt. Wie bei vielen anderen Aspekten der Natur können wir auch in Bezug auf die Tiefsee viel von den indigenen Völkern lernen.

Für Onkel Sol und sein Volk ist der Ozean Heimat. Seit Tausenden von Jahren machen sie keinen Unterschied zwischen Meer und Festland, und die Tiefsee ist ihr heiliger Ort der Schöpfung. Der Tiefseebergbau im heiligen Wasser vor Hawai'i wäre also nicht nur eine Ausbeutung von Rohstoffen, er wäre eine Entweihung. Für diese Menschen lässt sich der Wert der Tiefsee nicht in Bilanzen ausdrücken oder durch eine Wiedergutmachung an anderer Stelle ausgleichen, denn er beruht auf der Verbindung zwischen der Menschheit und dem Ozean, in dem Wissen, dass wir nur dann aufblühen können, wenn auch der Ozean gedeiht.

Die Tiefsee ist unsere allerletzte unerforschte Wildnis. Der verbliebene Ort, an dem wir Dinge über unsere Welt entdecken können, die jenseits unserer Vorstellungskraft liegen, ein Ort für alle, der niemandem gehört und doch für jedes Leben entscheidend ist. Hier haben wir vielleicht zum ersten Mal die Chance zu zeigen, was wir als Menschheit gelernt haben. Wir können die Rechte der Indigenen respektieren, wir können uns von wissenschaftlichen Beweisen leiten lassen, wir können zum Vorteil aller kooperieren und einen Wert definieren, der sich in etwas ganz anderem ausdrückt als in Geld.

KAPITEL 3

# HOCHSEE

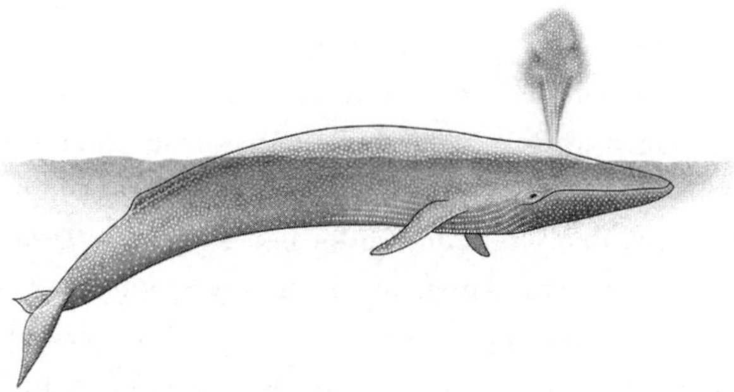

## EINEN BLAUWAL FILMEN, GOLF VON KALIFORNIEN

Blauwale sind perfekt daran angepasst, durch die Ozeane zu wandern. Ihre kräftigen, aber doch wendigen Körper erlauben es ihnen, jedes Jahr Tausende Kilometer ungesehen durch den offenen Ozean zu ziehen. In bestimmten Gegenden und zu bestimmten Zeiten kommen sie jedoch nahe an die Küste, etwa um zu gebären und ihre Kälber zu säugen. Ein solcher Ort ist in den Wintermonaten der Golf von Kalifornien.

Genau dorthin fuhren wir im Jahr 2001, um einen Blauwal für die Dokumentation *Das Leben der Säugetiere* zu filmen. Der erste Teil der Serie sollte davon erzählen, wie die Säugetiere die Meere besiedeln, und der Blauwal ist offensichtlich das spektakulärste Beispiel, das wir zur Illustration dieses Vorgangs finden konnten.

Auch heute noch würde niemand behaupten, es sei leicht, einen Blauwal zu filmen. Doch vor fast 25 Jahren war es noch deutlich herausfordernder als heute. Es gab keine Drohnen, die in Sekunden von einem Boot aus starten können, keine Satellitensender, die einem den Standort eines georteten Wals anzeigen. Wir mussten uns auf erfahrene Walbeobachter am Ufer verlassen, in der Hoffnung, dass ein von ihnen dirigiertes Leichtflugzeug rechtzeitig vor Ort war, um eine Luftaufnahme des Wals neben unserem Schiff zu machen, mit der wir den Größenvergleich veranschaulichen wollten.

Damals lagen noch weniger wissenschaftliche Daten über Blauwale vor als heutzutage. Was sich inzwischen zu einer Langzeitstudie über die durch den Golf von Kalifornien ziehende Walpopulation entwickelt hat, steckte damals noch in den Kinderschuhen. Trotz jahrzehntelanger mühsamer Forschung zu den Wanderrouten klafften noch große Lücken in unserem Wissen. Und natürlich war zu Beginn des neuen Jahrtausends das Verbot des kommerziellen Walfangs erst 15 Jahre alt, weshalb die Anzahl aller Blauwale in den Ozeanen bei rund 5000 lag – gerade einmal zwei Prozent ihrer ursprünglichen Zahl.

Was die Komplexität unserer Filmaufnahmen weiter erhöhte: Blauwale haben ungeheuerliche Fähigkeiten, Sauerstoff zu speichern. So können sie bis zu einer Stunde unter Wasser bleiben und dann so weit von dem Abtauchpunkt entfernt wieder an die Oberfläche steigen, dass es unmöglich ist vorherzusagen, wo das sein wird. Diese Fähigkeit verdanken sie der Tatsache, dass ihre Lungen mehr als das 800-fache Volumen unserer Lungen haben, dass sie 90 Prozent der verbrauchten Luft ausstoßen und sie im selben Atemzug durch Frischluft ersetzen können. Landtiere, darunter auch der Mensch, kommen nur auf etwa 15 Prozent ihrer Lungenkapazität. Der Blauwal ist zudem in der Lage, Sauerstoff nicht nur in seinen zehn Tonnen Blut, sondern auch im Körpergewebe zu speichern, was dann besonders hilfreich ist, wenn er in Tiefen hinabtaucht, in denen der große Druck seine Lungen vorübergehend kollabieren lässt. Auch diese Fähigkeit macht es eher schwierig, möchte man die perfekte Filmsequenz drehen, sobald er wieder an der Oberfläche erscheint.

Zu unserem Glück tauchen Blauwale häufig in sich wiederholenden Zyklen – zunächst fünf kurze und flache Tauchgänge, dann folgt ein langer und tiefer. Aber vergessen Sie nicht, bei einer Reisegeschwindigkeit von 20 Knoten (also etwa 37 Stundenkilometern) kann man einen Blauwal leicht auch schon bei einem sogenannten flachen Tauchgang aus den Augen verlieren.

Als wären diese Umstände nicht schon herausfordernd genug, fügten wir dem Ganzen noch eine eigene Komplikation hinzu: Die Aufnahme, die wir wirklich gern machen wollten, sah so aus, dass ich in einem Schlauchboot saß und moderierte, während ein Wal neben mir an die Oberfläche kam, sodass wir beide im selben Bild zu sehen waren. Wir wollten damit zusätzlich zur Luftaufnahme möglichst anschaulich darstellen, wie gigantisch groß diese Tiere sind. Eine solche Einstellung zu filmen, würde nicht einfach werden. Sie verlangte eine erfahrene Crew, Geduld – und Glück.

Eines frühen Morgens verließen wir also den Hafen und steuerten in Richtung offene Bucht. Der Pilot, der uns aus seiner tief fliegenden Maschine helfen sollte, tauchte über uns auf und begann, in mäßiger Höhe über dem Ozean zu kreisen. Er hatte uns erklärt, wie er den Blas eines Blauwals von dem jeder anderen Art unterscheiden könne – der Blas des Blauwals schießt in einem relativ geraden Strahl bis zu zehn Meter in die Höhe, und diese Höhe, zusammen mit dem Volumen und der dahintersteckenden Kraft, lässt den Blas länger in der Luft stehen als bei jeder anderen Walart. Sobald er einen Blauwal entdeckt habe, so der Pilot, werde er uns per Funk die Richtung angeben, in der Hoffnung, dass wir rechtzeitig dort eintrafen, bevor der Wal wieder abtauchte.

Nach mehreren Versuchen schafften wir es. Sobald wir auf 15 Meter an das Tier herangekommen waren, ließen wir ein kleines Schlauchboot ins Wasser. Ich sprang hinein, band mich fest, und Sekunden später waren wir über dem Wal, der etwa sechs Meter unter der Oberfläche tauchte. Das blaue Wasser war glasklar, und ich konnte seine gefleckten blauen Seiten und seine großen Flossen sehen, die langsam vor und zurück schwebten. Der Kameramann auf dem Hauptboot, das nur wenige Meter entfernt war, gab mir das Zeichen »Daumen hoch«. Ich sah hinunter in die Tiefe auf den Rücken des Tieres, als es sich der Oberfläche näherte. »Es ist ein Blauwal!«, schrie ich aufgeregt über den Lärm des Außenbordmotors hinweg, und ein großer Blas schoss in die Höhe und durchnässte mich beim Herunterkommen völlig. Dies war einer der aufregendsten Momente meines Lebens.

Möchte man das bloße evolutionäre Wunder eines Blauwals vermitteln, kann man leicht eine ganze Reihe Fakten anführen. Seine großen Blutgefäße sind breit genug, dass ein Mensch hindurchschwimmen könnte, seine Zunge wiegt über zwei Tonnen, während der Aufzucht der Jungen kann er 500 Millionen Krill pro Tag verschlingen, sein 200 Kilogramm schweres Herz ist so kräftig, dass ein einzelner Schlag von einem anderen Wal noch in über vier Kilometer Entfernung bemerkt werden kann. Der für mich persönlich fesselndste Fakt ist der, den ich bereits an anderer Stelle erwähnt habe und der die wenigste Erklärung braucht: Der Blauwal ist schlicht und einfach das größte lebende Tier der Erde, deutlich größer als fast alle Dinosaurier. Ein solch gigantisches Tier kann nur im Meer leben, denn kein Knochen wäre stabil genug, um einen solchen Körper an Land stützen zu können.

Ein derart starkes und an seine Umwelt perfekt angepasstes Tier mit eigenen Augen sehen zu können, dürfte jeden Naturfreund begeistern. Aber auf einem Boot neben ihm herzufahren, hatte für mich noch eine tiefere Bedeutung. Die längste Zeit meines Lebens hatte man Wale gejagt, vor allem wegen ihres Fetts. Ihre Zahl ging so stark zurück, dass ich, wie viele andere, befürchtete, die Spezies könnte sich nie wieder erholen. Selbst nach dem Verbot des kommerziellen Walfangs 1986 sorgte ich mich, dass es noch sehr lange dauern würde, bis eine nennenswerte Population zurückkäme.

Schließlich erreichen Blauwale unseres Wissens nach erst mit 10 oder 15 Jahren ihre Geschlechtsreife, sie tragen ihr Kalb fast zwölf Monate lang aus und bekommen im besten Fall alle zwei bis drei Jahre Nachwuchs. Ergänzt man diese biologischen Fakten um die Tatsache, dass die Hochsee riesig groß ist und das geografische Verbreitungsgebiet dieser Tiere ebenso, ist die Beobachtung eines Wals aus nächster Nähe, selbst nach dem Ende der Jagd auf sie, wirklich bemerkenswert und unvergesslich.

Wir durften miterleben, wie sich in den letzten 40 Jahren die Zahl der Blauwale von wenigen Hundert im Jahr 1982 auf heute etwa 5000 bis 15 000 erholte, ein Verdienst der globalen Zusammenarbeit, der Kraft des Ozeans zur Wiederherstellung seiner Populationen – und des unbeugsamen Willens all jener, die hart und erfolgreich für den Schutz dieser majestätischen Wesen kämpften.

DA

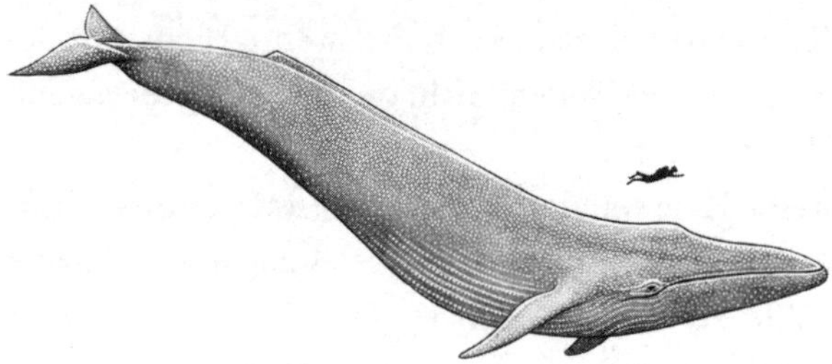

Eine Lederschildkröte schleppt sich aus dem warmen Wasser des Pazifiks auf einen Strand in Costa Rica. Diese Vertreterin der ältesten und größten aller Schildkrötenarten kann ihren 2,40 Meter langen Körper elegant durchs Wasser bewegen, wobei die großen, kräftigen vorderen Schwimmflossen es ihr erlauben, weite Strecken zurückzulegen und mehrere Hundert Meter tief zu tauchen. Jetzt nutzt sie dieselben Paddel, um sich über den Strand zu ziehen, was ohne den Auftrieb des Salzwassers für die 500 Kilogramm schwere Schildkröte ein hartes Stück Arbeit ist. Doch sie hat eine überlebenswichtige Aufgabe zu erfüllen: Sie ist die bisher Letzte in einer uralten Reihe, die diese Strände zur Eiablage besuchte. Nachdem die Schildkröte ihre Eier vergraben hat, muss sie wieder zu Kräften kommen. Dazu reist sie Tausende Kilometer entlang der Küste Südamerikas in Richtung der reichen Gewässer vor den Galapagosinseln, wo sie im Tiefenwasserauftrieb auf die Jagd nach Quallen geht. Unser Exemplar gehört zur ostpazifischen Lederschildkrötenpopulation, bei der die Weibchen alle zwei bis vier Jahre eine ähnliche Wanderung auf sich nehmen. Andere Schildkröten legen ihre Eier in Indonesien oder an den Stränden des Westpazifiks ab, um sich dann vor der australischen Küste satt zu fressen, oder schwimmen den ganzen Weg bis vor die Westküste der Vereinigten Staaten. Bei diesen Wanderungen zwischen der Eiablage und den Futterplätzen kommen bis zu 13 000 Kilometer zusammen. Schildkröten verbringen zwar eine gewisse Zeit vor den Küsten, doch ihre wahre Heimat ist das große Blau. Und sie sind bei Weitem nicht die einzigen Lebewesen, die die Hochsee durchqueren.

Viele Weiße Haie wandern von der Westküste Amerikas zu einer scheinbar unauffälligen Gegend weit draußen im Pazifik, etwa auf der Hälfte der Strecke nach Hawai'i. Forschende, die dies bemerkten, gaben diesem Fleck den Spitznamen »Café«, weil man anfänglich dachte, am Ziel dieser Wanderung träfen die Haie potenzielle Partner. Doch da auch viele Junghaie, die per Definition noch nicht geschlechtsreif sind, ebenfalls dorthin schwimmen, gilt diese Annahme inzwischen als überholt. Nachdem sie die Stelle erreicht haben, unternehmen die Tiere viel häufiger tiefe Tauchgänge, als Weiße Haie sie typischerweise vor den Küsten machen. Eine Theorie besagt daher, dass die Raubfische für die Jagd auf Kalmare hierherkommen, doch bislang wissen wir noch nichts Genaueres. Auch stellt sich die Frage, wie lange Weiße Haie schon das Café aufsuchen. Der Weiße Hai ist eine uralte Art und eine der großen Erfolgsgeschichten der Evolution. Fossilien belegen, dass sie beziehungsweise ihre engsten evolutionären Vorfahren schon seit Millionen von Jahren durch diese Gewässer schwimmen. Sind sie also schon immer zu dieser Stelle gewandert? Haben eine Veränderung der Lebensbedingungen im Ozean oder das massenhafte Auftreten von Beutetieren mit einem Mal die scharfen Sinne der Weißen Haie gereizt? Oder entdeckte eines Tages ein einzelnes Tier diesen Ort, das dann im Laufe seiner 70-jährigen Lebensspanne regelmäßig hierher zurückkehrte und damit andere dazu anregte, ihm zu folgen? Solch kleine verblüffende Einblicke in das Leben der großen Ozeanwanderer sind wie Puzzlestücke, mit denen wir das größere Bild vom Leben in den Ozeanen nach und nach zusammensetzen – und wir erkennen, dass der Bilderrahmen deutlich größer ist als anfangs gedacht.

Grauwale legen 8000 Kilometer pro Wegstrecke von ihren Futterstellen in der Beringsee bis nach Baja California in Mexiko zurück, und auch Buckelwale reisen verblüffende Entfernungen von ihrem tropischen Brutgebiet bis zum Südlichen Ozean und zurück. Bei einem Buckelwal ließ sich aufzeichnen, dass er innerhalb von 265 Tagen eine Strecke von 18 942 Kilometern durchschwamm. Die Technik zum Tracken der Tiere, etwa über Satelliten oder akustische Sender, wird immer zuverlässiger, kleiner, billiger und anwendungsfreundlicher, weshalb sie immer häufiger eingesetzt wird und uns zu einem deutlich verbesserten Verständnis von der Bewegung vieler Meerestiere in Raum und Zeit verhilft. Die so gewonnenen Daten eröffnen uns endlich einen Blick auf das tägliche Leben im offenen Meer – insbesondere, indem sie die Bedeutung bestimmter Gebiete als Futterstellen, Orte zur Aufzucht und Migrationskorridore entschlüsseln.

Große Monitoringprojekte wie *Tagging of Pacific Predators* (»Erfassung von Raubtieren im Pazifik«), das mehr als 2000 Tiere im Pazifischen Ozean markierte – vom See-Elefanten bis hin zum Albatros –, offenbaren eine komplexe Vielzahl an Langstreckenwanderungen, die uns die Hochsee mit neuen Augen betrachten lassen. Zu einem bestimmten Zeitpunkt mag ein bestimmter Abschnitt des Ozeans völlig ohne Leben erscheinen, doch im Verlauf des Jahres könnte genau dieser Bereich von einer gewaltigen Anzahl Arten aufgesucht werden, die womöglich von einer Planktonblüte, einem Tiefenwasserauftrieb oder Aktivitäten unter der Oberfläche angezogen wurden, die wir noch nicht kennen. Oder vielleicht ziehen die Tiere auch einfach nur durch. Eine der führenden Wissenschaftlerinnen des Projekts, Barbara Block, fand einen leicht nachzuvollziehenden Vergleich:

> *Es war, als würde man über die afrikanische Savanne blicken und versuchen herauszufinden, wo die Wasserlöcher sind, die ein Zebra oder ein Schimpanse ansteuern würden. Wo sind die fruchtbaren Täler? Wo sind die Wüsten, die die Tiere umgehen, wo die Wanderkorridore, auf denen Arten wie das Gnu normalerweise von Ort zu Ort reisen?*

Wir kennen die Antworten auf diese Fragen noch nicht, aber wir machen uns langsam einen Begriff davon, wie wandernde Arten die Hochsee sehen, und es scheint klar, dass es bevorzugte Routen, wichtige Stellen und eindeutige Gründe gibt, weshalb die unterschiedlichen Arten sich auf unterschiedlichen Wegen durch dieses riesige Gebiet bewegen.

In den letzten Jahren haben Projekte zur Datenerfassung Haie verfolgt, die enorme Wanderbewegungen machen, wobei sie den Ozean in fast perfekt geraden Linien durchqueren. Von Walen wissen wir, dass sie die längsten absichtsvollen Reisen aller Säugetiere auf diesem Planeten unternehmen. Und ein markierter Blauflossenthunfisch schwamm kurz nach seinem ersten Geburtstag durch den gesamten Pazifik. Bislang haben wir nur erste Hinweise darauf, wie diese Raubfische weit abseits der Küste ihren Weg durch den Ozean finden. Aber nach und nach entsteht ein zusammenhängendes Bild des großen Blaus.

Wie diese langen Reisen ganz genau gesteuert werden, ist noch nicht vollständig geklärt, doch Studien haben bereits gezeigt, dass Arten wie die Grüne Meeresschildkröte oder Haie das Magnetfeld der Erde für die Navigation nutzen und dass einige Seevögel sich offenbar an der Sonne oder dem Nachthimmel orientieren. Manche Arten könnten sogar eine ganze Bandbreite an Sinnen einsetzen, genau wie wir Menschen – womöglich ziehen sie das Magnetfeld der Erde für die grobe Richtungsangabe heran und nutzen dann zusätzlich zum Hören und Schmecken noch physische Besonderheiten wie Grate, Tiefseeberge und Ozeanströmungen zur punktgenauen Orientierung.

Eine übliche Weltkarte, wie sie an der Wand der Schulbibliothek hängt, zeigt die schneebedeckten Gipfel des Himalaja, der Anden und Alpen als weiße, die großen tropischen Wälder Zentralafrikas oder Südamerikas als dunkelgrüne Flecken, die Kalahari und die Mitte Australiens dürften beige eingefärbt sein, die große eurasische Steppe hellgrün, und Antarktika ist eine reinweiße Raute am unteren Rand. Die verbleibenden 70 Prozent unseres Planeten sind vermutlich in einem kräftigen Blau gehalten. Bei manchen Karten sind die Küsten- und Kontinentalschelfgewässer – rund ein Drittel des Ozeans – etwas heller, während der übrige Rest der Hochsee dunkler erscheint. Natürlich gibt es auch deutlich detailreichere Karten, auf denen einige Eigenarten der Weltmeere zu erkennen sind – Schluchten, Rücken, Tiefseeberge und Ähnliches –, doch in den meisten Fällen ist es einfacher, die Hochsee als einheitlich blaue Fläche darzustellen, womit ihre Strukturen und Komplexitäten aus den Augen und aus dem Sinn geraten. Dabei ist es unter der Oberfläche alles andere als einheitlich. Es gibt häufig genutzte Wanderrouten, Auftriebsstellen von Nährstoffen, die Hotspots tierischer Aktivität schaffen und es mit jedem nahe gelegenen Küstengebiet aufnehmen können, und von der Erdrotation und Winden angetriebene Wirbel, durch die gewaltige Wassermengen in Bewegung versetzt werden.

Als Hochsee gelten die Lebensräume jenseits des Kontinentalschelfs. Um sie von der Tiefsee zu unterscheiden, über die wir bereits sprachen, beziehen wir uns hier bei der Hochsee nur auf den Teil der euphotischen Zone, also die obersten 200 Meter Wasser. Unterhalb dieser 200 Meter dringt nur noch wenig Licht ins Wasser, weshalb die Möglichkeiten zur Fotosynthese zurückgehen und die Grenze zur Tiefsee beschrieben wäre. Mit zwei Dritteln der Meeresoberfläche umfasst die Hochsee etwa die Hälfte der Oberfläche des gesamten Planeten. Ein Großteil davon gilt als internationales Gewässer, steht, mit anderen Worten, außerhalb nationaler Gerichtsbarkeit, weshalb es dort wenig Vorschriften und keine Hoheitsgewalt gibt. Und obwohl wir noch vergleichsweise wenig über die Hochsee wissen, ist unsere Präsenz dort doch allgegenwärtig.

Plastik ist auf jeder Ebene in die marine Nahrungskette eingedrungen. Man findet es in den tiefsten Ozeangräben und in großen Tiefen in allen fünf Ozeanbecken. Eine Studie aus dem Jahr 2023 ergab, dass sich in den letzten zwei Jahrzehnten die Zahl der marinen Arten, von denen bekannt ist, dass sie Abfall (der zum größten Teil aus Plastik besteht) geschluckt oder sich darin verheddert haben, um mehr als das Dreifache erhöht hat. Es ist allgemein bekannt, dass Plastik, wenn es von den Tieren selbst gefressen wird – man spricht dann von einer direkten Aufnahme –, Auswirkungen auf marine Arten haben kann. Obschon es häufig schwer zu bestimmen ist, ob ein einzelnes Tier direkt durch Plastik getötet wurde oder nicht, so steht doch fest, dass erschreckend viele Tiere Plastik schlucken. Scharfkantige Plastikstückchen können Tiere von innen verletzen oder ihnen Schnittwunden zufügen, Plastik kann sich im Körper ansammeln und die Verdauung behindern. Von den 55 Meeresschildkröten (darunter Grüne Meeres-, Unechte Karett-, Oliv-Bastard- und Lederschildkröten), die man Forscherinnen und Forschern übergab, nachdem sie als Beifang der Langleinenfischerei im Pazifik getötet worden waren, hatten 50 Plastik in ihren Mägen. Im Mittelmeer fanden Wissenschaftsteams bei einem von fünf untersuchten Schwertfischen, Blauflossen- und Weißen Thunfischen Plastik im Magen. Pottwale scheinen besonders anfällig dafür zu sein, Plastik zu schlucken, wie eine Studie im Jahr 2016 ergab, bei der 9 von 22 gestrandeten Walen Dinge wie Netze, Seile, Folien, Verpackungen und sogar Autoteile in ihren Mägen hatten.

Auch die Aufnahme von Plastik über die Nahrungskette, also das Fressen von Beutetieren, die bereits Plastik gefressen haben, gilt als weit verbreitet. So schwer diese Auswirkung auch zu quantifizieren ist, so betrifft sie doch vor allem Mikroplastik. Diese kleinen Partikel, laut Definition kleiner als fünf Millimeter, sind überall in den Weltmeeren verbreitet. Mikroplastik wird zum Teil sogar absichtlich produziert, etwa für den Einsatz in Schönheitsprodukten oder Zahnpasta, wohingegen der Rest aus größerem Plastikmüll entsteht, der nach und nach in immer kleinere Teilchen zerrieben wird. Tiere, die eher an der Spitze der Nahrungskette stehen, sind davon häufiger betroffen. So fressen beispielsweise Robben große Mengen Fisch, und im Laufe ihres Lebens sammelt sich das in den Fischen vorhandene Mikroplastik im Körper der Robben an. Neuseeländische Forschende mussten feststellen, dass das von Bartenwalen gefressene Plankton Mikroplastik enthielt. Sie vermuteten, ein Maulvoll Plankton dürfte rund 24 000 Kunststoffpartikel enthalten, woraus sich rein rechnerisch 3,4 Millionen Mikroplastikstückchen ergeben, die ein solcher Wal an nur einem einzigen Tag zu sich nimmt. Obgleich ein Teil dieses Mikroplastiks den Körper des Wals wieder verlässt, sammelt sich der Rest in seinen Organen an und setzt das Tier damit den Chemikalien aus, aus denen das Plastik besteht.

Noch auf einem anderen Weg schadet Plastik dem marinen Leben. An einem Tiefseeberg hängen gebliebenes Fanggerät, versehentlich auf dem offenen Meer abgerissene Langleinen, über Bord geworfene beschädigte Netze – es gibt viele Möglichkeiten, wie Fischereiausrüstung als Treibgut in den Ozeanen oder unwiederbringlich auf dem Meeresgrund enden kann. »Verlassene, verlorene und weggeworfene Fischereigeräte«, wie man sie auch nennt, verursachen gleich zwei Probleme: Viele von ihnen sind aus Plastik, verschlimmern also noch die Verschmutzung der Ozeane, aber vielleicht noch tückischer ist die Tatsache, dass sie oft weiterhin marine Lebewesen fangen und töten, obwohl schon lange kein Mensch mehr diesen Fang an Bord holt.

Sogenannte Geisternetze treiben jahrelang in den Ozeanströmungen und umschlingen Schildkröten und Haie; verlorene Hummerfangkörbe locken weiter Krebstiere in die Falle, auch wenn sie nie wieder jemand einsammeln wird; und Richtung Küste treibende Fischereiausrüstung kann Korallenriffe beschädigen beziehungsweise Robben und Seevögel zum Verhängnis werden. In einem sich selbst verstärkenden Teufelskreis ziehen diese Opfer weitere (Raub-) Tiere an, die sich dann ebenfalls verhaken, schließlich ist eine Fangausrüstung absichtlich so gemacht, dass Meereslebewesen ihr nur schwer entkommen können. Das mag für Fischer, die die Gesellschaft mit Lebensmitteln versorgen, ungemein nützlich sein, ist aber dann eine furchtbare Verschwendung von Leben, wenn Fanggerät in industriellem Maßstab endlos durch die Weltmeere treibt und Hunderte von Tieren fängt, die niemand je essen wird.

**KORALLENRIFFE** Ein Clownfisch zwischen den Tentakeln einer Anemone. Wir kennen über 1000 Anemonenarten, doch nur zehn davon haben eine für beide Seiten vorteilhafte und überlebenswichtige Beziehung zu Clownfischen entwickelt.

**KORALLENRIFFE** Ein gesundes Korallenriff im Raja-Ampat-Archipel, Indonesien, 2024. Korallen erschaffen höchst komplexe dreidimensionale Strukturen mit vielen Schlupfwinkeln, Löchern und Spalten. Sie bieten

perfekte Lebensbedingungen für Tiere jeder Größe, was rund um dieses gut geschützte Riff zu einer verblüffenden Artenvielfalt führt.

**KORALLENRIFFE** Grüne Röhrenkorallen (*Pachyclavularia violace*) in einer Zeitrafferaufnahme. Eine gesunde Korallenkolonie kann pro Quadratmeter mehr als 10 000 Polypen aufweisen.

**TIEFSEE** David Attenborough bereitet am Osprey-Riff, im Korallenmeer zwischen Papua-Neuguinea und Australien, einen Tauchgang in 300 Meter Tiefe vor.

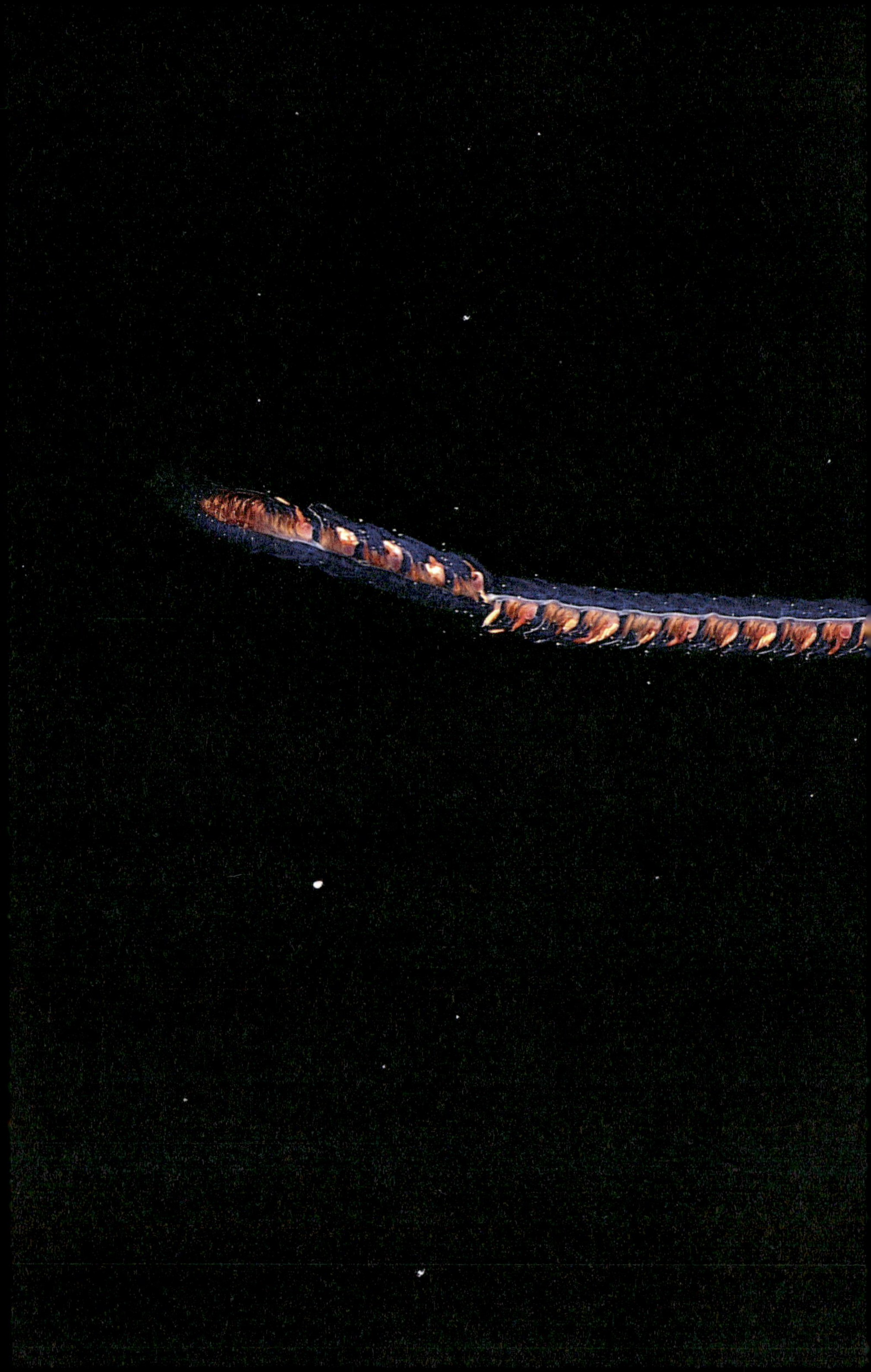

**TIEFSEE** Diese wunderschöne Staatsqualle wurde 2016 bei einer Expedition der National Oceanic and Atmospheric Administration (NOAA) knapp über dem Meeresboden an einem namenlosen Tiefseeberg etwas außerhalb des Papahānaumokuākea-Meeresschutzgebiets (Hawai'i) fotografiert.

**TIEFSEE** Diesen Walsturz entdeckte eine NOAA-Expedition im Oktober 2019 im Meeresreservat Monterey Bay in der Nähe des Tiefseebergs Davidson in 3000 Meter Tiefe. Experten schätzen, dass der Wal vermutlich vier Monate zuvor gestorben war.

**TIEFSEE** Im Oktober 2018 wurden etwa 20 000 brütende weibliche Perlenkraken am Tiefseeberg Davidson entdeckt. Wissenschaftler glauben, dass die Tiere dort so zahlreich ihre Eier legen, wo warmes Wasser aus hydrothermalen Vents austritt. Das warme Wasser beschleunigt die Entwicklung, sodass der Nachwuchs bis zu fünf Mal schneller schlüpft als im Umgebungswasser.

**HOCHSEE** Eine Gruppe Teufelsrochen versammelt sich um die Princess-Alice-Bank, einen rund 40 Seemeilen südlich der Azoreninsel Pico gelegenen Seeberg.

**HOCHSEE** Eine Blauwalkuh mit ihrem Kalb vor der Küste von Loreto im Golf von Kalifornien, Mexiko.

**HOCHSEE** Ein bunter Fischschwarm wird vor den Azoren von Zügeldelfinen und Gelbflossen-Thunfischen attackiert, während sich Sturmtaucher von oben ins Wasser stürzen.

**KELPWALD** Exemplare der zu den Steuerbarschen gehörenden *Medialuna californiensis* schwimmen in einem Riesentangwald vor den Kanalinseln, Kalifornien.

**KELPWALD** Ein junger Kalifornischer Seelöwe ruht sich im Blätterdach eines Kelpwaldes vor Santa Barbara aus.

**KELPWALD** Ein Kalifornischer Zahnlippfisch frisst vor der Küste der Kanalinseln einen Purpurseeigel. Sinkt die Zahl der seeigelfressenden Fische und Krebstiere zu stark, wächst die Seeigelpopulation derart an, dass sie einen Kelpwald zerstören kann.

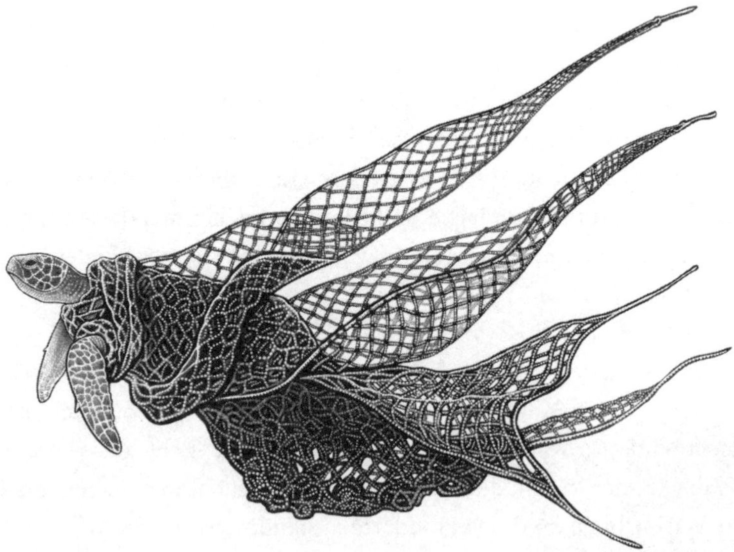

*Geisternetze tragen ihren Namen zu Recht, denn sie spuken noch viele Jahrzehnte in den Ozeanen herum, nachdem sie ihren ursprünglichen Verwendungszweck erfüllt haben.*

Denken wir an Fischerei, so dürften viele von uns mutige Männer und Frauen vor Augen haben, die in kleinen Booten aufs offene Meer hinausfahren, um in relativer Nähe zur Küste Nahrung für ihre Gemeinschaft zu fangen. Diese schwierige, gefährliche und edle Beschäftigung ist so alt wie die Menschheit selbst. Fischer tauchen in der Weltliteratur und in Kindergeschichten auf, wir bestaunen ihre Boote in kleinen Häfen, und ihre Familienbetriebe sind für das Überleben von Gemeinschaften in Küstengebieten weltweit ganz entscheidend. Daneben gibt es aber noch eine ganz andere Art von Fischerei, die sich so weit von dem traditionellen Handwerk entfernt hat, dass sie vermutlich einen neuen Namen braucht. Wir sprechen von Supertrawlern – gigantischen Fabrikschiffen. Sie sind über

100 Meter lang, ziehen kilometerlange Netze hinter sich her und sind an Bord mit Vorrichtungen zur Verarbeitung und Tiefkühlung des Fischs ausgestattet, weshalb sie zum Teil monatelang weit draußen auf hoher See unterwegs sein können. Dank modernster Technik, die dazu dient, Fische in größerer Entfernung und Tiefe als je zuvor aufzuspüren, zu jagen und zu erbeuten, können diese Fabrikschiffe überall und alles jagen. Inzwischen sind sie sogar in der Lage, winzige Arten wie Krill in großen Netzen zu fangen. Das ist Fischen in wirklich industriellem Maßstab.

Vor der argentinischen Küste, gerade jenseits der Hoheitsgewässer des Landes, kann man auf Nachtaufnahmen von Satelliten eine leuchtende schwimmende Stadt erkennen. Sie sieht aus wie eine Reihe kleiner Inseln, die alle einen starken Leuchtturm haben, doch in Wirklichkeit sind das Hunderte ausländischer Fischerboote, die hier monatelang schwimmen. Sobald es Nacht wird, schalten sie ihre hellen Lampen an, um zuerst Plankton und dann ihre eigentliche Beute anzulocken – Kalmare. Jenseits der nationalen Gerichtsbarkeit gibt es keine Mengenbegrenzung für den Fischfang, keine Kontrollen und keinen Zwang, auf die Fangzeiten zu achten. Niemand weiß genau, wie viel diese Schiffe fangen, wie es um den Beifang steht, welche anderen Arten sie fangen, ja noch nicht einmal, welche Arbeitsbedingungen für die Besatzungen gelten. Wir wissen jedoch genau, dass die Kalmare, auf die sie es abgesehen haben, ein wichtiger Teil dieses Ökosystems sind und Nahrung bieten für viele andere Arten, von Walen über Delfine bis hin zu Seevögeln.

Neben dem Fisch – dem eigentlichen Ziel der Fabrikschiffe, der dann zumindest konsumiert wird, wenn auch manchmal nur in Form von Tierfutter oder »Nahrungsergänzungsmitteln« – holen die Supertrawler auch eine Menge Beifang aus dem Meer. Beifang ist ein weiter Begriff, der alles meint, was sich in den Netzen befindet: von Fischen, auf die man es gar nicht abgesehen hatte, zufällig aber neben der gejagten Art schwammen, über Haie, Wale und Delfine bis zu Robben, Schildkröten und Seevögeln. In einigen Fällen wird dieser Beifang tatsächlich verkauft und verzehrt, doch ein Großteil wird einfach weggeworfen. Das Verhalten von Schiffsbesatzungen, die Hunderte Kilometer vor der Küste in Gewässern unterwegs sind, die niemandem gehören, ist offenkundig schwer zu überwachen, jedoch hat eine Studie aus dem Jahr 2019 Daten über den Beifang verschiedener Fischereien rund um die Welt zusammengetragen. Dabei kam heraus, dass die Hochseefischerei beim Einsatz von Ringwaden (ringförmigen Netzen, die um einen Schwarm herum zugezogen werden) über eine Million Tonnen Beifang, die Fischerei mit Schleppnetzen fast eine Million Tonnen und die mit Langleinen 400 000 Tonnen Beifang verbuchte.

Doch es gibt berechtigten Grund zur Hoffnung. Die Hochsee gehört zu den globalen öffentlichen Gütern – ist also angeblich für alle gleichermaßen da –, ein Artikel in der internationalen Wissenschaftszeitschrift *Science* deckte allerdings auf, dass 77 Prozent der weltweiten Hochseefischerboote aus nur sechs Ländern stammen: China, Taiwan, Japan, Indonesien, Spanien und Südkorea. Die dortigen Regierungen geben schätzungsweise 3,8 Milliarden Euro an Subventionen für ihre Flotten aus; würde man diese Zuwendungen streichen, wären viele der Operationen nicht mehr profitabel. Mit anderen Worten: Die industrielle Hochseefischerei ist für die globale Wirtschaft bedeutungslos – sie ist noch nicht einmal für die Wirtschaft einer einzelnen Nation von Belang. Würde sie eingestellt, wären die wirtschaftlichen Folgen minimal und die Erholung der Weltmeere substanziell. Es gibt also überzeugende Gründe für einen Wandel.

Im Jahr 2023 wurde im Rahmen des Seerechtsübereinkommens der Vereinten Nationen nach jahrelangen Diskussionen und Verhandlungen das Hochseeabkommen verabschiedet. Es macht die Errichtung von Meeresschutzgebieten in internationalen Gewässern möglich, außerdem verlangt das Abkommen eine Umweltverträglichkeitsprüfung für Aktivitäten auf dem offenen Meer und fordert eine gleichmäßige Aufteilung der Gewinne aus den genetischen Ressourcen, wie etwa aus Arzneimitteln, die mithilfe von Arten aus der Hochsee produziert werden. Seine ambitionierten Ziele sollen helfen, die Hochsee leichter zu schützen, womit sie sich dann folglich auch mit größerer Wahrscheinlichkeit erholen kann. Doch wie es mit der globalen Gesetzgebung eben so ist, stellt sich die politische Lage komplexer dar: Es ist schwierig und wird eine ganze Weile dauern, bis man sich über die vorgeschlagenen Schutzzonen verständigt hat, selbst nachdem der Vertrag einmal ratifiziert ist. Über die Politik der Hochseeverträge wurde bereits von anderen genug geschrieben, deshalb wollen wir uns hier auf die biologischen und ökologischen Auswirkungen konzentrieren, sollte man mit der Hochsee tatsächlich die Hälfte der Erdoberfläche unter Schutz stellen.

Einmal angenommen, wir sind nicht in der Lage, die Hochsee in ihrer Gesamtheit zum Meeresschutzgebiet zu erklären, welchen Teil sollten wir dann schützen? Wie an Land gibt es einige unverrückbare Merkmale im Ozean wie etwa Tiefseeberge, die eindeutig Tummelplätze für Lebewesen sind und damit außergewöhnlich wertvoll, doch andernorts ist das weniger eindeutig. Das bereits erwähnte »*Tagging of Pacific Predators*«-Programm belegte zum Beispiel, dass es See-Elefanten zum Treffpunkt zweier großer Wirbel hinzieht – zwei sich drehender Meeresströmungen, die sich entsprechend der Erdrotation und Oberflächenwinde bewegen. Diese Meereswirbel stoßen im Pazifik dort aufeinander, wo das warme Wasser des Südlichen Subtropischen Wirbels auf das kalte, nährstoffreiche Wasser des Subpolaren Wirbels trifft. Das Zusammenfließen der beiden führt zu einem starken Phytoplanktonwuchs. See-Elefanten und viele andere Arten profitieren vom Nahrungsangebot entlang dieser Wirbelgrenze, was nahelegt, diesen Bereich als offensichtlich wichtige

Zone zu schützen. Allerdings verschieben sich die Blüte des Phytoplanktons und das damit verbundene Festmahl je nach Jahreszeit um Hunderte von Kilometern, was die ganze Sache wieder komplizierter macht. Vielleicht liegt die Lösung für den Schutz der Hochsee also darin, sie in einem Maßstab zu sehen, der dem des offenen Ozeans selbst angemessen ist, und große Meeresschutzgebiete zu schaffen.

Genau das erhofft man sich für den Costa Rica Thermal Dome. Trotz ihres Namens erstreckt sich diese »Kuppel« entlang der Westküste Mittelamerikas, vom südlichen Mexiko über Guatemala, El Salvador und Nicaragua bis eben Costa Rica. Der in manchen Jahren bis zu 1000 Kilometer Durchmesser große Bereich entsteht, wenn warme Küstengewässer mit dem Wind und Ozeanströmungen reagieren und einen Auftrieb verursachen, der kaltes, nährstoffreiches Tiefenwasser an die Oberfläche bringt, und zwar in Form einer Kuppel, nach der dieses Phänomen benannt ist. Die Nährstoffe erschaffen einen gewaltigen Biodiversitäts-Hotspot, und das dort aufblühende marine Leben gehört zum spektakulärsten und vielseitigsten der Erde. Regelmäßig werden dort Blauwale, Thunfische, Speerfische, Mantarochen und viele Hai-, Schildkröten- und Vogelarten beobachtet. Durch den Tourismus und sowohl traditionelle als auch Sportfischerei ist diese Zone für die angrenzenden Länder von wirtschaftlichem Wert, aber natürlich wird sie auch von der Flotte der Fabrikschiffe angesteuert. Obwohl der Costa Rica Thermal Dome immer wieder seine Form ändert, ist er doch ein dauerhaftes Ereignis. Bislang war problematisch, dass sich nur Teile der Kuppel innerhalb der Hoheitsgewässer der mittelamerikanischen Staaten und damit im Geltungsbereich ihrer Rechtsprechung befinden, während der Rest in der Hochsee und jenseits einzelstaatlicher Gerichtsbarkeit liegt. Viele Menschen hoffen nun darauf, dass die Ratifizierung des Hochseeabkommens die Möglichkeit bietet, den gesamten Bereich unter Schutz zu stellen.

Sicher, der Schutz eines so großen Gebiets wie des Costa Rica Thermal Dome würde den Meereslebewesen zweifelsohne schon enorm helfen, aber Arten wie der Blauwal wandern dennoch Tausende Kilometer, bevor sie hier eintreffen – und sind unterwegs vielen Gefahren ausgesetzt. Der 2022 veröffentlichte Bericht *Protecting Blue Corridors* des WWF stellte die Ergebnisse von über 50 Forschungsteams vor, die mithilfe von Satelliten die Wanderbewegungen von mehr als 1000 Walen ganz unterschiedlicher Arten und Populationen aufzeichneten. In einer Karte zusammengefügt werden die Gefahren unübersehbar: Viele Walarten folgen ganz eigenen Routen, die sich jedoch allzu oft mit Schifffahrtsstrecken, Schwerpunkten der industriellen Fischerei und auch solchen Bereichen überschneiden, in denen Meeresströmungen Konvergenzzonen entstehen lassen, sich also große Mengen Plastikmüll, Fischereiausrüstung und anderer Abfall ansammeln. In dem Bericht werden auch Orte genannt, an denen Lärm und industrielle Entwicklungen die Navigations- und Kommunikationsfähigkeit der Wale stören könnten. Klugerweise schlägt der Bericht zugleich »Blaue Korridore« vor, um die Wanderrouten der Wale zu schützen.

Unser frisch erworbenes Wissen über diese Routen und Biodiversitäts-Hotspots wie den Costa Rica Thermal Dome weist uns auf Gegenden in der Hochsee hin, die es unbedingt zu bewahren gilt. Doch wie so häufig macht der Klimawandel die Dinge noch einmal komplizierter. Während überall auf der Welt in der Tiefe des offenen Ozeans zumeist eine konstante Temperatur herrscht, von lokalen Abweichungen aufgrund von Phänomenen wie hydrothermalen Vents oder sogenannten kalten Quellen (*cold seeps*) einmal abgesehen, ändert das Oberflächenwasser häufig seine Temperatur. Das hat schon immer beeinflusst, welche Arten hier leben, Nachwuchs zur Welt bringen oder zum Fressen kommen, doch diese einst zuverlässige Konstante verändert sich nun – und sie verändert sich schnell.

Dadurch, dass wir unseren Planeten erhitzen, steigt auch die Temperatur der Weltmeere. Die nun zusätzlich in unserem globalen Klimasystem vorhandene Energie sorgt für stärkere und immer weniger vorhersagbare Stürme, vor allem über dem Meer. Neue Wetterbedingungen an den Polen, insbesondere in der Arktis, treffen auf einen immer wärmer werdenden Ozean, veränderte Winde und sich wandelnde Meeresströmungen. Es lässt sich kaum vorhersagen, wohin das führen wird, aber wir können mit großer Sicherheit sagen, dass diese Hotspots, Futtergründe und Wanderrouten in Zukunft anders aussehen werden. Und das macht es noch vertrackter, sich für bestimmte Zonen zu entscheiden, die geschützt werden müssen. Gleichzeitig ist ebendas nur ein weiterer guter Grund, umfassende Bereiche des offenen Ozeans zu Schutzgebieten für alles marine Leben zu erklären.

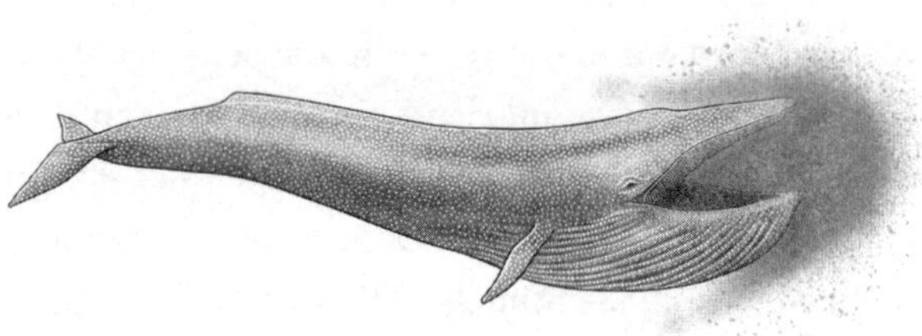

## RÜCKKEHR DER WALE

Auch noch 50 Jahre später – und obwohl man weiß, wie die Szene endet – verursacht die körnige Filmaufnahme ein Schaudern. Der 1975 von *CBS Evening News* ausgestrahlte Beitrag zeigt ein kleines Schlauchboot, das vor einem gewaltigen Schiff im Meer schaukelt. Ironischerweise sieht es für einen Moment so aus, als würde dieses winzige Gefährt auf der Bugwelle des größeren reiten, so wie es auch Delfine häufig tun – aus Spaß, dafür halten wir es zumindest. Dann allerdings kommt die Harpune in den Blick. Die *Dalniy Vostok* jagte Wale, und die Greenpeace-Aktivisten in ihrem winzigen Beiboot platzierten sich zwischen die Jäger und den Ort, wo ihren Vermutungen nach der nächste Wal auftauchen würde.

Man muss sicher eine Menge Mut aufbringen, ein winziges Boot zwischen eine Herde verängstigter Meereskolosse und ihre bewaffneten Jäger zu dirigieren, doch die Aussagen der Aktivisten nach dem Vorfall machten deutlich, dass sie sich einer weiteren Gefahr gar nicht bewusst waren – sie konnten sich nicht vorstellen, dass die Walfänger ihre Harpune abschießen würden, während sich die Umweltschützer noch in der Schusslinie befanden.

Dann passiert es: Ein Wal taucht plötzlich genau vor dem Greenpeace-Schlauchboot auf, und die *Vostok* feuert sofort. Eine Harpune, viel größer, als man erwarten würde, schießt von der Brücke des Walfängers herab. Das Geschoss saust über die Köpfe von Robert Hunter und Paul Watson hinweg und bohrt sich in die Seite des Wals. Kurz danach trifft eine weitere Harpune den Kopf eines zweiten Wals.

Unbeabsichtigt gab die *Vostok* den Anstoß zu einer der größten Umweltschutzerrungenschaften aller Zeiten und veränderte das menschliche Bewusstsein, auch noch weit über die Waljagd hinaus. Schon seit Jahrzehnten meldete die Wissenschaft Bedenken gegen die kommerzielle Jagd auf Wale an, doch diese Filmaufnahme, in einem großen Nachrichtenkanal ausgestrahlt, wird häufig als einer der beiden entscheidenden Momente genannt, in denen der Aufschrei der Öffentlichkeit in das sorgenvolle Klagelied der Wissenschaftlerinnen und Wissenschaftler einstimmte.

Der andere war der Überraschungshit eines US-amerikanischen Biologen. Roger Payne veröffentlichte im Jahr 1970 seine 34-minütigen *Songs of the Humpback Whale*. Zu dieser Zeit hätte man diesen Namen auch leicht für den Titel eines 70er-Jahre-Albums halten können, dabei war er wörtlich zu verstehen. Roger Payne war auf

Bioakustik spezialisiert und bei einer zufälligen Begegnung mit einem US-Marineingenieur über Aufnahmen von Walgesängen gestolpert: Der Ingenieur wollte mit seinen Hydrophonen eigentlich sowjetische U-Boote aufspüren, »erwischte« dabei aber die vor Ort singenden Buckelwale. Begeistert von dem, was er da hörte, machte Payne sich daran, seine eigenen Aufnahmen der Buckelwalgesänge zu erstellen und sie in Schulen und Kirchen seinem Publikum vorzuführen – am Ende wurden sie sogar vor den Vereinten Nationen abgespielt. Er hoffte, die Gesänge könnten ein wirksames Mittel sein, um eine breitere Öffentlichkeit, die nichts davon wusste, dass weltweit bereits 90 Prozent der Buckelwalpopulation getötet worden war, von der Intelligenz und Individualität der Wale zu überzeugen.

Kurz vor seinem Tod im Juni 2023 erinnerte sich der 88-jährige Roger Payne an den Eindruck, den die Aufnahmen auf das Publikum im Saal machten: »In den ersten 30 Sekunden wurde geflüstert und gekichert, da sich die Zuhörer an das tiefe, grollende Dröhnen und das hohe Quietschen gewöhnen mussten. Doch ließ man die Aufnahme länger laufen, wurde das Publikum ganz still, als wäre es in Trance.« Das Album verkaufte sich mehr als 125 000-mal, bevor das *National Geographic Magazine* weitere 10,5 Millionen Exemplare davon verteilte.

Die mutigen Aktivisten und der zufällige Hitproduzent schlugen zwei ganz unterschiedliche Breschen ins öffentliche Bewusstsein und überzeugten Millionen Menschen, dass Wale empfindungsfähige, sensible Kreaturen sind und die kommerzielle Jagd auf sie sowohl brutal als auch unnötig ist. Das Ausmaß der öffentlichen Reaktion schuf für die Umweltbewegung und die Wissenschaftsgemeinde die Gelegenheit, eine neue Form des Umweltschutzes zu versuchen. In den 1970er-Jahren war die Welt mit der Errichtung von Nationalparks, in denen wichtige Ökosysteme an Land geschützt wurden, bereits gut vertraut. Yellowstone gab es schon über 100 Jahre, und verschiedene Belege deuten darauf hin, dass der mongolische Bogd-Khan-Uul-Nationalpark schon seit mehr als 200 Jahren geschützt war. Der WWF arbeitete zu dieser Zeit schon fast 15 Jahre für den Schutz bedrohter Arten, und wissenschaftliche Forschungseinrichtungen und Universitäten hatten große Fortschritte in der Gesundheitsüberwachung sowohl bestimmter Arten als auch gesamter Ökosysteme gemacht.

Wale sind jedoch noch einmal etwas völlig anderes. Obwohl es Populationen gibt, die fest an einem Ort leben und die man daher leicht der »Verantwortung« eines einzelnen Staates zuordnen kann, wandern die meisten Exemplare nahezu aller Walarten jedes Jahr Tausende von Kilometern und durchqueren dabei die Gewässer vieler Länder und auch den gemeinsamen Raum des offenen Meeres. Was die Gesetzeslage angeht, so verbringen Wale den Großteil ihres Lebens in internationalen Gewässern und müssten daher auch als Gemeinschaftsgut betrachtet werden. Im Verlauf des 20. Jahrhunderts wurden mindestens 650 000 Finnwale abgeschlachtet, genau wie vier Fünftel aller Buckelwale, und auch der Blauwal wurde an den Rand des Aussterbens gebracht, sodass im Jahr 2001 nur noch 4700 Tiere übrig waren – im Vergleich zu rund 350 000 Exemplaren etwa 100 Jahre zuvor. In den 1960er-Jahren erreichte die Waljagd mit 700 000 getöteten Tiere ihren Höhepunkt. Da einige dieser Zahlen sowohl historische Angaben sind als auch Berichten über Waljagden entstammen, sollte man sie als Schätzungen der Gesamtzahlen betrachten – aller Wahrscheinlichkeit nach sind sie eher untertrieben.

Es wäre ungerecht, die Waljäger vom Beginn des 19. Jahrhunderts nach modernen Standards zu beurteilen. Zweifellos werden auch viele heute als »normal« geltende Praktiken zukünftigen Generationen barbarisch erscheinen, doch wenn um das Jahr 1800 herum Walöl für die Wohnungsbeleuchtung alternativlos war, so wird kaum jemand den kommerziellen Walfang vom Ende des 20. Jahrhunderts als überlebenswichtig für eine Volkswirtschaft oder den Alltag einzelner Menschen bezeichnen können. Wichtig ist jedoch, sich über den entscheidenden Unterschied zwischen kommerziellem Walfang und Subsistenz bedingtem beziehungsweise kulturell bedeutendem Walfang klar zu werden. In den 1970er-Jahren entwickelte sich der kommerzielle Walfang zu einer regelrechten Industrie, betrieben von großen, leistungsfähigen Schiffen wie der *Dalniy Vostok*, die Tausende Wale töteten, um Produkte zu erzeugen, die zu dieser Zeit auch aus anderen Materialien hätten hergestellt werden können. Das unterscheidet sie von den traditionellen Gemeinschaften, die einige wenige Wale erlegen, sei es für den eigenen Lebensunterhalt, sei es, um wichtige kulturelle Traditionen fortzusetzen – Praktiken, die über Jahrhunderte hinweg existierten, ohne dass sie der Walpopulation wesentlich geschadet hätten.

Es kam zu vorsichtigen Versuchen durch die Internationale Walfangkommission, die kommerzielle Walfangindustrie zu regulieren, was zu diesem Zeitpunkt allerdings kaum etwas veränderte. Aktivistengruppen, Anwälte, Forschende und Schulkinder auf der ganzen Welt verlangten mehr. Und trotz des öffentlichen Aufschreis blieb ein Dilemma bestehen, denn: Wie sollte ein Gesetz aussehen, das die Unterart eines Meeressäugetiers in einem Teil des Ozeans schützt, der niemandem gehört?

Die Menschheit zerbricht sich schon seit Jahrhunderten den Kopf über die Frage, wie der offene Ozean regiert werden kann. Die Auflistung dieser Auseinandersetzung liest sich inzwischen wie ein Stellvertreterkampf für die Debatten, Konflikte und Bestrebungen der Menschheitsgeschichte in den letzten 400 Jahren. Eine für die europäischen Großmächte wichtige Regel stammt aus dem späten 16. Jahrhundert, als vorgeschlagen wurde, jedes Land solle den an seine Küsten angrenzenden Meeresbereich kontrollieren, der mit den verfügbaren Waffen vom Land aus verteidigt werden konnte. Diese als »Kanonenschussweite« bekannt gewordene Regel bedeutete, dass jenseits von drei Seemeilen (etwa 5,5 Kilometer) Abstand von der Küste die internationalen Gewässer begannen. Vor diesem Hintergrund fanden Fischerei, Forschungsfahrten, Krieg und Piraterie statt.

Die Weltkriege in der ersten Hälfte des 20. Jahrhunderts setzten die Frage nach der Herrschaft über die Hochsee wieder auf die Tagesordnung. Die Industrienationen verfügten nun über die Technologie, zu fischen, zu verschmutzen, Kommunikationskabel zu verlegen und über alle Teile der Hochsee zu reisen, ganz wie sie wollten. Viele Staaten drängten auf größere Kontrolle über die Meere, die vor ihrer Haustür lagen. In einer Welt, die sich um fossile Treibstoffe, Schlachtschiffe und Fischereiflotten drehte, wirkten drei nautische Meilen nicht länger angebracht. Die Vereinigten Staaten trieben die Sache dann voran: US-Präsident Harry S. Truman, der unter dem Druck stand, seinem Land kostbare Ölfelder zu sichern, erhob 1945 Anspruch für die USA auf alle natürlichen Ressourcen auf ihrem Kontinentalschelf – der ungefähr 200 Seemeilen (370 Kilometer) umfasst. Obgleich man damit eigentlich auf Ölquellen abgezielt hatte, umfasste die neue Verantwortlichkeit dann auch Fische und Wale. Andere Staaten folgten mit ähnlichen Forderungen, je nach dem, was sie im Falle ihrer jeweiligen geografischen Lage als wertvoll und angemessen erachteten.

Zu diesem Zeitpunkt hatte die Menschheit bereits Technologien entwickelt, die ihr die Ausbeutung der Meere in einem Maße erlaubten, wie es für vorhergehende Generationen unvorstellbar gewesen wäre. Obgleich sich die Vereinten Nationen mehrere Jahrzehnte lang darum bemühten, gemeinsame Regeln für die Hochsee aufzustellen, erreichte man erst 1982 mit dem UN-Seerechtsübereinkommen eine Vereinbarung. Es regelt eine Menge, enthält jedoch nichts, was das Management des marinen Lebens außerhalb nationaler Gewässer regeln würde. Aus Sicht der Wale und Fische blieb die Hochsee ein rechtsfreier Raum. Komplizierte globale Gesetzgebung braucht ihre Zeit, doch den Walen lief genau diese davon.

Im Rückblick erscheint es unpassend, dass wir in ein und demselben Jahrzehnt zum Mond flogen und Wale wegen ihres Öls umbrachten. Tatsächlich machten jedoch immer leistungsfähigere Schiffe in immer abgelegeneren Gegenden Jagd auf Wale und nutzten den rasanten technologischen Fortschritt, um die schwindenden Bestände in den internationalen Gewässern der Hochsee aufzutreiben. Wale wurden inzwischen für eine ganze Bandbreite an Produkten genutzt, von hochwertigem Öl für Raketen bis hin zu Tierfutter. Doch kaum jemand hätte wohl ernsthaft behauptet, die globale industrialisierte Wirtschaft der 1970er-Jahre sei nicht in der Lage gewesen, die von Walen stammenden Rohstoffe durch andere Quellen zu ersetzen. Und womöglich war es genau diese Tatsache, die das Blatt zugunsten der Wale wendete.

Es kam zu einer Reihe von Gesetzgebungen, wenn auch über ein Jahrzehnt gestreckt. Die Vereinten Nationen empfahlen eine zehnjährige Einstellung des kommerziellen Walfangs, und das Washingtoner Artenschutzübereinkommen warnte, viele Walarten stünden kurz vor dem Aussterben, womit unbestreitbare Belege geliefert wurden und wodurch der internationale Druck zunahm. So war auch die Internationale Walfangkommission gezwungen, 1982 ein Moratorium für den kommerziellen Walfang zu erlassen. Nicht wenige fürchteten, es könnte zu spät sein und die Walpopulation bereits zu niedrig, als dass eine Erholung noch möglich wäre. Doch nach und nach keimte dank der Regenerationskräfte der Weltmeere neue Hoffnung. Und während die Wissenschaftswelt beobachtete, wie langsam wieder mehr Wale die Ozeane bevölkerten, lernte sie Neues über das faszinierende Leben dieser Tiere und ihre Rolle im Ökosystem Ozean.

Vor der Küste von Dominica lässt eine Pottwalmutter ihr Kalb an der Oberfläche zurück und taucht ab. Die Tiefseegräben in dieser Region sind für das, was sie beabsichtigt, ideal. Mühelos taucht sie einen Kilometer in die Tiefe hinunter, und ihr Herz verlangsamt sich auf nur fünf Schläge pro Minute. Die Walkuh kann bequem auch das Dreifache dieser Tiefe erreichen und dort 45 Minuten tauchen, denn Pottwale sind perfekt angepasst, um tief unten auf die Jagd zu gehen. Dort, wohin nicht einmal der schwächste Sonnenstrahl vordringt.

Unsere Walkuh stößt eine Reihe schneller Klicklaute aus, die so kräftig sind, dass Sie die Vibrationen im ganzen Körper spüren könnten, sofern die Geräusche in flachem Wasser erzeugt und Sie in der Nähe schwimmen würden. Hat die Walkuh mit diesem Echolot ihre Beute aufgestöbert, beschleunigt sie und wechselt augenblicklich vom Überwachen aufs Überfallen. Als größter Zahnwal und daher größtes Raubtier der Erde ist sie eine ausgezeichnete Jägerin und in diesem Moment einer gefährlichen Beute auf der Spur.

Der Koloss-Kalmar feuert eine Tintenwolke aus seinem Tintenbeutel. Da es hier unten finster ist, kann die Tinte nicht dazu gedacht sein, der Angreiferin das Sehen zu erschweren, wie es der üblichen Taktik der eher an der Oberfläche lebenden Tintenfische entspricht. Forschende vermuten daher, der Kalmar könnte lumineszente Tinte absondern, um den Feind abzulenken. Die Walkuh kommt trotzdem heran und packt den Kalmar mit den Zähnen, womit der Kampf allerdings noch keineswegs entschieden ist. Die acht Arme des Kalmars sind über zwei Meter, die zwei Tentakel über acht Meter lang und mit Saugnäpfen und Haken besetzt. Im Handumdrehen ist der Kopf des Pottwals von einem strampelnden, sich windenden Gewirr gefährlicher Gliedmaßen umschlungen. Die Walkuh beißt fest zu. Sie stillt ihr Kalb noch und braucht deshalb sehr viel Nahrung, um ausreichende Mengen ihrer hochkalorischen Milch herzustellen, die ihr Kalb täglich trinkt. Der Kalmar hat drei Herzen, von denen aus nun das blaue Blut des Tieres durch Platzwunden in den Ozean strömt. Der Kampf geht weiter, doch der Kalmar verliert zusehends an Kraft. Seine Saugnäpfe und Haken sind nicht mehr kraftvoll genug, um die Walkuh zu verletzen, und der Blutverlust ist so hoch, dass er langsam das Bewusstsein verliert. Schließlich schluckt die Walkuh den ganzen Koloss-Kalmar samt Schnabel und taucht über einen Kilometer nach oben zu ihrem Kalb ins von Sonnenlicht durchflutete Karibische Meer.

Einen solchen Kampf würde jeder Tierfilmer sicher liebend gern filmen. Diese Auseinandersetzung, ohne Zweifel eine der beeindruckendsten Jagdszenen überhaupt, können wir uns jedoch nur ausmalen und anhand von Narben auf der Haut von Pottwalen und den in ihren Mägen gefundenen Beweisen nachvollziehen. Die Schnäbel haben es verraten. Koloss-Kalmare haben einen großen, festen Schnabel aus einer Substanz namens Chitin, der von Muskelgewebe umgeben ist. Ihre Speiseröhre ist dünn, und der Schnabel zerkleinert die Nahrung in kleine Stückchen, damit diese ins Verdauungssystem gelangen können. Wird ein Kalmar von einem Pottwal gefressen, löst sich sein Gewebe rasch auf, und nur der Schnabel bleibt übrig. Beim Sezieren gestrandeter Pottwale stößt man regelmäßig auf eine große Anzahl dieser Schnäbel im Magen der Kadaver.

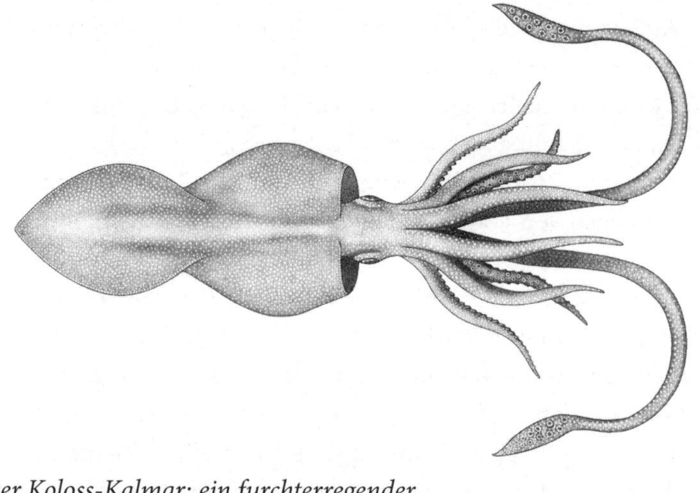

*Der Koloss-Kalmar; ein furchterregender Jäger und selbst für einen Pottwal vermutlich keine leichte Beute.*

Verblüffenderweise stellte sich heraus, dass Menschen solche durch einen Pottwalmagen gegangene Kalamarschnäbel schon seit mindestens 1000 Jahren sammeln und für Parfüm nutzen! Man kennt sie unter dem Namen »Ambra« oder »schwimmendes Gold«. Wird Ambra an Stränden angespült, kann sie wie Stein aussehen, und ihre Färbung reicht von einem dunklen Schwarz bis zu recht hellen Tönen, da sie in der Sonne mit der Zeit ausbleicht, wobei sie einen moschusartigen Duft verströmt. Hunderte Jahre lang extrahierten Parfümeure aus der Ambra einen »Ambrein« genannten Alkohol und nutzten ihn, um ihre Düfte zu fixieren. Lange wusste niemand genau, was Ambra war oder woher sie stammte. Erst im 18. Jahrhundert kam die Wahrheit ans Licht: In seltenen Fällen wandern die unverdaulichen Schnäbel der Kalmare und anderer Kopffüßer versehentlich vom Magen in den Darm des Pottwals, wo sie in einem Klumpen aneinanderhaften. In der Forschung wird vermutet, dass Ambra hier deshalb entsteht, um den Darm und weitere Organe des Wals vor Verletzungen durch die spitzen Schnäbel zu schützen. Wie die Ambra dann den Wal verlässt, ist noch umstritten, doch sie war lange Zeit ein heiß gehandelter Schatz und wird, obwohl es inzwischen synthetische Fixative gibt, in einigen wenigen teuren Parfüms noch immer verwendet.

So faszinierend dieses Geheimnis auch ist, die Verdauungsgewohnheiten von Pottwalen halten noch eine weit wichtigere Entdeckung bereit, eine mit weitreichenden Konsequenzen für das Leben im Ozean und jeden Einzelnen von uns. Pottwale mögen zwar in der Tiefsee fressen, doch sie scheiden die Überreste an der Wasseroberfläche aus. »Walhaufen« enthalten neben Eisen auch Stickstoff, der das von der Sonne beschienene Oberflächenwasser düngt. Zusammen mit der Sonnenenergie fördern diese Elemente den Wuchs von Phytoplankton, was einen doppelten Gewinn mit sich bringt: Damit gelangen zum einen andernfalls ungenutzte Nährstoffe aus der Tiefsee an die Oberfläche, wo sie zum Aufblühen der mikroskopisch kleinen Pflanzen beitragen, auf denen ganze Nahrungsketten im Meer aufgebaut sind. Zahllose marine Lebewesen profitieren davon. Zum anderen entzieht das sich ausbreitende Phytoplankton der Atmosphäre große Mengen Kohlenstoffdioxid, was zusätzlich den Klimawandel verlangsamt. Es gibt Untersuchungen, nach denen Phytoplankton nicht nur für die Hälfte des gesamten Sauerstoffs in unserer Atmosphäre verantwortlich ist, sondern auch schätzungsweise 40 Prozent des von uns zusätzlich produzierten $CO_2$ aufnimmt. Natürlich ist das alles nicht allein der »Verdienst« der Walkacke, aber der Internationale Währungsfonds hat errechnet, dass bereits ein einprozentiger Zuwachs beim Phytoplankton eine ebenso große Wirkung hätte wie das plötzliche Auftauchen von rund zwei Milliarden groß gewachsener Bäume. Sollten eines Tages die Wale wieder in so großer Zahl wie zu Zeiten vor der industriellen Jagd auf sie durch die Ozeane schwimmen, ihre Anzahl also von heute 1,5 Millionen auf vier oder fünf Millionen Tiere ansteigen, wären die Auswirkungen auf die Produktivität der Weltmeere und den Klimawandel enorm.

Das gibt Anlass zu großer Hoffnung. Seit das Walfangmoratorium erlassen wurde, erholen sich die Walbestände. Manche Populationen wachsen schnell, andere, wie der Blauwal, holen nur langsam auf. Doch insgesamt sind die Anzeichen positiv. Theoretisch würde man erwarten, dass sich die meisten Walarten langsam, aber stetig erholen, solange dieses Jagdmoratorium gilt. Wir sollten aber nicht selbstzufrieden werden. Nicht nur, dass es berechtigte Sorgen gibt, da einige Staaten darauf drängen, unter dem Deckmantel des »wissenschaftlichen Walfangs« zur kommerziellen Waljagd zurückkehren zu dürfen, auch andere, wahrscheinlich weniger bekannte Risiken beunruhigen.

Jeden Winter schwimmen 10 000 nordpazifische Buckelwale –

etwa die Hälfte des gesamten Bestands – nach Hawai'i, vor allem um dort ihre Kälber zu gebären. Sie reisen dabei von den in höheren Breitengraden gelegenen Futtergründen, etwa vor British Columbia oder dem Golf von Alaska, an. Unterwegs durchqueren sie die Hochsee und kreuzen dabei wichtige Seefahrtswege sowie den *Great Pacific Garbage Patch*, eine gewaltige Müllansammlung. In diesem Müllstrudel, der mindestens zur Hälfte aus Plastik aus der Hochseefischerei besteht, verfangen sich immer wieder Wale, wobei sie verenden oder zumindest stark geschwächt werden. Außerdem kommt es in dieser Gegend häufig zu Zusammenstößen mit Schiffen.

Bis vor Kurzem hielten wir die Hochsee für derart riesig, dass wir es nie für möglich gehalten hätten, dass sie von unserem menschlichen Tun ernsthaft betroffen sein könnte. Die Regierungen vieler Länder ließen regelmäßig Giftmüll und sogar chemische Kampfstoffe ins Meer ableiten, ohne zu ahnen, dass sie damit ganze Nahrungsketten schädigten und dass es die Reste sogar in unsere Körper zurückschaffen. Doch wie wir schon an Land feststellen mussten, war der Schutz einzelner Arten vor der Jagd vielleicht ausreichend, als noch genügend Flächen frei von jeglichem menschlichen Zugriff waren, doch jetzt – im Anthropozän, dem Zeitalter der Menschen – sind wir überall. Und daher ist der Schutz einzelner Arten nicht genug, wir müssen das ganze Ökosystem in den Blick nehmen.

Die Vereinten Nationen verabschiedeten im Sommer 2023 ein neues Hochseeschutzabkommen. Es wurde, wenn auch vorsichtig, von vielen Naturschutzorganisationen mit Fug und Recht als erster Schritt auf dem richtigen Weg zu Schutzzonen außerhalb nationaler Gerichtsbarkeit begrüßt. Nun wird es vielleicht möglich, dass nach und nach zu gegebener Zeit »Blaue Korridore« und andere Maßnahmen für den Schutz der Hochsee folgen werden, doch es dürfte noch lange dauern, bis ein wirklicher Wandel einsetzt. Das Abkommen muss von mindestens 60 UN-Mitgliedsstaaten ratifiziert werden, und bevor tatsächlich Meeresschutzgebiete entstehen, müssen die schützenswerten Gebiete zunächst vorgeschlagen und von regionalen Fischereiverbänden bestätigt werden, die womöglich für eine Beibehaltung der dortigen Fischerei plädieren.

Zur Wirklichkeit gehört nämlich, dass die Mühlen der globalen Gesetzgebung, so wichtig sie auch ist, langsam mahlen. Daher handeln einige Menschen bereits jetzt im Bestreben, den Walen mehr Zeit und mehr Platz zu verschaffen.

Dr. Enric Sala steht auf den Klippen Dominicas und schaut auf das neu geschaffene Pottwalschutzgebiet hinab. Vor Dominica leben mindestens 200 Pottwale, und die hier im Meer vorhandenen tiefen Gräben und Tiefseeberge werden wahrscheinlich von noch viel mehr Tieren besucht. Wissenschaftlerinnen und Wissenschaftler haben das ungewöhnliche Verhalten der sesshaften Population untersucht, die nämlich gerade das ist – sesshaft. Sie bleibt den Großteil des Jahres vor Ort, verharrt in der Ostkaribik und scheint viel weniger zu wandern als die meisten anderen Wale. Dr. Salas Programm, es trägt den Namen *National Geographic Pristine Seas,* kooperiert mit nationalen Regierungen und lokalen Gemeinschaften, um das jeweilige örtliche marine Leben zu untersuchen und auf wissenschaftlichen Erkenntnissen basierende Schutzmaßnahmen für das Meer zu ergreifen. Sein Team arbeitete eng mit der hiesigen Regierung zusammen, um im Jahr 2023 bei der Errichtung des Pottwalschutzgebiets vor Dominica zu helfen.

Dr. Shane Gero, der mehr als 20 Jahre lang Dominicas Pottwale studierte, erklärt, dass in diesem Zeitraum die Zahl der Pottwale vor der Insel immer weiter zurückging. Überall im Ozean, also auch im ostkaribischen Meer, werden Wale von Schiffen angefahren, verheddern sich in Fischereiausrüstung und leiden unter der Umweltverschmutzung. In Dominica hingegen könnte sich all das nun ändern.

Das Land erklärte die vor Ort lebenden Pottwale zu Staatsbürgern: Denn schließlich, so Enric Sala, »lebten ihre Vorfahren vermutlich schon vor uns Menschen hier«.

Um die Pottwale zu schützen und zur Erholung ihres Bestands beizutragen, stellte Dominica einen 900 Quadratkilometer großen Bereich – größer als die Insel selbst – unter Schutz, sodass dort kommerzielle Schifffahrt verboten werden konnte, abgesehen von einem Kanal zum wichtigsten Hafen des Landes. Die Pottwale haben nun einen sicheren Bereich zum Fressen, Ausruhen und zur Aufzucht ihrer Kälber.

Dominicas Regierung ließ sich hierbei vom erfolgreichen Schutz der Berggorillas in Ruanda und Uganda inspirieren, wo Einnahmen aus dem Tourismus und die neu geschaffenen Jobs deutlich mehr einbringen, als es durch die Rodung der Wälder je möglich gewesen wäre. Heute gilt der Schutz der Berggorillas als eines der gelungensten Beispiele für Ökotourismus weltweit.

Als Dominica das Meeresschutzgebiet 2023 ankündigte, hob der amtierende Ministerpräsident Roosevelt Skerrit einen doppelten Gewinn für sein Land hervor: Eine begrenzte Anzahl wohlhabender Touristen könne mit den Pottwalen schnorcheln oder auf Booten zur Walbeobachtung aufs Meer fahren, und die Einnahmen aus diesen Aktivitäten würden die Ausgaben für Überwachung und Verwaltung des Schutzgebiets decken, Bildungsprogramme finanzieren und der Inselgemeinschaft eine ganze Reihe weiterer Vorteile bringen. Und zudem werde die Tatsache, dass die Pottwale in der Tiefsee fräßen und an der Oberfläche ihren Darm entleerten, zum Planktonwachstum beitragen, was nicht nur zu einem gesunden marinen Ökosystem führe, sondern der Atmosphäre auch noch Kohlendioxid entziehe.

Enric Sala ergänzt noch einen dritten Vorteil: Das Schutzgebiet wird auch anderen Meeresbewohnern die Möglichkeit zur Regeneration bieten, was den Fischbestand erhöht und den örtlichen Fischern langfristig einen nachhaltigen Fang sichert.

Das ist ein wunderbares Beispiel für einen positiven Kipppunkt – einen Wandel, der von selbst immer größer werdende Verbesserungen mit sich bringt.

Den kommerziellen Walfang zu beenden, war eine der größten Errungenschaften in der Geschichte des Umweltschutzes, und das wird zu Recht auch noch Jahrzehnte später gefeiert. Nun, da sich viele Walarten erholen, verdeutlicht uns ihre inzwischen wieder verstärkte Präsenz, wie wichtig sie für den Ozean und uns alle sind. Doch im Anthropozän, in dem die Menschen jeden Bereich der Weltmeere beeinflussen, müssen wir zuallererst die Heimat der Wale schützen, wenn wir sie wirklich retten wollen.

KAPITEL 4

# KELPWALD

## SEEOTTER, SÜDKALIFORNIEN

Als ich in meinem Neoprenanzug über einem Unterwasserwald vor der Küste Südkaliforniens trieb, fand ich mich unvermittelt in Begleitung einer der glückseligsten Kreaturen: Auf den Rücken gedreht, alle vier Pfoten zum Wärmeschutz eng an den pelzigen Körper gedrückt, leicht schaukelnd, was an ein noch in den Windeln steckendes Baby denken ließ, schwamm da ein Südlicher Seeotter. Man hatte sie früher häufig in großen Gruppen aus mehreren Hundert Tieren gesehen, doch dieser hier war allein und schien auch nicht sonderlich beeindruckt von meinen vergleichsweise plumpen Versuchen, neben ihm zu treiben.

Ich war keine 200 Meter von der Küste entfernt und wollte mit meiner Kamera einen Film über die Tierwelt an der Pazifikküste der Vereinigten Staaten drehen. Sah ich zurück zum Ufer, konnte ich noch ein paar Häuser und ein seltsames Auto erkennen, doch wenn ich nach unten blickte, wurde mir überdeutlich, dass ich mich in der Wildnis befand. Der Wald unter meinem Otter-Begleiter und mir bestand aus Riesentang, dessen Wedel alle einzeln über ein Haftorgan etwa 45 Meter unter mir auf einem Stein auf dem Meeresboden befestigt waren. Ich hatte nur eine Schnorchelausrüstung dabei, insofern war diese Tiefe für mich außer Reichweite. Nicht jedoch für meinen Nachbarn. Immer wieder tauchte er so tief, dass ich ihn nicht mehr sehen konnte. Die Hinterflossen eines Seeotters haben Schwimmhäute und sind relativ flach, und obwohl sie damit auch an Land flott unterwegs sind, erweisen sie sich als extrem effektive Taucher. Sie können Nasenlöcher und Ohren verschließen, und ihre Lungen sind so groß, dass sie nicht nur problemlos schwimmen, sondern auch bis zu vier Minuten am Stück unter Wasser bleiben können. Dieser Otter tauchte in einer der reichsten marinen Umgebungen der Erde, weshalb die Futtersuche keine Herausforderung war.

Diese kalten, aber von der Sonne durchfluteten Wasser sind von Natur aus reich an Nährstoffen, doch es ist der Tang, der hier für Biodiversität sorgt. Die großen Wedel bieten mit ihren gewaltigen Blättern einer Vielzahl an Lebewesen wie Lengdorschen, Zahnlippfischen und Stachelköpfen und deren Brut einen sehr effektiven Schutz und reichlich Nahrung. Schnecken, Seeohren und Seeigel fressen die schnell wachsenden Blätter. Oktopusse schießen zwischen den Felsen hin und her, Quallen pulsieren durch die Seetangstängel, und Robben, Rochen und hin und wieder auch ein Wal suchen in diesem vielfältigen Ökosystem nach Essbarem.

Plötzlich tauchte der Otter wieder neben mir auf. Er hatte seine empfindlichen Tasthaare und die Vorderpfoten genutzt, um eine Muschel auf dem Grund aufzustöbern und einzusammeln. Zurück an der Oberfläche und auf dem Rücken liegend zog er sowohl eine Muschel als auch einen Stein aus einer Felltasche unter den Vorderbeinen. Ich war von seinen handwerklichen Fähigkeiten fasziniert und sah zu, wie er den Stein auf seinem Bauch balancierte und dann die Muschel wiederholt daraufschlug, bis die Schale zerbrach. Seeotter gehören zu den wenigen Tierarten, die wie Menschen regelmäßig Werkzeuge einsetzen. Und vielleicht noch bemerkenswerter ist, dass sie das nicht nur auf der Wasseroberfläche treibend tun, sondern auch beobachtet wurden, wie sie genauso vorgingen, um tief unter Wasser große Seeohren aus ihren Schalen zu lösen.

Seeotter fressen viele der Bewohner des Kelpwaldes, doch sie haben eine besondere Vorliebe – Seeigel. Diese fast kugelförmigen, stacheligen Wirbellosen leben auf Felsen und dem Boden fast aller Ozeane der Welt. In einem gesunden, ausbalancierten Kelpwald spielen sie eine wichtige Rolle und fungieren als eine Art Seetanggärtner. Sie nagen die auf den Felsen wachsenden Algen ab und schaffen damit Einkerbungen, in denen sich der Tang mit seinen Haftorganen verankern kann. Von diesen großen Blättern aus schießt der Tang aufwärts, manche Arten im unglaublichen Tempo von bis zu 60 Zentimetern pro Tag.

Bleiben Seeigel unangetastet, können sie einen solchen Wald allerdings vollständig zerstören, indem sie das Haftorgan des Tangs fressen, wodurch die Pflanze ihrer Befestigung beraubt ins offene Meer davontreibt und irgendwann auf den Grund sinkt. Damit das nicht passiert und das Ökosystem im Gleichgewicht bleibt, gibt es außer dem Otter noch weitere Tierarten, wie etwa den Schafskopf-Lippfisch und den Sonnenblumen-Seestern, die Seeigel fressen. Der effektivste Seeigelvertilger ist und bleibt allerdings der Seeotter. Er frisst täglich etwa 25 Prozent seines Körpergewichts, hat also gewaltigen Appetit. So kann ein einziger Otter Hunderte Seeigel pro Tag fressen – dazu dreht er sie, um die langen Stacheln auf der Oberseite zu umgehen, und greift sie auf der Unterseite an, wo die Stacheln kürzer sind.

Wie wichtig Seeotter sind, wurde deutlich, als nach 200 Jahren Jagd auf sie fast keine mehr übrig waren. Obwohl sie im Meer leben, haben Seeotter erstaunlicherweise keinen Blubber, also kein Fettgewebe unter der Haut. Sie besitzen stattdessen das dichteste Pelzkleid aller Säugetiere, ein doppelschichtiges Fell, das sie im kalten Wasser warm hält und für das sie im 18. und 19. Jahrhundert – im Gegensatz zu Robben, die der Mensch wegen ihres Fetts und anderer Rohstoffe jagte – in riesiger Zahl erlegt wurden. In der Folge schrumpfte die weltweite Population der Seeotter von etwa 150 000 bis 300 000 Tieren auf weniger als 2000 Exemplare.

Die Zahl der Seeigel explodierte. Infolgedessen verschwanden viele Kelpwälder fast vollständig und mit ihnen ein großer Teil des Lebens, das hier Nahrung oder Unterschlupf fand. Das fein austarierte Gleichgewicht dieses komplexen Systems wurde auf verheerende Weise ruiniert, indem man gezielt eine entscheidende Art aus ihm entfernte.

Dabei gibt es vielversprechende Hinweise, dass dieser Prozess umkehrbar ist. Als die Jagd auf Seeotter Anfang des 20. Jahrhunderts verboten wurde, erholte sich ihre Zahl in den wichtigen Gegenden ihres ursprünglichen Verbreitungsgebiets langsam wieder. Der Bestand ist noch nicht vollständig zurück, doch dort, wo wieder Seeotter leben, sind die Auswirkungen auf den Kelpwald häufig spektakulär. Indem die Otter die Seeigel wegfressen, bekommt der Tang eine Ruhepause. Er wächst wie gesagt sehr schnell und kann daher schon nach kurzer Zeit einen Lebensraum bieten, der zahlreiche andere Arten anzieht. An vielen Stellen, beispielsweise in der Bucht Südkaliforniens, in der ich schwamm, ist der Tang an der Oberfläche wieder so dicht, dass Vögel wie der Fischreiher darauf stehen können, während sie nach Fischen Ausschau halten. Aus gewisser Entfernung sieht es gar aus, als könnten sie auf dem Wasser laufen – ein passendes Bild, da die Erholung des Kelpwaldes einem kleinen Wunder gleichkommt.

DA

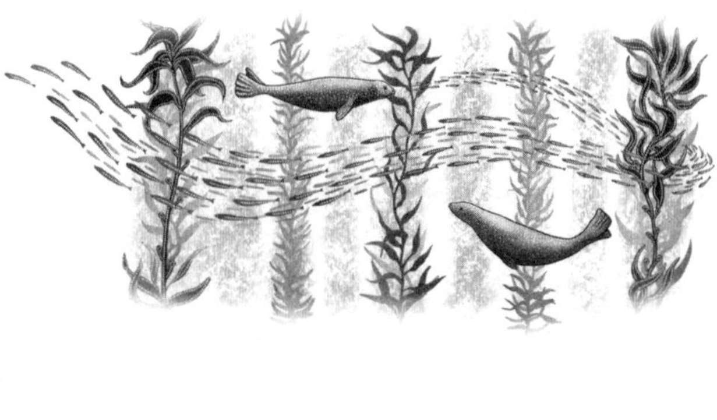

Geplant war die Expedition für zwei Jahre. Aber es gab so viel zu erkunden, dass das Schiff erst fast vier Jahre, nachdem es im englischen Plymouth abgelegt hatte, an dem Ort anlandete, der ihm den Eingang in die Geschichtsbücher sichern sollte. Die Expedition hatte zunächst südwärts über den Atlantik gesteuert, war an den Azoren und den Kapverdischen Inseln vorbeigefahren, hatte dann Kap Hoorn umrundet und war, nach einem Stopp in Lima, rund 1000 Kilometer über den Pazifik gesegelt, um auf eine Gruppe aus 19 Inseln zuzuhalten. Am 15. September 1835 erreichte die HMS *Beagle* den Archipel, und Charles Darwin hielt in einer Bemerkung zunächst fest, die Galapagosinseln seien öde.

Er hielt allerdings auch fest, dass Riesentangwälder viele der Inseln umschlossen. Diese beiläufige Bemerkung wurde jedoch mit der Zeit von seiner weltverändernden Schrift über die Galapagosfinken und dem sich daraus ergebenden Beweis für seine Theorie der Evolution durch natürliche Selektion verdrängt. Doch während seiner fünfjährigen Reise mit der *Beagle* beobachtete Darwin regelmäßig eine Unmenge Tang in kaltem klarem Wasser. Die Pflanze faszinierte ihn offenbar so sehr, dass er daraus schlussfolgerte, Tang sei »ein Meereserzeugnis […], das aufgrund seiner Bedeutung einer eigenen Geschichte würdig ist«. Weiter schrieb er:

> *Ich kenne wenige Dinge, die so überraschend sind wie der Anblick einer Pflanze, die inmitten der großen Brecher des westlichen Ozeans wächst und gedeiht […]. Die Anzahl der Lebewesen aller Ordnungen, deren Existenz aufs engste vom Kelp abhängt, ist wunderbar. Man könnte einen dicken Band verfassen, nur um die Bewohner eines dieser Seetangfelder zu beschreiben.*

Wie viele Wissenschaftlerinnen und Wissenschaftler nach ihm erkannte Darwin, dass er bei jedem neuen Blick in den Kelpwald auf noch mehr Lebensformen darin stieß, was ihn zu der Bemerkung veranlasste, dass jedes Mal, wenn er Tang ausschüttelte, »unzählige kleine Fische, Muscheln, Kopffüßer, Krebse aller Ordnungen, Seeigel, Seesterne, schöne Holothuriae, Planariae und krabbelnde Nereiden in einer Vielzahl von Formen« herausfielen. Er verglich die Diversität des Lebens in Kelpwäldern mit dem, was er in tropischen Regenwäldern in Südamerika gesehen hatte, und kam zu dem Ergebnis, dass die Kelpwälder von größerer Bedeutung sein dürften:

> *Doch würde in einem Land ein Wald zerstört, glaube ich nicht, dass auch nur annähernd so viele Tierarten zugrunde gehen würden wie hier durch die Zerstörung des Kelp.*

Darwin erkannte, dass unter den Blättern dieser Pflanzen zahllose Fischarten lebten, die nirgendwo sonst Nahrung und Unterschlupf finden konnten, und dass mit der Zerstörung des Kelpwalds auch Kormorane, Taucher und andere fischende Vögel sowie Seeotter, Robben und Schweinswale verschwinden würden.

Wenn wir an Algen denken, entsteht in den Köpfen der meisten von uns vermutlich ein Bild von sich ausbreitenden grünen Pflanzen, vielleicht in einem Teich oder als Teppich an einem Flussufer. Aber machen Sie sich klar, dass Algen 50 Meter hoch werden und bis zu 60 Zentimeter am Tag wachsen können. Diese gewaltigen Wälder entstehen in kaltem klarem Wasser, in dem sie durch Fotosynthese gedeihen und das gleichzeitig turbulent genug ist, damit immer wieder Nährstoffe zugeführt werden. Seetang ist eine Alge im Superformat. Auch wenn er in mancherlei Hinsicht einem Wald an Land ähnelt, so hat er doch keine Wurzeln im Untergrund und kann daher keine Nährstoffe aus dem Boden ziehen. Er hält sich mit einem gestielten Stumpf, dem Haftorgan, an Felsen, Austernbänken oder ähnlich festen Substraten am Ozeanboden fest und holt sich alles, was er zum Wachstum braucht, aus Sonnenlicht und Wasser.

Neben diesem Riesentang, der eine erstaunliche Höhe erreichen kann, gibt es noch weitere 134 Seetangarten in unseren Ozeanen und zusätzliche 550 Arten Wald bildender Algen, die oft in deren Nähe leben. Die Begriffe können hier verwirren, da »Seetang« und »Kelp« häufig gleichbedeutend verwendet werden, dabei ist wichtig zu wissen, dass Kelp, aus dem sich die Unterwasserwälder bilden, eine Art Seetang ist und beide zu den Algen gehören.

Seetang kommt in sehr vielen verschiedenen Größen und Formen vor. Es gibt Arten, die flach über dem Meeresboden wachsen, andere richten sich mithilfe ihres Stängels im Wasser auf, wieder andere wachsen noch weiter, bis sie die Wasseroberfläche erreichen. Es gibt Kelp mit langen, fließenden Blättern oder mit knolligen Basen, mit dicht gepackten buschigen oder mit dünnen Blättern. Während einige Arten sehr groß werden, erreichen andere nur eine Höhe von wenigen Metern – und selbst sie können zehn Jahre und älter werden. Dank dieser Diversität konnte sich Kelp auf mehr als 30 Prozent der weltweiten Küstenlinien ausbreiten, angefangen von gemäßigten bis hin zu polaren Regionen, wobei er in nährstoffreichen Gewässern geschätzt mehr als zwei Millionen Quadratkilometer bedeckt.

Doch ganz gleich, wie nährstoffreich das Wasser auch sein mag, Tang braucht ausreichend Sonnenlicht, das in die Tiefe vordringt und sein Wachstum ankurbelt. Ist das Wasser klar genug, kann man Seetang auch noch in Tiefen von 45 Metern finden, wie im Meer vor Zentralkalifornien, bei bis zu 68 Metern im Südlichen Ozean und bis zu verblüffenden 131 Metern entlang einer küstennahen Untiefe im südlichen Kalifornien. Und wo immer Tang wächst, unabhängig von seiner Tiefe und Größe, blüht das Leben auf.

Der Kelp-Curler (*Peramphithoe femorata*), ein kleines garnelenartiges Krebstier mit acht Gliedmaßenpaaren, wählt sorgfältig einen Seetangwedel aus. Er zieht eine Kante des Blattes so weit über seinen Körper, bis es die andere Kante berührt, wodurch ein Hohlraum entsteht. Dann klebt er den Wedel mit einer von ihm erzeugten Substanz zusammen, die man als »Amphipodenseide« bezeichnet, und schafft sich so in kürzester Zeit einen perfekt getarnten Unterschlupf von der Größe und Form einer Erbsenschote. Das Tierchen bleibt in seiner Unterkunft verborgen, wobei sich bald eine Komplikation ergibt: Sein Häuschen ist auch seine Nahrung. Nach vier bis fünf Tagen hat er so viel von dem Blatt abgenagt, das es keinen Schutz mehr bietet. Der Kelp-Curler muss weiterziehen. Dabei benutzt er seine vorderen Antennen, um die Umgebung nach Gefahren abzusuchen, und sobald er überzeugt ist, sicher zu sein, wagt er sich hinaus. Schnell eilt er auf seiner Suche nach einem neuen Unterschlupf zwischen den Wedeln hin und her, riskiert es aber nur so lange wie nötig, im Freien zu bleiben. Aus gutem Grund: Diese Krebstiere stehen auf dem Speiseplan vieler Fische im Kelpwald.

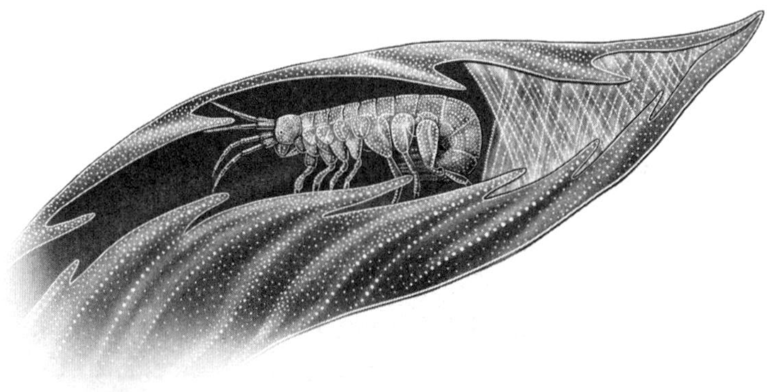

*Ein Kelp-Curler in seinem Zuhause, das zugleich sein Mittagessen ist.*

Der Kelp-Curler ist nur ein Beispiel für die zahllosen Verbindungen zwischen den Arten innerhalb des Kelpwaldes. Schwimmt man zum ersten Mal durch diesen Wald, wird einem vor lauter lebhaftem Treiben fast schwindelig. An der Oberfläche sind die Wedel häufig so dick und miteinander verwachsen, dass – ich sagte es bereits – Seevögel auf ihnen hocken können, während sie sich ausruhen oder auf eine vorbeischwimmende Mahlzeit warten. Taucht man durch diese obere Matte hindurch, öffnet sich etwas mehr Raum, und man kann sich zwischen den »Stämmen« dieses Waldes hindurchschlängeln. Lässt man sich Zeit, erkennt man die Ähnlichkeiten mit den unterschiedlichen Zonen des Lebens in einem tropischen Regenwald. In den Baumwipfeln, in der Nähe des Sonnenlichts, wohnt eine eigene Gemeinschaft – sie nutzt die Ressourcen darunter, kehrt dann aber schnell ans Licht zurück. Unter den »Kronen« leben Arten wie Schnecken und Garnelen, die einen Großteil ihres Daseins auf einem einzigen Wedel verbringen. Mittelgroße Bewohner wie der *Paralabrax clathratus* aus der Familie der Sägebarsche oder der *Sebastes melanops* aus der Familie der Stachelköpfe sind sowohl Jäger als auch Beute – sie huschen instinktiv weg, sobald ein Taucher auf sie zuschwimmt, doch sie fliehen nicht ganz. Und dann sind da noch die großen Tiere wie Seelöwen – klug, sozial und neugierig, beinahe wie Affen im Regenwald. Da sie nur selten als Beute infrage kommen, suchen sie im Kelpwald Futter oder ihr Vergnügen – zutraulich nähern sie sich Menschen und sausen dann wieder davon.

Dort, wo das Licht nur noch ganz schwach ist, erreicht man das untere Stockwerk, den Meeresboden. Der Mangel an Sonnenstrahlen verhindert nicht, dass auch hier das Leben gedeiht. Ausscheidungen von oben ernähren Hummer, Krabben, Seesterne, Seeigel und Weichtiere wie Meeresschnecken. Der steinige Meeresboden selbst ist vollbesetzt mit Wirbellosen: Jede Handvoll des groben Sands zwischen den Steinen enthält wahrscheinlich mikroskopisch kleine Arten, die die Wissenschaft noch gar nicht kennt. Wie im Regenwald tauchen auch hier am Waldrand immer wieder große Raubtiere auf, was einem beim Tauchen ein vages Unwohlsein verursacht. Kehren wir also besser an die Oberfläche zurück.

Die physische Größe eines Kelpwaldes beeinflusst auch die Welt um und in ihm. Ein großer Kelpwald wirkt sich auf die Strömung des Wassers aus – was häufig auch von der Küste aus bemerkbar ist, insofern als das Wasser unruhig und rau ist, bevor die Wellen den Kelpwald erreichen, um anschließend in kleinen, klaren Wellen auszulaufen. Genau aus diesem Grund mögen Surfer Kelpwälder, doch die sanften Wellen haben auch einen praktischen Nutzen für die Waldbewohner darunter: Sie befördern Nährstoffe aus höheren Schichten sanft nach unten. Die Masse und physische Präsenz eines Kelpwaldes beeinflussen zudem, was hier lebt. Seiner Größe entsprechend, und damit der Menge an Leben, die er ermöglicht, zieht er Ozeanräuber an, und das Ausmaß des Schattens, den seine Wedel an der Oberfläche erzeugen, bestimmt, was darunter wächst. Folglich hilft Kelp durch sein Wachstum, ein ganzes Habitat zu erschaffen – wobei er zugleich selbst am unteren Ende von dessen Nahrungskette steht.

Kelpwälder sind unglaublich produktiv, doch wie so viele Lebensräume auf unserem Planeten funktionieren sie am besten als Teil eines ausgeglichenen, florierenden Ökosystems. Ebenso faszinierende wie beunruhigende Untersuchungen aus San Francisco und Südafrika lassen befürchten, dass bestimmte Veränderungen in unseren Ozeanen, die scheinbar nichts mit Seetang zu tun haben, das Gleichgewicht des Lebens in einem Kelpwald erheblich durcheinanderbringen könnten.

Die Braunalgenwälder rund um die Farallon-Inseln vor der Küste von San Francisco beherbergen fünf verschiedene Robbenarten. Dieses reichhaltige Nahrungsangebot zieht Jäger wie den Weißen

Hai an – fast nirgends sonst auf der Welt kommt er in solch großer Zahl vor wie hier. Zu gewissen Zeiten des Jahres versammeln sich mehr als 100 dieser Tiere vor Ort, vor allem, um Robben zu jagen. Allerdings scheint die Herrschaft der Haie über dieses Gebiet in dem Moment hinfällig zu werden, in dem Orcas eintreffen. Orcas sind eine der sehr wenigen Arten, die Weiße Haie aktiv jagen und töten, weshalb die Haie lieber weiterziehen, sobald Orcas in einen wenige Kilometer großen Umkreis um die Farallon-Inseln eindringen. Dann werden auch weniger Robben erlegt. Ähnliches wurde vor Südafrika beobachtet. Die mit diesem Phänomen vertrauten Wissenschaftler und Wissenschaftlerinnen befürchten, dass nun ein Ungleichgewicht im Kelpwald auftreten könnte, da die Orcas bislang weniger Robben fressen als die Haie zuvor. Die wachsende Zahl der Robben könnte daher in Zukunft die Fisch- und Hummerbestände dezimieren, was wiederum den Seeigeln mehr Möglichkeiten lässt, sich zu vermehren und den Tang abzugrasen. Die Nahrungskette droht aus dem Gleichgewicht zu geraten.

Wir müssen also noch viel dazulernen. Was treibt die Orcas in diese Gegenden? Ist ihr Auftauchen das Ergebnis eines anderen Ungleichgewichts in unserem sich immer schneller verändernden Ozean? Werden die Orcas mit der Zeit die Robbenpopulation genauso im Zaum halten, wie es die Haie getan haben? Das alles wissen wir noch nicht, aber dieses Beispiel zeigt die Feinheiten des Kelpökosystems und die wechselseitigen Abhängigkeiten von Arten, die nur selten direkt miteinander interagieren.

Kelpwälder können sogar Hunderte Kilometer von ihrem Standort entfernt neue Lebensräume erzeugen. Bei starken Stürmen wird immer wieder Seetang vom Meeresboden abgelöst, was zum normalen Lebenszyklus dazugehört. Manche Seetangarten haben sich dahingehend entwickelt, dass sie ihre Sporen genau in dem Moment abgeben, in dem ein Sturm aufkommt, um diese großflächig zu verbreiten und somit einen Wald an anderer Stelle anzusiedeln. Viele Jahrzehnte gingen wir davon aus, dass bei einem Sturm und Wellengang losgerissener Tang an die Küste gespült wird und sich dort mit der Zeit auflöst. Das geschieht sicher auch, wie jeder bestätigen kann, der schon einmal in der gemäßigten Zone am Strand spazieren ging. Doch Forschende haben bei der Untersuchung der Ozeane inzwischen erkannt, dass erhebliche Mengen Kelp auch auf das offene Meer hinausgetragen werden. Man stieß auf große Flächen aus Riesentang, Hunderte Kilometer von der nächsten Küste entfernt, und fand über 150 unterschiedliche Arten mariner Lebewesen darauf oder um sie herum. Eine Forschungsarbeit schätzte sogar, dass womöglich bis zu 70 Millionen Kelpflöße im Südlichen Ozean unterwegs sein könnten.

Das Ausmaß dieser Flöße und der auf ihnen transportierten Arten ist derart gewaltig, dass inzwischen Untersuchungen angestellt werden, ob nicht Seetang für die Ausbreitung nicht einheimischer, also potenziell invasiver Arten über große Entfernungen verantwortlich ist und, falls das zutrifft, welche Rolle er bei der Kolonisierung verschiedener Arten an unterschiedlichen Orten der Welt gespielt hat. So könnte sich die kleine Muschel *Gaimardia trapesina* als Mitfahrerin auf Kelpflößen im kräftigen Antarktischen Zirkumpolarstrom über den Südlichen Ozean ausgebreitet haben. Theoretisch wäre ein solches Kelpfloß, das 100 Tage intakt bleibt, in der Lage, auf dieser starken Strömung rund 4000 Kilometer weit zu treiben.

Allerdings werden die meisten dieser Kelpflöße nicht an abgelegenen Stränden angespült – ihre Reise endet auf dem Meeresgrund. Soweit wir wissen, ist es eine Kombination verschiedener Ursachen, die sie schlussendlich sinken lassen: Stürme, ihre Luftbläschen, die sich auflösen (damit verlieren sie Auftrieb) und ihre Gewichtszunahme (es wachsen immer mehr Arten auf ihnen). Sinken sie dann hinab, bilden sie eine wichtige Nahrungsquelle für Tiefseeweidegänger und zersetzende Mikroben. Wird der Meeresgrund nicht zerstört, wird der vom Seetang der Atmosphäre während der Fotosynthese entzogene Kohlenstoff in Tausenden Meter Tiefe gespeichert. Auf diese Art und Weise helfen uns Kelpwälder auch bei der Bekämpfung des Klimawandels. Doch Seetang als solcher scheint empfindlich auf die Erwärmung der Ozeane zu reagieren.

Es ist gut dokumentiert, dass die meisten Seetangarten nur in kaltem Wasser gut gedeihen – wir müssen uns anschauen, wo sie gefunden werden: entlang der atlantischen Küsten von Europa und Nordamerika, vor Chile, Kalifornien, British Columbia und Südafrika. Diese Gewässer haben selten weniger als fünf Grad Celsius, aber entscheidend sind die Sommertemperaturen, schließlich ist es die Hitze, die für das Tangwachstum schädlich ist. Als marine Hitzewellen im Jahr 2011 die Kelpwälder vor Westaustralien und 2014 vor Kalifornien zerstörten, erkannten Forschende, dass wir durch die Erwärmung des Planeten die Kelpwälder am Wachsen hindern. Das wiederum hat negative Auswirkungen aufs Klima, denn die Kelpwälder sind nun mal wichtige Kohlendioxidspeicher; steigt die Temperatur an und wächst weniger Kelp, verbleibt noch mehr Kohlendioxid in der Atmosphäre, was zu einem weiteren Temperaturanstieg führt.

Im kalifornischen Diablo Cove erlaubte der Bau eines Atomkraftwerks eine wichtige Langzeitstudie, um die Hypothese mit der Wirklichkeit abzugleichen. Das aus dem Reaktor ins Meer abgeleitete Kühlwasser erhöhte die örtliche Wassertemperatur um 3,4 Grad Celsius (ähnlich viel wie das El-Niño-Phänomen). Die an der Untersuchung beteiligten Wissenschaftler stellten Veränderungen im gesamten Kelpwaldbereich fest: Die Zahl der Seetangarten ging deutlich zurück, während andere Algentypen um bis zu 3000 Prozent zulegen konnten. Die Population der Seeigel und grasenden Schnecken stieg explosionsartig an, aber auch räuberische Arten wie Schafskopf-Lippfische und Kalifornische Adlerrochen wurden mehr. Hier zeigte sich, was geschehen kann, sobald sich ein Kaltwasserökosystem erwärmt. Wobei wir uns aber auch bewusst sein sollten, wie komplex und schwer vorhersagbar solche Folgen sind. Doch das Beispiel zeigt, dass Veränderungen schwerwiegend, gar zerstörerisch sein und darüber hinaus sehr schnell eintreten können.

Man kann der Meinung sein, dass die ansteigenden Ozeantemperaturen für die bestehenden Kelpwälder gefährlich seien, die sich erwärmende Welt es gewissen Arten aber erlauben werde, näher an die Pole heranzurücken. Womöglich ist dies tatsächlich eine Hilfe für jene Kelparten, die bislang durch die Eisschicht auf dem Meer behindert wurden, sich nach Norden auszubreiten. Diese Option mag ein Silberstreif am ansonsten recht dunklen Horizont sein, da interessanterweise der Seetang, der bereits jetzt in der Arktis lebt, die Fähigkeit besitzt, während der langen, hellen Sommermonate sein Wachstum auf ein Maximum zu steigern und dann, noch überraschender, die dunklen Monate, in denen (fast) keine Fotosynthese möglich ist, trotzdem zu überleben. Wie er das genau macht, wissen wir noch nicht. Aber natürlich sollten wir uns, bevor wir uns auf neue Kelpwälder im hohen Norden unseres Planeten freuen, darüber im Klaren sein, dass diese Ausbreitung auf Kosten anderer Arten gehen wird, die derzeit dort leben und das immer heißer werdende Klima nicht überstehen werden.

Bei all den in unseren Ozeanen stattfindenden Veränderungen bleibt die offensichtliche Frage: Wie geht es den Kelpwäldern heute? Die Antwort ist weniger eindeutig, als man bei einem meist küstennahen Habitat vermuten würde. Die Daten und insbesondere die historischen Daten sind inkonsistent: Einige Zonen sind gut erforscht und überwacht, andere wurden kaum beachtet. Doch ganz allgemein lässt sich sagen, dass Kelpwälder in den letzten 100 Jahren überall auf der Welt zurückgegangen sind und weiterhin abnehmen. Die langfristigen Veränderungen in den Kelpwäldern sind komplex, und Forschungsteams geben sich Mühe, Trends nicht überzubewerten. Dabei machen Studien deutlich, dass insgesamt gesehen die Kelpwälder vor Westaustralien, New South Wales und Teilen von Neuseeland kleiner werden, genau wie vor dem US-amerikanischen Bundesstaat Maine und weiteren nordöstlichen US-Küsten. Vor Grönland, Südchile und Teilen Norwegens sind die Bestände hingegen stabil oder legen sogar zu.

Das Bild kann sich allerdings schnell ändern, da ein Kelpwaldökosystem extrem dynamisch ist. Große Gebiete sind im Nu durch einen Sturm zerstört, können aber auch schnell nachwachsen und sich erholen. Wie bereits erwähnt: Die zwei entscheidenden langfristigen Bedrohungen sind weiterhin der Zustand des Wassers – insbesondere der erhöhte Nährstoffgehalt durch Verschmutzung und die Erwärmung der Ozeane – und der Fischfang. Überfischung führt dazu, dass Arten, die für das Gleichgewicht in einem Kelpwald wichtig sind, etwa seeigelfressende Hummer oder Lippfische, verloren gehen.

Wir wissen, dass die Zukunft des Kelps zentral für die Zukunft unseres Ozeans und wichtig für den Kampf gegen den Klimawandel ist. Er nützt uns aber auch auf andere Weise. Kelp war schon immer für Menschen bedeutsam, die in gemäßigten Zonen nahe der Küste lebten. Seit Jahrtausenden dient er als Dünger, Tierfutter oder wichtiger Bestandteil unserer eigenen Nahrung. Bereits um 1700 wurde er in großen Mengen geerntet und für chemische Produkte eingesetzt. In Irland finden sich beispielsweise noch heute Reste von Kelpbrennöfen, in denen getrockneter Seetang verbrannt wurde, um seine Asche für Seife und Glas zu verwenden, Stoffe zu färben und, viel später, für die Produktion von Jod und Schießpulver zu nutzen. So bezeichnete sogar das Wort »Kelp« ursprünglich die Asche von verbranntem Seetang und wurde erst anschließend auf die Arten des großen Seetangs übertragen, die am besten für die Herstellung von »Kelp« geeignet waren.

Die Ernte von wildem Kelp in großem Maßstab hat einen zwiespältigen Ruf – einige Betriebe gelten als gut geführt und nachhaltig, während anderen vor Ort Widerstand entgegenschlägt. Da Kelp jedoch sehr schnell wächst, entstand Interesse an dessen Nutzung, was klare Vorteile mit sich brächte. Kelp gilt als *zero-input crop* – mit anderen Worten: Er wächst ohne den Einsatz von Dünger, Pestiziden oder überhaupt irgendeine Form von menschlicher Pflege und konkurriert nicht mit bereits bestehenden landwirtschaftlichen oder natürlichen Flächen an Land – was ihn als Nutzpflanze besonders attraktiv macht. Darüber hinaus könnte er gleichzeitig anderen Meeresbewohnern einen Lebensraum bieten, während er wächst.

Mit Kelp lassen sich viele verschiedene Produkte herstellen, was dann vielleicht unseren Bedarf an Land reduzieren könnte: So wird Kelp beispielsweise in kleinerem Maßstab bereits als Dünger eingesetzt, was sich jedoch ausweiten ließe, um industriell hergestellten Dünger zu ersetzen; er wird zudem schon als Algin-Quelle verwendet – ein Verdickungsmittel für eine Vielzahl an Produkten von Kosmetik bis Zahnpasta; darüber hinaus ist Kelp dank seiner Bandbreite an bioaktiven Komponenten auch für die pharmazeutische Industrie äußerst interessant. Ferner wird bereits darüber nachgedacht, Kelp großflächig anzubauen, ihn nach der Ernte aufs offene Meer hinauszufahren und dort zu versenken, um so Kohlenstoff einzulagern – auch wenn das wiederum die Frage aufwirft, welche Folgen es haben könnte, große Mengen Biomasse aus einem Ökosystem zu entnehmen und sie absichtlich in ein anderes einzubringen.

Auch wenn das Potenzial der Seetangzucht vielversprechend ist, sollten wir darauf achten, dass wir dies nicht mit dem lebenswichtigen Bedarf an wilden Seetangwäldern verwechseln. Die Zucht lohnt ziemlich sicher weitere Untersuchungen, doch wilde Seetangwälder sind für gesunde Ozeane, die Aufrechterhaltung von Küstengemeinschaften und unseren Kampf gegen die Überhitzung der Erde unverzichtbar.

Die Wahrheit ist, dass Kelpwälder lange Zeit unterschätzt wurden. Womöglich liegt das daran, dass ihre Wunder nicht so offensichtlich erkennbar sind wie die der Wälder an Land oder der Korallenriffe, oder vielleicht auch daran, dass wir erst seit Kurzem ihre Bedeutung wirklich begriffen haben. Kelp wird in nationalen Meeresbewirtschaftungsplänen häufig übergangen, ja, er war nicht einmal in den Zielen der UN-Dekade für die Wiederherstellung von Ökosystemen 2021–2030 enthalten. Doch nun könnte seine Stunde gekommen sein. In Zeiten, in denen viele Gemeinschaften weniger Fische fangen und uns die Realität des Klimawandels einholt, suchen wir nach hoffnungsvollen Zeichen. Kelp ist zwar keine Wunderwaffe, aber wenn Ihnen jemand erzählte, es gebe da ein neues, fabelhaftes Mittel, das Ihre Küstengewässer mit Fischen fülle, große Mengen an Kohlenstoff aus der Atmosphäre sauge, und Teile der faszinierendsten Tierwelt auf unserem Planeten beherberge, wären Sie dann nicht auch interessiert?

## DER GROSSE STURM, SUSSEX, ENGLAND

Ein dickes Tiefdruckgebiet lag über den für diese Jahreszeit ungewöhnlich warmen Gewässern in der Biskaya. Entstanden war es durch den Zusammenprall kalter polarer Winde mit warmer tropischer Luft, und der gewaltige Temperaturunterschied zwischen beiden zwang die warme Luft mit hoher Geschwindigkeit nach oben, woraufhin sich ein enormes Tiefdruckgebiet ausbildete. Die perfekten Bedingungen für einen heftigen Sturm. Am 15. Oktober 1987 bewegte er sich nordwärts und nahm Kurs auf Großbritannien und Nordfrankreich.

Shoreham-by-Sea ist ein kleines englisches Küstenstädtchen. In dieser Gegend, dem Weald, schlängelt sich das schlickreiche Wasser des Flusses Adur durch offenes Weide- und Farmland, wobei er den überströmenden, kristallklaren Kreidefluss, der aus dem South Downs National Park kommt, aufnimmt und ihn zwischen der Stadt und den sich ständig bewegenden Schotterbänken von Shoreham Beach ins Meer hinausträgt. Die Menschen in Shoreham gingen, wie die meisten in Großbritannien, an diesem Abend mit der Zuversicht ins Bett, dass der aufziehende Sturm zwar sehr starken Regen mit sich bringen würde, ansonsten aber kein Grund zur Sorge wäre.

Um 3 Uhr 10 in der Nacht wurde ein Windmesser an den berühmten Needles-Klippen auf der Isle of Wight aus seiner Verankerung gerissen, als sich die Winde bis auf schätzungsweise 185 Stundenkilometer beschleunigt hatten und Richtung Shoreham zogen. Das Wasser im Ärmelkanal wurde zu gewaltigen Wellen aufgepeitscht, die hier wie überall an Südenglands Küste auf die Strände schlugen.

Am Morgen danach hatten die Einwohner etwas überstanden, das der britische Wetterdienst ein Ereignis nannte, »wie es nur alle

200 Jahre einmal vorkommt«. Die Menschen in Shoreham waren an das leicht regnerische Wetter des maritimen Klimas gewöhnt, das vom warmen Golfstrom bestimmt wird, und deshalb nicht auf das vorbereitet, was sie nun sahen: abgedeckte Dächer, umgeworfene Autos und gefällte Strommasten, weshalb Hunderttausende Haushalte ohne Strom waren. Die Kombination aus durchweichten Böden und Bäumen, die ihr Sommerlaub noch nicht abgeworfen hatten, schuf perfekte Bedingungen dafür, dass die fast Hurrikanstärke erreichenden Windböen in einer Nacht mehr als 15 Millionen Bäume entwurzeln konnten. Jeder Landesteil Englands hatte einen alten, als Lokalberühmtheit gepflegten Baum, der in jener Nacht entwurzelt wurde, doch am bekanntesten dürfte die Stadt Sevenoaks in Kent sein, berühmt für die sieben Eichen, die anlässlich der Krönung König Edwards VII. gepflanzt worden waren und von denen am Morgen nach dem Sturm nur noch eine einzige übrig war.

Verständlicherweise standen in den folgenden Wochen der tragische Verlust von 18 Menschenleben sowie die Schäden an Eigentum und in den Wäldern im Mittelpunkt. Was darüber hinaus in Shoreham dazukam, war ein nicht unbekanntes Problem: Die unerbittliche Energie der Wellen hatte große Mengen Seetang abgerissen und am Strand zu hohen Bergen aufgetürmt; ähnlich erging es vielen anderen Gemeinden an der Südküste. Obwohl sich die Menschen vor Ort über die Menge an Kelp wunderten, war der Anblick als solcher nicht ungewöhnlich, befand sich doch vor der Küste ein wunderbar üppiger Kelpwald, der sich von der Landspitze bei Selsey Bill bis nach Shoreham, also rund 40 Kilometer östlich davon, zog und vor Leben sprühte. Streifenbrassen schwammen durch die Wedel und ernährten sich von Algen und den auf ihnen lebenden kleinen Wirbellosen; der Europäische Wolfsbarsch suchte nach Garnelen und kleinen Krebsen; Tintenfische legten weiße, fingerartige Eierkapseln mit jeweils mehr als 100 Jungtieren darin ab; Stechrochen erhoben sich vom Meeresboden und zogen an schwarzen, traubengroßen Bündeln Sepieneiern und an Nixentaschen vorbei, also den Eierkapseln der in diesen Wäldern zahlreich vorkommenden Glatt- und Dornhaie. Der Grund für all diese Lebensvielfalt war der Kelpwald.

Der Kelpwald vor Sussex enthielt vor allem vier Seetangarten. Alle wachsen schnell und erreichen Höhen zwischen einem und vier Metern. Der Fingertang, mit seinem kurzen Stamm oder Stängel, verzweigt sich in Blätter mit fünf bis zwölf »Fingern« und sieht damit aus wie eine untersetzte, winkende Hand. Er wächst in eher flachem Wasser. Weiter draußen auf dem offenen Meer konnte man Zuckertang, Palmentang und *Saccorhiza polyschides* finden. Palmentang sieht dem Fingertang recht ähnlich, hat aber einen deutlich längeren, stärker gefurchten Stängel. Zuckertang und *Saccorhiza polyschides* sind jedoch ganz anders. Zuckertang wächst in einem einzigen langen Wedel, der den Meeresboden bedeckt. *Saccorhiza polyschides*, der im Englischen den reizvollen Namen »Pelz-Blasebalg« erhalten hat, besitzt dagegen ein knollenartiges Haftorgan, das ein wenig wie eine auf dem Meeresgrund liegende, seltsam geschwollene gelb-braune Frucht aussieht, aus der sich ein langer, flacher Stängel und eine Vielzahl sich ausstreckender Seetangfinger erheben, als wollten sie versuchen, die Sonnenstrahlen einzusammeln, die alle Seetangarten für ihr Wachstum brauchen. Zusammen bildeten sie einen Wald, der laut Berichten mindestens 1,5 Kilometer ins Meer hinausragte und so dicht war, dass Ruderer an seichteren Stellen Probleme bekamen, ihre Ruder durchs Wasser zu ziehen, und sogar Motorboote immer mal wieder stecken blieben.

Dass je nach Jahreszeit Stürme aufkommen, ist für den Lebenszyklus eines Kelpwaldes von entscheidender Bedeutung. Wie bereits erwähnt geben viele Seetangarten gerade im stürmischen Winter ihre Sporen ab, um sie durch die aufgewühlte See weit davontragen zu lassen. Entsteht jedoch ein besonders heftiger Sturm, können die

Stängel und die Haftorgane der langlebigeren Tangarten abbrechen und sich gemeinsam mit den Wedeln anderer Arten, die auf natürliche Weise absterben, zu großen Tanghaufen an der Küste von Sussex auftürmen.

Nach dem Sturm vom Oktober 1987 spalteten diese Berge die öffentliche Meinung. Einige Landwirte sammelten den Tang ein, um ihn als kostenlosen Dünger einzusetzen. Naturliebhaber freuten sich über ihn als Zeichen für das reiche Leben in der Hochsee, doch viele mochten den Tang lieber unsichtbar im Wasser und nicht so sehr dort an Land gespült, wo Städte auf Strandtourismus setzten. Es kam sogar zu einer Anfrage im Parlament, wobei der von der Südküste stammende Labour-Peer Lord Aylestone die Regierung Ihrer Majestät fragte, »welche Unterstützung sie den örtlichen Behörden leistet, in Hinblick auf den Tourismus, um mit den sich zersetzenden Algen an den Stränden von Urlaubshochburgen wie Worthing, West Sussex, fertigzuwerden«. Doch im Allgemeinen blieb die Balance gewahrt. Der Kelpwald war schon immer Teil des Lebens an der Küste von Sussex und sollte es auch für immer sein. Bis eben 1987.

Der Sturm in diesem Herbst war derart stark, dass sich die Seetanghügel am Strand höher erhoben als je zuvor seit Menschengedenken. Dabei war es nicht der Sturm, der den Wald langfristig zerstörte – das Unwetter machte es nur denjenigen leichter, die diese Aufgabe dann tatsächlich übernahmen. Eine andere Art von Sturm sollte sich zusammenbrauen:

Während es schon seit den 1850er-Jahren Schleppnetzfischerei gibt, kamen nun neue, sehr viel leistungsfähigere Trawler zum Einsatz, deren Eigentümer durch Änderungen in der Fischerei-Gesetzgebung ermutigt worden waren. Genau in der Phase, in der der Kelpwald Zeit und Ruhe zur Regeneration nach dem Unwetter gebraucht hätte, und auch in den folgenden Jahrzehnten wurden fast überall entlang der Küste schwere Netze und Ketten über den Meeresboden geschleift. Immer und immer wieder zogen die Trawler durch und wirbelten den Meeresboden auf. Das zerstörte Muschelbetten sowie einen Großteil des verbliebenen Tangs, und beinahe das gesamte einst blühende Leben wurde entweder gefangen oder vertrieben. Bei einer ausführlichen Untersuchung des Gebiets stellte man fest, dass in weiten Teilen der Küstengewässer des Landes, das eigentlich zu den Staaten mit dem höchsten Bewusstsein für die Bedeutung von Schutzgebieten zählt, der Kelp völlig verschwunden war.

Zugegeben, es ist eher unwahrscheinlich, dass die Schleppnetzfischerei allein den Kelpwald zerstörte – industrielle Umweltverschmutzung, Abwässer und das Schuttabladen ins Meer dürften das ihre dazu beigetragen haben, doch durch das jahrzehntelange wiederholte Fischen mit Schleppnetzen war eine Erholung der Kelpbestände unmöglich geworden.

Die Jahre vergingen. Nach einigen Jahrzehnten verblassten die Erinnerungen, und man konnte problemlos am Strand von Worthing spazieren gehen oder bei Selsey schwimmen, ohne zu bemerken, dass etwas nicht stimmte. Denn mit der Zeit vergisst man die Seevögelschwärme, die über einem kreisten oder nach Fischen tauchten, die Vielfalt an Muscheln, die man am Strand finden konnte, oder dass man regelmäßig im Meer Delfine aus dem Wasser springen sah, während man morgens am Strand entlanglief. Es ist wissenschaftlich gut belegt, dass wir uns mit der Zeit an eine naturentleerte Welt gewöhnen und die Schätze vergessen, die wir einst besaßen. Der Meereswissenschaftler Daniel Pauly nennt dies das Syndrom der sich verschiebenden Ausgangslage (*shifting baseline syndrome*), eine Art »generationsübergreifende Umweltamnesie«. Doch Pauly findet für sein Konzept nachsichtigere und treffendere Worte: eine »allmähliche Veränderung der akzeptierten Normen für den Zustand der natürlichen Umgebung aus Mangel an Erfahrung, Erinnerung und/oder Wissen über dessen früheren Zustand«. Mit anderen Worten: Wir halten das, was wir heute sehen, für normal, für die »Ausgangslage«, von der aus wir Verbesserungen oder Verschlechterungen wahrnehmen. Und damit unterschätzen wir dramatisch, wie ein gesundes Ökosystem eigentlich sein sollte. Was wir heutzutage für »gesund« oder zumindest »normal« halten, sähe in den Augen der vorhergehenden Generation deutlich schlechter aus. Wir gewöhnen uns an eine geschädigte Umwelt und streben infolgedessen allzu oft nicht einmal danach, das wiederzuerlangen, was wir einmal hatten.

Im Jahr 2019 jedoch begannen sich drei sehr unterschiedliche Leben zu überschneiden:

Dr. Sean Ashworth wuchs in Brighton auf, nur wenige Kilometer von Shoreham entfernt. Der Sturm im Oktober 1987 hatte das Dach über seinem Schlafzimmer weggerissen, doch zum Glück war er nicht zu Hause gewesen. Ein paar Tage später kehrte er in eine völlig veränderte Landschaft zurück – und noch hatte er keine Ahnung, welch weitaus größere Zerstörung auf hoher See nun beginnen sollte. Er kannte diesen Küstenabschnitt schon sein ganzes Leben und arbeitete inzwischen für die Sussex Inshore Fisheries and Conservation Authority (IFCA), bei der er sich für den Ausgleich zwischen Umweltschutz, Fischerei und Industrie in der Region einsetzte. Immer wieder hatten Fischer ihm von den zusehends kleiner werdenden Fangerträgen und ihren Problemen erzählt, sich über Wasser zu halten, was mit den von der IFCA erhobenen Fangzahlen übereinstimmte. Er hielt sich an den Satz: »Du kannst keine Fischerei haben, wenn du keine Fische hast«, und so machte sich Sean Ashworth für eine nachhaltige, erfolgreiche Fischerei in seinen Heimatgewässern stark.

Eric Smith, ein inzwischen mittsiebzigjähriger Freitaucher, schnorchelte und tauchte in dieser Gegend, seit er elf Jahre alt war. Auch wenn ihm Knie- und Hüftprothesen heute das Laufen erschweren, so hat er noch immer die jugendliche Energie, die funkelnden Augen und das widerspenstige Haar eines Mannes, der ein erfülltes Leben auf und im Wasser verbrachte. Eric Smith besitzt Aufzeichnungen über jeden seiner Tauchgänge und konnte damit die Verwandlung seiner Oase in einen Ort des Grauens nachzeichnen. Wegen der plötzlichen Zerstörung der geliebten Unterwasserwelt untröstlich, erkannte Eric, dass er einer der wenigen Menschen ist, die den Zauber dieses Ortes noch mit eigenen Augen gesehen haben. Er weiß aus eigener Erfahrung von Muschelbänken, die verschwanden, er war durch den Kelpwald geschwommen, der inzwischen zu einer Sand- und Sedimentwüste geworden war. Jahrelang hatte er bei fast jedem Tauchgang viele Exemplare kommerziell wertvoller Arten wie Hummer, Meerbrassen und Wolfsbarsche gefunden; inzwischen wäre er glücklich, in einem ganzen Jahr vielleicht einen Eimer voll zu sehen. Zwei seiner Tagebucheinträge vom April 2005 machen deutlich, wie drastisch sich die von ihm geliebte Küste veränderte.

*17. April*

*Wir fanden die Meerbrassen recht schnell und sahen ihre Mondbetten, die sie in die Oberfläche der Kreide gegraben hatten. Überall wimmelte es von Fischen, die kleineren übernahmen das Graben, fächerten den Boden auf und schufen Mulden, während die größeren Fische herankamen, um ihre Eier abzulegen oder um das Recht dazu zu kämpfen. Marmorrochen lauerten am Rande der Bänke und ernährten sich von Würmern und kleinen Krustentieren, die von den Brassen und den riesigen Schwärmen der bis zu zwei Kilo schweren Seelachse, die über der Szene trie-*

*ben, gestört wurden. Wir lagen da und betrachteten dieses faszinierende Panorama, während um uns herum Kuckuckslippfische schnüffelten und Barsche in Schwärmen auftauchten, von denen einige bis zu acht Pfund wogen. Wir verließen die Stelle mit einem guten Gefühl, weil wir das Meer so voller Fische erlebt hatten.*

*24. April*

*Das Meer war ruhig, und wir brachen beim ersten Sonnenstrahl auf, gemäß der alten Redensart: Der früher Taucher fängt den Fisch. Als wir unser Boot auf die Promenade zogen, konnten wir auf dem Meer, etwa einen Kilometer weit draußen, zwei Paare von Trawlern erkennen, die Richtung Meer zogen, und zwar schräg entlang des Hauptriffs. Als wir 30 Minuten später dort ins Wasser stiegen, bot sich uns im kristallklaren Wasser eine Szenerie totaler Verwüstung: Kein Fisch, so weit wir sehen konnten, die Brutstätte der Brassen, die in der Woche zuvor noch so voller Leben gewesen war, lag zerstört da, die Steinkanten mit den so mühsam gegrabenen Mulden waren umgeworfen und dicke Felsbrocken mitten auf sie gefallen. Zerfetzter Tang lag auf dem Grund, und alles, was noch übrig war, waren sehr wenige Meerbrassen, die versuchten, ihre Nester neu aufzubauen. Wir folgten den Trawlern, die nun etwa drei Kilometer entfernt waren, und fanden Hunderte kleiner Wolfsbarsche und Brassen tot an der Wasseroberfläche treibend, nachdem sie aus den in der Zwischenzeit gefüllten Netzen herausgefallen waren.*

Andere mögen sich aufgrund wissenschaftlicher Studien einen Begriff von dem Artenreichtum machen, den diese Küste einst geboten hat. Eric Smith hingegen weiß, wie es sich anfühlte, durch ihn hindurchzuschwimmen.

Genau wie Sarah Cunliffe. Heute ist sie eine preisgekrönte Filmemacherin, die sich auf Unterwasserfilme von meist abgelegenen Orten spezialisiert hat, doch zu Hause ist sie im grasigen Hügelland und an der steinigen Küste von Sussex. Fast jeden Tag ging sie hier mit ihrer Jack-Russell-Hündin Spot (benannt nach dem markanten braunen Fleck auf ihrem Hinterteil) an diesen Stränden spazieren, und an solchen nebligen Frühmorgen sah sie hinaus in Richtung der Kelpwälder an den künstlichen Häfen vor Selsey, an denen sie für ihre Abschlussarbeit über das Leben im Meer geforscht hatte. Diese außergewöhnlichen Strukturen aus dem Zweiten Weltkrieg waren ursprünglich als schwimmende Häfen gedacht und sollten am D-Day bei der Landung in der Normandie eingesetzt werden – Selsey war einer von zwei Orten, an denen diese Behelfsanlegestellen unter dem Codenamen »Mulberry« von den Alliierten gebaut worden waren. Heute bilden die Überreste dieser Konstruktionen, die entweder abgerissen oder nie genutzt wurden, ein künstliches Riff und sind zu einem beliebten Schnorchel- und Tauchspot geworden, da sich hier noch immer viele Fische versammeln. Franzosendorsche können hier in Schwärmen von Hunderten Fischen beobachtet werden, ebenso wie Köhler und Wolfsbarsche. Allerdings muss dieses Gebiet heute trotz der beschriebenen Attraktionen ohne den dichten Kelpwald auskommen, der zu Zeiten von Sarah Cunliffes Forschung eine verlässliche Kulisse gebildet hatte.

Eric Smith dokumentierte über Jahrzehnte hinweg den Schaden, den die Trawler verursachten, und schrieb Briefe an Menschen, von denen er hoffte, sie könnten dem Treiben ein Ende setzen. Sarah Cunliffe baute über Jahrzehnte hinweg ein erfolgreiches Unternehmen auf, das die Ozeane überall auf der Welt in Filmen porträtierte. Dadurch war sie sich sehr wohl des prekären Zustands bewusst, in dem sich das Meeresleben weltweit befand, doch wie so viele Menschen in Südengland (zu denen auch die beiden Autoren dieses

Buchs zählen) hatte sie die Zerstörung ihres eigenen Fleckchens Heimat nicht im Blick. Sean Ashworth wiederum überwachte mehrere Jahrzehnte lang die örtlichen Fischpopulationen und versuchte herauszufinden, wie mithilfe gesetzlicher Regelungen eine nachhaltige Fischerei in gesunden Gewässern geschaffen werden könnte. Zusammen hielten die drei die ersten Puzzleteile in den Händen, aus denen schließlich ein wunderschönes Bild der Hoffnung werden sollte.

Eric Smith schilderte Sean Ashworth seine in der jüngeren Vergangenheit gemachten persönlichen Taucherlebnisse in dem riesigen belebten Kelpwald und die Zerstörung, die er hatte mitansehen müssen. Der Naturliebhaber in Sean sehnte sich danach, solche Dinge mit eigenen Augen sehen zu können, während der Pragmatiker in ihm aufhorchte, als von kommerziell wertvollen, schnell heranwachsenden Fischarten die Rede war, die Eric in großer Zahl bezeugen konnte, sowie von der Möglichkeit, nachhaltigen Fischfang zu betreiben. Sean erarbeitete mit dem Team der Sussex IFCA die wissenschaftlichen Grundlagen, ergänzte den Einzelbericht und entwarf einen äußerst ambitionierten Plan für ein gesetzliches Verbot küstennaher Schleppnetzfischerei entlang fast der gesamten Küstenlinie von East Sussex. Das Konzept sah nicht nur ein Verbot von Trawlern in unmittelbarer Küstennähe vor, vielmehr reichte die Zone bis zu vier Kilometer hinaus aufs Meer, die gesamte Küste zwischen Selsey und Shoreham entlang, mit einem zusätzlichen, etwas schmaleren Streifen von Shoreham bis nach Rye – insgesamt 300 Quadratkilometer Ozean völlig frei von Schleppnetzfischerei.

Es lohnt sich, kurz innezuhalten, um sich klarzumachen, wie revolutionär dieser Vorschlag war. Zu diesem Zeitpunkt war nur ein Prozent der gesamten Hoheitsgewässer Großbritanniens tatsächlich per Gesetz geschützt. Obwohl auf dem Papier rund ein Viertel der Gewässer als Meeresschutzgebiete ausgewiesen waren, wurde in fast

97 Prozent dieser Zonen noch immer mit Grundschleppnetzen gefischt. Die Forderung nach einer Verordnung, die eine trawlerfreie Zone dieser Größe schaffen würde, war nicht nur visionär, sondern auch sehr ehrgeizig.

Genau das dachte auch Sarah, als sie Sean im Sommer 2019 zum ersten Mal traf. Sie hatte sich mit ihm verabredet, um über eine ganz andere Angelegenheit zu sprechen, und zeigte sich schockiert, als sie von Sean fast nebenbei erfahren musste, dass der Kelpwald, den sie als Studentin Anfang der 1980er-Jahre untersucht hatte, verschwunden war. Das Stück Ozean, das Sarah einst einen Großteil des Jahres über beobachtet hatte, war inzwischen völlig tot, ohne dass sie oder irgendjemand aus ihrem Bekanntenkreis davon wusste. Sarah Cunliffes erster Gedanke war, dass man sich wehren müsste, ihr zweiter Gedanke, dass »niemand etwas über Seetang weiß oder sich für ihn interessiert«.

Die Unternehmerin wollte das ändern und hob eine Kampagne unter dem Namen *Help Our Kelp* aus der Taufe. Dazu holte sie etablierte Umweltschutzgruppen wie den Sussex Wildlife Trust und die Blue Marine Foundation mit an Bord, startete on- wie offline eine Medienkampagne und rief den Menschen einen Unterwasserwald ins Bewusstsein, den es nicht mehr gab. Der von ihr produzierte Film *Help Our Kelp* erreichte in der Region, aber auch darüber hinaus, große Aufmerksamkeit und mit ihm die gesamte Kampagne, was zu einem erstaunlich großen Interesse an einer eigentlich lokalen öffentlichen Beratung zu einer Verordnung führte. Der Sussex Wildlife Trust spielte dabei eine entscheidende Rolle, indem er die Führung von *Help Our Kelp* übernahm und seine Mitgliederschaft und Expertise einbrachte.

Parallel dazu leitete die Organisation, für die Sean Ashworth arbeitete, die IFCA, umfangreiche Nachforschungen ein und legte der britischen Regierung einen detaillierten Plan vor. Eines seiner wichtigsten Beweisstücke dafür hatte Sean aus einem Müllcontainer gezogen! Einige Jahre zuvor hatte er eine Handvoll Berichte gerettet, die als obsolet eingeschätzt worden waren und in den Abfall sollten. Darunter befand sich eine Studie des örtlichen Gemeinderats aus den 1980er-Jahren, worin der blühende Kelpwald vor der Küste von West Sussex kartografiert worden war. Ironischerweise hatte man diesen Bericht damals angefordert, da der Rat den Seetang als Ärgernis empfand und wissen wollte, wie groß das Problem denn war, mit dem man da umgehen musste. Inzwischen war die Karte ein entscheidender, weil eindeutiger wissenschaftlicher Beleg dafür, was hier verloren gegangen war.

Sean Ashworths Beweise, gekoppelt mit der von Sarah und der »*Help Our Kelp*«-Kampagne erzeugten Aufmerksamkeit, führten zu einer nie dagewesenen öffentlichen Unterstützung für den Vorschlag, und die aus Frustration entstandene, langsam aufblühende Bewegung wurde immer hoffnungsvoller. Nach und nach hörten die Gemeinden entlang der Küste von den verlorenen Schätzen, die sie womöglich zurückerhalten könnten. Doch umfangreiche Vorhaben wie dieses werden in der Regel nicht von allen Seiten gutgeheißen. So gab es auch hier Menschen, die die Trawler nicht verbieten wollten, was in vielen Fällen verständlich war, da die Beteiligten glaubten, ihr wirtschaftliches Wohlergehen hänge von den Schiffen ab – wobei Sean auffiel, dass die schärfste Gegenstimme von großen Fischfangunternehmen kam, deren Firmensitze sich weit weg von der betroffenen Küste befanden. Dennoch gab es ausreichend Menschen in der Fischereigemeinschaft, die die Zeichen der Zeit erkannten: Die Fischbestände gingen zurück, es waren immer größere Anstrengungen nötig, um die Netze zu füllen, und doch wurde immer weniger gefangen. Inzwischen hatten weltweite Forschungen wissenschaftlich belegt, dass Kelpwälder zum einen eine wichtige »Kinderstube« für viele Meeresbewohner sind, zum anderen aber auch, dass dicht gewachsener Kelp die Energie der Wellen besser auffängt, sodass Eierkapseln auf dem Seetang nicht abgelöst und fortgespült werden. Es gibt nicht nur keine Fischerei ohne Fisch, es gibt ohne Seetang auch weniger Fische.

Im März 2021 genehmigte der britische Minister für Umwelt, Ernährung und ländlichen Raum George Eustice die neue Verordnung, und die schleppnetzfreie Zone konnte eingerichtet werden. Unmittelbar nach dieser Entscheidung beschrieb Sean Ashworth sie als »Meilenstein für die nachhaltige Fischerei in Sussex, sie ist ein Meilenstein für den Meeresschutz [...] und sie könnte auch ein Meilenstein für den Meeresschutz rund um das gesamte Land werden«. »Meilenstein« ist ein Wort, das häufig zu schnell dahingesagt wird, doch bei dieser Gelegenheit ahnte Sean vermutlich nicht, wie richtig er mit seiner Einschätzung lag.

Obgleich sich das Leben im Ozean häufig deutlich schneller erholt als das an Land, braucht es natürlich doch auch etwas Zeit. Und sollte dieses Projekt wirklich zu einem Meilenstein werden, so musste die wissenschaftliche Bewertung seiner Wirksamkeit sehr solide sein. Dabei lässt sich die Erholung des Ozeans gar nicht so leicht berechnen. Es gibt nicht *die* eine Technik oder Messung, um alles zu erfassen, was unterhalb der Wellen geschieht. Forscherinnen und Forscher setzen dazu eine große Bandbreite an Werkzeugen ein, angefangen von mit Ködern ausgestatteten ferngesteuerten Unterwasservideokameras, mit denen sich feststellen lässt, welche Arten welche Gebiete besiedeln, bis hin zu Kameras, die in regelmäßigen Zeitabständen über eine festgelegte gerade Strecke (Transekte) unter Wasser gezogen werden und aufzeichnen, was auf dem Meeresboden wächst oder lebt. Andere Fachleute greifen auf DNA-Analysen zurück, um zu bestimmen, welche Tierarten in den vergangenen drei Wochen durch ein bestimmtes Gebiet geschwommen sind. Dazu nehmen sie Proben des Ozeanwassers und lassen sie durch eine Apparatur laufen, die das

Meerwasser von den winzigen DNA-Spuren trennt, die Tiere im Wasser hinterlassen, etwa Schuppen, Fäkalien oder Hautzellen. Auf diese Art und Weise erhält man den genetischen Fingerabdruck von Arten, die man mit einer Kamera vielleicht nie aufgezeichnet hätte.

Forschende lokaler Universitäten, die an dieser einmaligen Gelegenheit, die Regeneration des Ozeans von Anfang an zu beobachten, interessiert waren, wollten Grundlagenstudien durchführen, sobald das Schleppnetzverbot verabschiedet war. Die weiteren Puzzleteile setzten sich nun zusammen. Ganz entscheidend für den zukünftigen Kelpwald wie auch für dessen Sicherung in der Gegenwart war, dass Wissenschaftler, die ein Meeresgebiet namens Pullar Bank kurz vor Selsey überwachten, eine große Seetangfläche in einem Areal entdeckten, das niemals von Trawlern befahren worden war, da das Wasser hier zu flach ist. Dieser Bestand war älterer Kelp, der jeden Winter Tausende Sporen abgab und damit eines Tages bei der Wiederansiedlung des Kelpwaldes helfen könnte, sollten das Verbot der Schleppnetzfischerei wirksam sein und die Wasserbedingungen stimmen. Vielleicht noch wichtiger war jedoch, dass sich Sarah Cunliffe damit eine Gelegenheit bot, diese verbliebenen alten Wälder zu filmen, um den Menschen zu zeigen, wie es in Zukunft an ihrer ganzen Küste aussehen könnte.

In der Anfangsphase der Erholung eines Gebietes, das zu groß ist, als dass Forschungsteams es ständig selbst überwachen könnten, kam der *citizen science*, der sogenannten Bürgerwissenschaft, eine wichtige Rolle zu. Taucherinnen und Taucher wurden angehalten, ihre Beobachtungen bei jedem Tauchgang zu berichten. Strandspaziergänger wurden gebeten, Fotos von interessanten Funden wie angespültem Kelp, Muscheln oder Eiern einzusenden, die auf Veränderungen im nahe gelegenen Meeresboden hinweisen könnten. Mithilfe einer breiten Palette an Methoden war es Forschenden möglich zu eruieren, welche Arten sich in welcher Anzahl und Reihenfolge in welchem

Zeitfenster neu angesiedelt hatten. Für die sich erst entwickelnde Wissenschaft der marinen Regeneration sind das kostbare Daten.

Wir stehen hier noch am Anfang, aber es finden sich ermutigende Hinweise darauf, dass sich das Meer an der Küste von Sussex zu erholen beginnt. Eric Smith entdeckte große neue Muschelbänke, die sich auf dem zuvor abrasierten Meeresgrund ausbreiten. Sie sind gleich ein doppelter Gewinn: Zum einen reinigen die Muscheln das Wasser – jede einzelne Muschel filtert rund 25 Liter Wasser am Tag, weshalb ausgedehnte Muschelbänke für saubereres Wasser sorgen, das mehr Sonnenlicht durchlässt, in dem dann wiederum der Seetang leichter wächst. Zum zweiten sorgt die Art und Weise, wie diese Muschelbänke wachsen – mit Hunderttausenden Muscheln, die sich dicht an dicht vermehren, nach außen ausbreiten und sogar auf alten Muscheln wachsen –, für die Entstehung eines harten Untergrunds, auf dem der Seetang zukünftig seine Haftorgane befestigen kann. Denn ohne einen bereits von Natur aus steinigen Meeresboden sind die Kelpwälder auf die Muschelbänke als festen Untergrund angewiesen. Die ersten Muschelbänke hatten die Größe von Tennisplätzen, die dann von Fußballfeldern abgelöst wurden – und inzwischen sind uns die Sportplätze ausgegangen, die man zum Vergleich heranziehen könnte.

Um die Menschen vor Ort über die Fortschritte zu unterrichten, bildeten Eric, seine Tochter Catrine und viele andere Freitaucher aus der Gegend eine Gruppe, die Fotos teilt und Vorträge in Schulen hält. Sie platzierten dazu mit Gewichten versehene Kameras auf dem Meeresboden, und zwar an Stellen, die seit Jahren verlassen waren, davor aber als belebt gegolten hatten, und konnten damit Streifenbrassen bei der Brutpflege fotografieren. Glatthaie, Schleimfische und viele andere Arten, darunter die äußerst seltenen Engelhaie, Petersfische und Zitterrochen wurden ebenfalls gesichtet. Stand-up-Paddler beobachteten Marmorrochen mehr als 400 Meter von der Küste entfernt, Hummer scheinen in das ehemals trostlose Gebiet zurückzukehren, und fast jeden Tag kann man Delfine sehen – deutliche Hinweise auf sich verbessernde Lebensbedingungen. Forschende berichten von einer großen Anzahl Fischen wie Hering, Sardine und Meeraal, und zum ersten Mal seit Jahren wurde wieder Kelp angespült.

Manche Fischer, die ihren Beruf wegen zu geringer Fangmengen aufgegeben hatten, nahmen ihre Tätigkeit wieder auf und arbeiten nun mit weniger invasiven Fischfangmethoden, und Sean ist optimistisch, dass parallel zum Kelpwald eine nachhaltige Fischerei möglich sein wird. Denn allen Beteiligten ist klar, dass die Fischerei ein wichtiger Teil dieses Erholungsprozesses ist. Von der örtlichen Fischergemeinschaft eingesetzte kleinere Netze und Reusen bringen Jobs und machen die Fischer stolz, durch ihre Entscheidung vor Ort zur Regeneration des Kelpwaldes beigetragen zu haben.

Sarah, Eric und andere, die eng mit dem Projekt verbunden sind, teilen die Einschätzung, dass es noch zu früh ist, aussagekräftige wissenschaftliche Beweise für die Rückkehr des Kelpwaldes zu erwarten. Sie sind sich aber ebenso einig, dass alle, die die Küstengewässer kennen, bereits innerhalb weniger Jahre Veränderungen bemerken konnten. Allerdings befürchten sie, die intensive, aber legale Verklappung von Sedimenten kurz hinter dem Küstenstreifen erschwere womöglich die Renaturierung, da der Tang durch diese Aufschüttungen weniger Licht bekommt. Der Widerspruch in der Öffentlichkeit dagegen wächst jedoch inzwischen schneller, als die Sedimente zum Meeresboden sinken. Aus der Initiative *Help Our Kelp* wurde das Sussex Kelp Recovery Project, was zeigt, dass aus einer kurzfristigen Kampagne in ein langfristiges Programm hochgeschaltet wurde. Offenbar haben die Gemeinden an der Küste von Sussex ihren Geisterwald ins Herz geschlossen und arbeiten darauf hin, ihn wiederauferstehen zu sehen.

Als aus der Idee des Schleppnetzverbots ein Gesetz wurde, äußerte Sean die Hoffnung, dies könnte »ein Meilenstein für den Meeresschutz rund um das gesamte Land werden«. Erste Anzeichen deuten darauf hin, dass er recht behalten könnte. Andere Gemeinderäte in ganz Großbritannien beobachten die Zusammenarbeit zwischen den Behörden der Lokalverwaltung und den Menschen in Sussex, erleben den wachsenden Stolz auf das Erreichte und die Begeisterung mit und wollen dem Beispiel folgen. Könnte es sein, dass lokales Handeln vor Ort dort erfolgreich ist, wo jahrzehntelanges Bemühen auf nationaler Ebene versagt hat?

Überraschenderweise wirkt dieses Engagement sogar noch kilometerweit ins Landesinnere hinein. Der Landwirt James Baird beobachtete die Entwicklung und erkannte: Auch wenn Festland und Ozean zwei sehr unterschiedliche Bereiche sind, beeinflusst das, was in dem einen geschieht, auch den anderen. Er rief eine Initiative mit dem Namen *Weald to Waves* ins Leben, um einen Regenerationskorridor mit über 2000 Hektar zusammenhängendem Habitat zu schaffen. Sobald er eingerichtet ist, wird er landwirtschaftliche Nutzflächen, Vogelschutzgebiete, Wälder und Flüsse mit den seit Kurzem geschützten Gewässern vor East Sussex verbinden.

Für den Kelpwald vor Sussex ist das erst der Anfang. Es scheint aber auch der Anfang einer neuen Grundhaltung in Großbritannien zu sein, dass örtliche Gemeinden selbst aktiv werden, um ihre Gewässer zu schützen und neu zu beleben, anstatt auf Anweisungen von der Regierung zu warten. Endlich könnte die stolze Seefahrernation mehr tun, als über Meeresschutzgebiete und langfristig nachhaltige Fischerei nur zu reden, also über Schutzzonen hinausgehen, die ohnehin nur auf dem Papier stehen, und so eine neue Ära einleiten, in der ein lebendiger wilder Ozean dynamische Küstengemeinden unterstützt.

KAPITEL 5

# ARKTIS

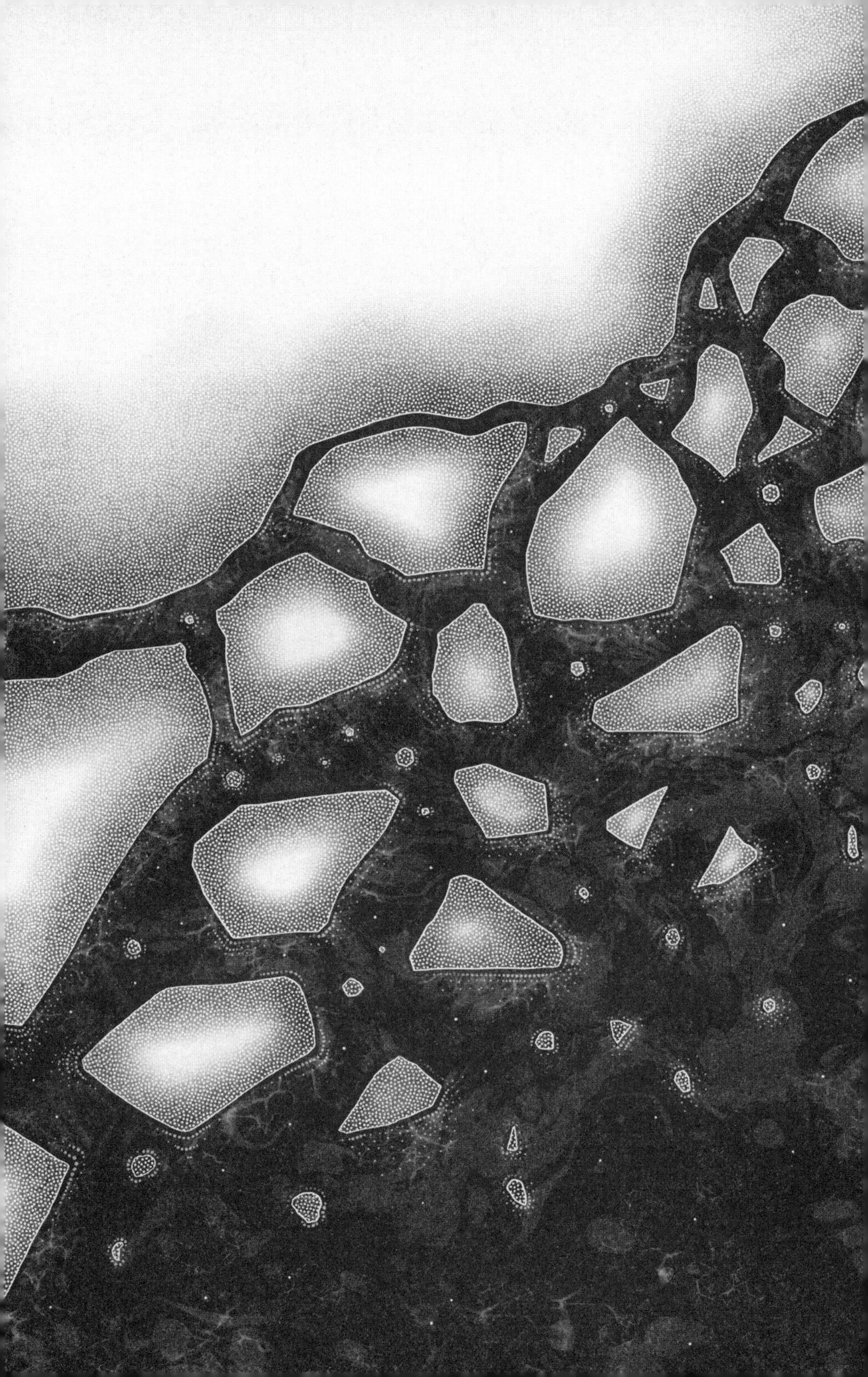

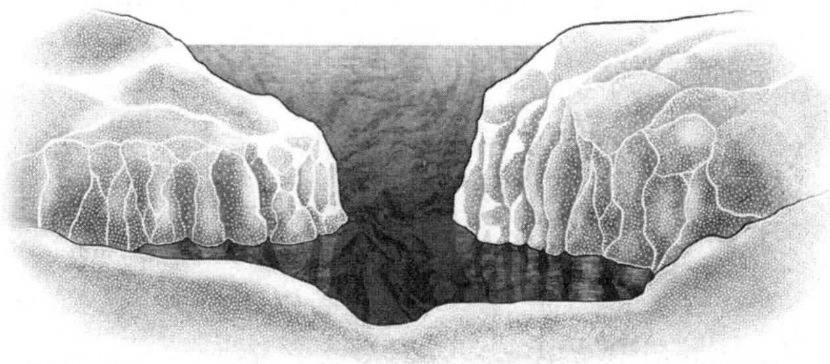

## LEBEN UNTER DEM EIS

Es fühlt sich seltsam an, nun auf ein langes Leben zurückzuschauen, das ich mit dem Drehen von Dokumentaraufnahmen an wilden Orten unseres Planeten verbrachte. Häufig mache ich mir bewusst, welch unglaublich großes Glück ich hatte, oder lache mit guten Freunden über unsere abenteuerlichen Erlebnisse. Eine derart lange Karriere erlaubt mir aber auch zu erkennen, ob und welche ökologischen Hoffnungen und Ängste Wirklichkeit geworden sind. Die sich erholenden Bestände der großen Wale oder das erneute Wachstum der Wälder in Costa Rica hätten mein jüngeres Ich überrascht und erfreut. Viele Orte und Arten, von denen wir alle dachten, dass sie unter dem unnachgiebigen menschlichen Druck verschwinden würden, haben trotz allem überlebt – häufig aber auch nur, das darf nicht vergessen werden, dank des unermüdlichen Einsatzes von Vertreterinnen und Vertretern genau jener Spezies, die sie überhaupt erst in diese schwierige Lage gebracht haben. Das sollte uns alle ermutigen, und gerade in diesen herausfordernden Zeiten wecken diese Beobachtungen in mir Hoffnung für unsere Natur.

Trotz all dieser Erlebnisse entsteht bei mir jedoch schon beim Gedanken an die Arktis die Sehnsucht, ihre völlige Andersartigkeit noch einmal erleben zu dürfen, obgleich ich weiß, dass das unmöglich ist, ist sie doch nicht mehr der Ort, den ich einmal besuchte – und sie wird es auch nie wieder werden.

»Die Pole sind dauerhaft von Eis bedeckt«, behauptete ich 1983 in der Dokumentation *Die Erde lebt*.

Viele Jahre später, genauer gesagt im Jahr 2009, stand ich für die Serie *Eisige Welten* am Nordpol, wo ich spekulierte, der Nordpol könnte in den kommenden Jahrzehnten gelegentlich eisfrei werden, *falls* wir die globale Erwärmung (wie wir sie damals nannten) nicht verlangsamten. Heute, weitere 15 Jahre später, ist klar, dass das Meereis der Arktis, darunter auch das über dem Nordpol, in den Sommermonaten vollständig verschwinden wird und dass keine noch so große menschliche Anstrengung das verhindern kann. Wir haben den Zeitpunkt bereits verpasst, an dem das noch möglich gewesen wäre. Natürlich müssen wir weiterhin alles in unserer Macht Stehende tun, um eine noch extremere Erwärmung zu verhindern, doch für den gefrorenen Arktischen Ozean, auf dem ich damals stand, geht es nicht mehr um das *Ob*, sondern nur noch um das *Wann*.

Es ist verständlich, dass sich ein Großteil unserer Aufmerksamkeit auf die Menschen und die Tierwelt richtet, die von der Eisschmelze betroffen sind, doch die neuen filmischen Möglichkeiten, deren Entwicklung ich im Laufe meiner Karriere beobachten durfte, offenbarten auch, wie schön und bedeutungsvoll das Eis als solches für das Leben in der Arktis ist.

Der Nordpol erlebt nur einen Sonnenaufgang pro Jahr. Zur März-Tagundnachtgleiche »steigt« die Sonne niedrig in den Himmel, und zur September-Tagundnachtgleiche »sinkt« sie unter den Horizont, und es wird wieder dunkel. Ohne Sonnenlicht gibt es keine Fotosynthese, weshalb sich die Algen im Winter nicht entwickeln können. Im Frühling und Sommer hingegen führen die rund um die Uhr verfügbaren Sonnenstrahlen zu raschem Algenwachstum. Verblüffenderweise beginnt dieser Prozess im Süßwasser: Obwohl das

Meereis ein gefrorener Ozean ist, besteht es doch fast ausschließlich aus Süßwasser, da beim Gefrieren das Salz aus dem Meerwasser verdrängt wird. Setzt im Frühjahr die Eisschmelze ein, bilden sich kleine Süßwassertümpel oben auf dem Eis, die voller Nährstoffe sind und ausgezeichnete Bedingungen für das Algenwachstum bieten. So bildet das Eis im Meer die gleiche Grundlage für das Algenwachstum wie die Erde für die Pflanzen an Land. Das Zooplankton ernährt sich von den Algen und bildet so die Basis vieler arktischer Nahrungsketten. Um das an einem einfachen Beispiel zu verdeutlichen: Der arktische Dorsch frisst Zooplankton, Robben fressen arktischen Dorsch, und Eisbären wiederum jagen Robben.

In meinen Jahren als Filmemacher gelangen hochprofessionellen Tauchern immer beeindruckendere Aufnahmen, die die Welt unter dem Eis porträtieren. Die Farben sind wirklich außergewöhnlich. Das arktische Meereis ist keine einförmige Decke, sondern verfügt über Kanäle, Spalten und Grate, sodass manche Bereiche mehr Sonnenlicht durchlassen als andere. Das erschafft wunderschöne Lichtvariationen, bestimmt aber auch, wo und in welchem Ausmaß teilweise bunte Algen wachsen. So ist es beispielsweise möglich, in einer einzigen Einstellung von unten auf das Eis tiefrote, wellenförmige und von Licht durchdrungene Eisformationen zu bestaunen, was einem den Atem raubt.

Aufnahmen unter Wasser, und insbesondere unter dem Eis, waren immer schwierig, doch die neueste Technik versetzt uns inzwischen in die Lage, Szenen zu filmen, die noch vor ein paar Jahrzehnten undenkbar gewesen wären. So nutzen erfahrene Taucher bei neueren Dokumentationen sogenannte Kreislauftauchgeräte – geschlossene Systeme, die einen erheblichen Teil der Ausatmungsluft des Tauchers recyclen, indem sie das darin enthaltene Kohlendioxid chemisch binden. Damit erhöht sich nicht nur die Zeit, die ein Taucher unter Wasser bleiben kann, die Technik sorgt auch dafür, dass keine Luftblasen die Aufnahme oder Geräusche die Tierwelt stören. Und das wiederum bewirkt, dass wirklich verblüffendes Verhalten gefilmt werden kann.

Bei den Aufnahmen für *Planet Earth III* mussten wir monatelang täglich Tauchgänge unter das Eis unternehmen, um zeigen zu können, dass der Kampf zweier kleiner Thecosomata (schwimmender Meeresschnecken) genauso spannend sein kann wie das Filmen von Eisbären oder Orcas.

Zu diesen pelagischen Hinterkiemerschnecken gehören die Ruderschnecken, die so heißen, da sie sich mit zwei flügelartigen Lappen wie Ruder fortbewegen. Diese »Ruder« sind eine evolutionäre Anpassung an die »Füße« einer Landschnecke. Eine »Meeresengel« genannte Ruderschnecke ist meist nur ein bis zwei Zentimeter lang, ansonsten aber ein ausgezeichneter Räuber, und zu ihren bevorzugten Beutetieren gehört eine andere Art schwimmender Meeresschnecken – Seeschmetterlinge. Seeschmetterlinge kommen recht häufig im Arktischen Ozean vor, sie ernähren sich von Phyto- und Zooplankton. Weder der Meeresengel noch der Seeschmetterling können sehen, doch dafür sind sie in der Lage, Bewegungen im Wasser wahrzunehmen. Der Meeresengel verfügt über die außergewöhnliche Fähigkeit, die inneren Teile seines Mauls in Form einer Tentakelfalle nach außen zu stülpen, um damit dann den Seeschmetterling einzufangen. Das ist ein faszinierender Anblick, den wir nur in den vor Leben sprühenden Gewässern der Arktis und dank engagierter und talentierter Wissenschaftler und Kameraleute aufnehmen konnten.

Auch wenn sich die Technik weiterentwickelte, so verlangte das Filmen unter dem Eis schon immer mutige und erfahrene Unterwasserfilmer, die zu den besten ihres Fachs gehören. Ich muss gestehen, dass ich nie versessen darauf war, durch ein Robbenloch ins Wasser einzusteigen, dabei zu riskieren, dass mir der Atemregulierer an den Lippen festfriert und beim Navigieren der Gedanke durch den Kopf geht, ich werde womöglich nie wieder an die Oberfläche finden, sollte ich unter dem Eis die Orientierung verlieren. Deswegen bewundere ich die Menschen umso mehr, die all das für uns riskiert haben.

Die von ihnen gemachten Aufnahmen ließen erkennen, dass Eis nicht nur der Untergrund ist, auf dem Eisbären jagen, es ist die Grundlage für das Leben in der Arktis an sich. Vielleicht werden wir das arktische Sommereis nie wieder so erleben, wie ich es einst sah, aber noch ist es nicht zu spät, um sicherzustellen, dass auf der Erde das winterliche arktische Meereis und das zugefrorene Land im Norden bestehen bleiben, zusammen mit der reichen Fülle an Leben, die dort existiert, und der Stabilität, die sie unserem gesamten Planeten verleihen.

DA

Eine Gruppe Inuit stieß im Jahr 2007 bei ihrer Jagd in einem abgelegenen Bereich im arktischen Alaska auf einen seltsam aussehenden Speer, der in der Flanke eines Grönlandwals steckte. Der Speer sah sehr alt aus, aber woher stammte er? Wie lang schwamm das Tier schon mit ihm durch den Arktischen Ozean? Die Inuit schickten den Speer zur Bestimmung an Fachleute, die zur allgemeinen Verblüffung herausfanden, dass der Speer gegen Ende der Regierungszeit von Königin Victoria in den Wal gebohrt worden war, also etwa um 1890. Offenbar hatten Walfänger aus New Bedford, Massachusetts, versucht, das Tier damit zu töten, doch es überlebte den Angriff. Der Grönlandwal verbrachte dann die nächsten 115 Jahre seines Lebens im nördlichsten Bereich dieses Ozeanbeckens – mit einer Speerspitze in seinem Körper. Wenn man bedenkt, dass Walfänger sich eher nicht die Mühe gemacht haben, ein kleines Jungtier zu jagen, dürfte der Grönlandwal also schon ausgewachsen gewesen sein, als man ihn angriff. Er ist damit rund 120 Jahre alt geworden. Und es finden sich Hinweise darauf, dass Grönlandwale sogar noch älter werden können, womöglich bis zu 200 Jahre.

Der Grönlandwal ist eine echte arktische Art und kommt normalerweise in Gewässern vor, die zumindest einige Zeit des Jahres von Eis bedeckt sind. Unter seiner dunklen Haut ist eine Schicht Blubber, die erstaunliche 50 Zentimeter dick werden kann – das dickste Unterhautfettgewebe aller Wale. Seinen englischen Namen – *bowhead* – verdankt das Tier seinem extrem großen bogenförmigen Kopf, der bis zu einem Drittel der Körperlänge ausmachen kann und den es nutzt, um das Meereis von unten mit Gewalt aufzustoßen. Diese Fähigkeit erlaubt ihm, in Gegenden nach Nahrung zu suchen, die andere Meeressäuger nicht erreichen können, da sie Gefahr laufen würden, sich zu weit von einem Atemloch im Eis zu entfernen. Das markante weiße Kinn befindet sich unterhalb des größten Mauls aller Tiere und ist mit bis zu vier Meter langen dunklen Barten gefüllt, durch die die Wale Krill und andere Wirbellose filtern. Für die Kommunikation, Paarung und Nahrungssuche sind Geräusche sehr wichtig, und gerade Grönlandwale sind für ihre weitreichenden »Gesänge« bekannt, die im kalten Wasser auch in vielen Kilometern Entfernung noch zu hören sind. Kurz: Der Grönlandwal ist wunderbar an das Leben im Arktischen Ozean angepasst.

War der Speer in diesem einen Wal auch eine einmalige Kuriosität, so kann der Körper jedes etwas älteren Grönlandwals von den großen Veränderungen zeugen, die der Arktische Ozean in den letzten 100 Jahren durchgemacht hat. Narben von Zusammenstößen mit

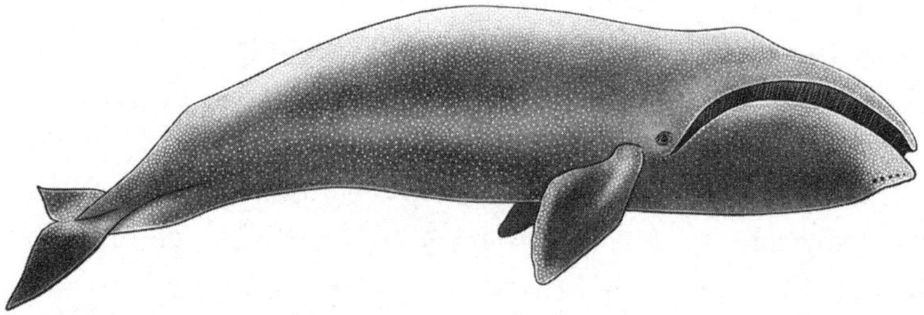

*Ein Grönlandwal zeigt sein unverwechselbares Maul.*

Schiffen und dem Verheddern in Fischernetzen helfen der Wissenschaft, einzelne Wale wiederzuerkennen, sprechen zugleich aber von eher traumatischen Existenzen, die man beim Anblick eines anmutig durch das kalte Wasser gleitenden Wals zunächst nicht vermuten würde. Die fetthaltigen Teile ihres Körpers können zudem schwer abbaubare organische Umweltschadstoffe enthalten – gefährliche chemische Verbindungen –, die durch Luft- und Wasserströmungen aus mangelhaft entsorgtem Müll in Europa und Amerika in den Arktischen Ozean gelangen. Es geht nun darum, das Ökosystem ihres sich rasch verändernden Lebensraums möglichst schnell zu verstehen und Maßnahmen zu ergreifen, solange wir ihn noch schützen können.

Man ist versucht, die beiden polaren Ozeane unseres Planeten in einen Topf zu werfen und dort Ähnlichkeiten zu unterstellen, wo doch tiefgreifende Unterschiede bestimmend sind. Der Südliche Ozean ist ein gigantischer Meeresring, der die antarktische Landmasse umkreist, wohingegen sich der Arktische Ozean über dem Nordpol befindet und seinerseits von Land umgeben ist. Dieser Hauptunterschied definiert ihre Wind- und Wetterbedingungen, die Strömungen, wie viel Wasser sie mit dem Rest der Weltmeere austauschen, und sogar, wie salzig sie sind.

Der Arktische Ozean ist der kleinste der fünf Ozeane unseres Planeten und liegt in einer deutlichen Vertiefung, dem Arktischen Becken. In der Regel wird er als der Teil der Weltmeere definiert, der sich innerhalb des Nördlichen Polarkreises befindet – ein Gebiet, das durch den nördlichsten Punkt, an dem die Sonne zur Wintersonnenwende um den 21. Dezember sichtbar bleibt, und den südlichsten Punkt, an dem sechs Monate später die Mitternachtssonne zur Sommersonnenwende scheint, gekennzeichnet ist. Der Arktische Ozean ist von Landmassen der fünf arktischen Anrainerstaaten umgeben – Dänemark, Kanada, Norwegen, Russland und die Vereinigten Staaten – und ein Teil des Siedlungsgebiets von mehr als vier Millionen Menschen, darunter 500 000 aus 40 indigenen Völkern. Dass er fast vollständig von Land umschlossen ist, also wenig Verbindungspunkte mit den anderen Ozeanen hat, prägte seine Lebensformen ganz entscheidend.

Von oben betrachtet sieht man deutlich, dass es nur zwei Durchlässe zum restlichen Ozean gibt: die Verbindung zum Nordatlantik und die winzige Öffnung der Beringstraße zwischen Nordamerika und Russland, die den Arktischen mit dem Pazifischen Ozean verbindet. Unter Wasser wird erkennbar, dass diese zweite Öffnung noch schmaler ist, als sie auf den ersten Blick aussieht, denn die Beringstraße ist extrem flach – meist nicht einmal 100 Meter tief. Bis vor Kurzem, zumindest was geologische Maßstäbe angeht, gab es hier überhaupt keine Lücke. Während der Hochphase des Pleistozäns, vor etwa 20 000 Jahren, war so viel Wasser in den Gletschern und massiven Eisdecken gespeichert, dass der Meeresspiegel weit über 100 Meter tiefer lag als heute, sodass die Bering*straße* eine Bering*landbrücke* war. Dabei mag der Name in die Irre führen, denn die »Brücke« war eine ausgedehnte, bis zu 100 Kilometer breite Graslandsteppe, über die Pflanzen, Tiere und Menschen zwischen Amerika und Asien wandern konnten. In dieser Phase war der Arktische Ozean vollständig vom Pazifik getrennt. Heute indes erlaubt die Beringstraße den Austausch von Wasser, Schiffen und marinen Lebensformen.

Sowohl in Bezug auf die Größe als auch auf die Auswirkungen ist aber jene Stelle bedeutender, an der das warme Wasser des Nordatlantikstroms, der in einem großen Bogen aus der Karibik über die Sargassosee zwischen Westeuropa und Grönland hinaufführt, auf die arktische Inselgruppe Spitzbergen trifft. Diese Verbindung ist die wichtigste zwischen dem Rest der Ozeane und dem auch als *upside-down ocean* bekannten Meer. Diesen Spitznamen bekam der Arktische Ozean vom Forscher Fridtjof Nansen, der sein Schiff 1893 absichtlich in der arktischen See einfrieren ließ, da er wusste, die Eisdrift würde ihn und seine Crew von Sibirien zurück ins heimatlichen Norwegen treiben. Während sie von Eis umschlossen waren, sammelte Nansen Wasserproben und erkannte, dass hier kaltes Wasser an der Oberfläche schwamm und sich wärmeres, salziges Wasser darunter befand, weshalb er von einem »kopfstehenden Ozean« sprach. Nansen wusste aus früheren Studien, dass in den meisten Teilen der Weltmeere durch Verdunstung Süßwasser von der Wasseroberfläche verschwindet, weshalb wärmeres, salzigeres Wasser oben und kälteres Wasser darunter zu finden ist. Nicht so in der Arktis. Der Grund für dieses kopfstehende Phänomen ist die große Menge Süßwasser, die aus schmelzendem Eis und über Flüsse in den Arktischen Ozean gelangt, was aus ihm das am wenigsten salzhaltige Ozeanbecken macht. Süßwasser ist leichter als Salzwasser, darum bleibt es näher an der Oberfläche.

Im Grunde kann man sich den Arktischen Ozean als aus drei unterschiedlichen Schichten bestehend vorstellen: Direkt unter der Süßwasserschicht befindet sich eine wichtige Schwelle, die sogenannte arktische Halokline. Diese dünne Schicht kaltes, sehr salzhaltiges Wasser trennt das kalte, weniger salzige Oberflächenwasser vom warmen, salzigeren Tiefenwasser. Die Halokline entsteht dadurch, dass sich beim Gefrieren des Meerwassers das Salz daraus löst, da es nicht gefrieren kann. Dadurch wird das umgebende Wasser salziger und dichter und sinkt unter das salzärmere Wasser an der Oberfläche ab. Nun sitzt es hier ein wenig wie ein Deckel auf dem wärmeren Tiefenwasser darunter. Gäbe es diese Halokline nicht, wäre die Oberfläche des Arktischen Ozeans wärmer und das arktische Eismeer würde noch schneller schmelzen als es das heute bereits tut.

Die ungemein reiche Tier- und Pflanzenwelt des Arktischen Ozeans verteilt sich keineswegs gleichmäßig. Und zum Teil ist genau diese ungewöhnliche Mischung aus Salzgehalt und Wassertemperaturen dafür verantwortlich. Dort, wo die wärmeren Wasser aus dem Atlantik und Pazifik durch vergleichsweise enge Zugänge in den Arktischen Ozean strömen, sorgen sie für eine Vermischung des Wassers, was große Mengen Nährstoffe an die Oberfläche treibt. Die Nährstoffe versorgen das Plankton, die Basis der Nahrungskette, wovon auch die übrige Tierwelt im Arktischen Ozean profitiert. Viele Fische, Seevögel und marine Säugetiere kommen zum Fressen in diese Regionen – daher stammen auch die meisten der spektakulären Filmaufnahmen, die Sie vom Arktischen Ozean zu sehen bekommen, entweder aus der Gegend rund um den atlantischen Bogen, der sich von der Baffin Bay über Spitzbergen bis zur Karasee erstreckt, oder aus der Nähe der Beringstraße. Ein zweiter Grund dafür ist, dass in diesen Regionen zudem große Flüsse ins Meer münden, die noch weitere und andere Nährstoffe mitbringen. (Und ein dritter Grund wäre, ich gebe es offen zu, dass es schlicht einfacher ist, in diesen Gegenden zu filmen.)

Weiter in Richtung Zentrum des Arktischen Ozeans, über dem Arktischen Becken, nimmt das marine Leben ab. Das liegt zum einen daran, dass dieses Gebiet weiter von den hochproduktiven Gewässern an den Festlandlücken entfernt ist, an denen sich der Atlantik beziehungsweise Pazifik und der Arktische Ozean treffen, zum anderen aber auch daran, dass es hier mehr dauerhaftes Meereis gibt. Die Eisblöcke halten die Strahlen der Frühlings- und Sommersonne vom Wasser ab, weshalb Phytoplankton, das Sonnenlicht für die Fotosynthese braucht, hier nicht im gleichen Maße wie an anderen Orten gedeihen kann. Ohne dieses Wachstum ist deutlich weniger Biomasse am Beginn der Nahrungskette vorhanden, folglich können auch weniger Tiere, die weiter oben in der Nahrungskette stehen, von ihm leben. Mit diesem Wissen halten wir die nötigen Hinweise in der Hand, wo wir dennoch Leben in dieser Zone finden können.

Ein einzelner, zwei Meter langer Stoßzahn durchbricht die Wasseroberfläche, gefolgt von einem dunklen Kopf und einem weiß gesprenkelten Kinn. Ein Narwal. Womöglich kehrt er von einem Tauchgang in Hunderten Meter Tiefe zurück, wo er Dorsche, Tintenfische oder Heilbutt gejagt hat. Er kann seinen Atem bis zu 25 Minuten anhalten, muss aber als Säugetier zum Atmen an die Oberfläche kommen. Dieser Narwal hat eine Eisblänke gefunden – einen großen Riss im Meereis, den er zur Navigation, aber eben auch zum Atmen nutzt.

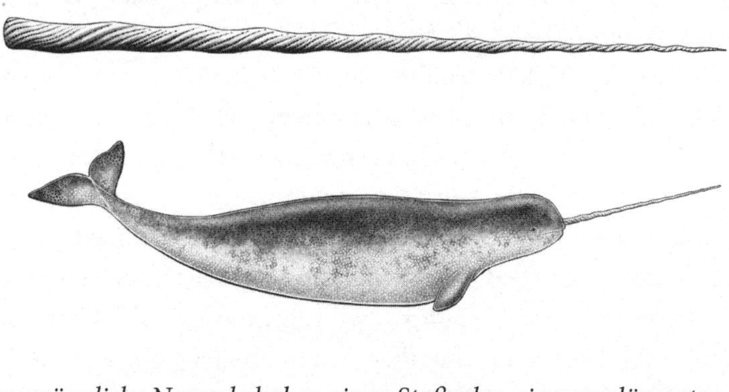

*Nur männliche Narwale haben einen Stoßzahn, einen verlängerten Eckzahn, im linken Oberkiefer.*

Narwale leben im Sommer in großen Gruppen in Küstennähe, ziehen aber zu Beginn des Frosts weiter hinaus aufs offene Meer. Dort sind sie sicherer, da das Eis ihnen hervorragenden Schutz vor ihrem Hauptfeind bietet: Orcas. Narwale haben keine Rückenflosse, weshalb sie sich knapp unterhalb des Eises verstecken können; Orcas wiederum haben eine ausgeprägte Finne, was in dieser Umgebung eher ungünstig ist. So ist es nun schon seit Jahrtausenden, doch weil das Meereis inzwischen immer weiter zurückgeht, vergrößert sich das Jagdrevier der Orcas, und die Narwale haben weniger Möglichkeiten, sich zu verstecken.

Eisblänke und andere Lücken in der Eisfläche wie Polynjas – eisfreie offene Wasserflächen, die durch aufsteigendes warmes Wasser oder Windeinwirkung entstehen – bieten auch Zufluchtsorte für weiteres arktisches Leben. Hier können die ersten Sonnenstrahlen im Frühling das Wasser erreichen und eine Planktonblüte auslösen, womit das Wachstum in der gesamten Nahrungskette angestoßen wird. Polynjas treten unter ganz bestimmten lokalen Bedingungen in einem besonderen Jahr auf, doch es gibt auch solche, die das ganze Jahr über offen sind, und sogar solche, die jedes Jahr zur selben Zeit am selben Ort entstehen und somit ein bewährtes Reiseziel für die Tierwelt des Arktischen Ozeans bilden.

Dies ist eine Welt, in der Narwale entlang der Lücken in Millionen von Quadratkilometern Meereis wandern, in der über 100 Jahre alte Wale über große Entfernungen hinweg einander rufen; ein Gebiet mit alten Landbrücken und langen Monaten voller Dunkelheit. Hier fühlt man sich sehr weit von menschlichen Siedlungen und Industriezentren entfernt. Doch sogar hier schleicht sich unsere industrialisierte Welt ein, durchdringend, allgegenwärtig. In den 1950er-Jahren fiel Piloten beim Überfliegen der nordamerikanischen Arktis ein seltsamer Dunst auf. Niemand konnte sich einen Reim darauf machen oder erklären, warum dieser Schleier nur zu bestimmten

Zeiten im Jahr auftritt. Jahrzehnte später identifizierte man diesen Smog als Sulfat- und Rußaerosole, die von der europäischen Schwerindustrie in die Luft geblasen werden. Im borealen Winter auf der nördlichen Erdhalbkugel liegen große Teile Eurasiens innerhalb der Luftströmungen, die zur Arktis ziehen, weshalb in die Luft abgegebener Feinstaub aus Fabriken, Städten und der Landwirtschaft in Richtung Norden transportiert wird und schätzungsweise zwei Wochen später die Arktis erreicht.

Fünf große Flüsse – der Mackenzie und der Yukon in Nordamerika sowie die Lena, der Ob und der Jenissei in Asien, alle mit großen Einzugsgebieten und zahllosen Zuflüssen – münden in den Arktischen Ozean. Auch viele kleinere und mittelgroße Flüsse beenden hier ihre Reise. Neben lebensspendenden Nährstoffen führen sie, genau wie die Winde, verunreinigende Substanzen aus Siedlungen, Bergbau, Landwirtschaft und Industrie mit sich, die in den Arktischen Ozean gespült werden, häufig in Schüben, etwa wenn das Eis schmilzt und die Flüsse anschwellen. In der Zwischenzeit strömt der Golfstrom in den Nordatlantikstrom, der dann nordwärts an Europa vorbeizieht und unterwegs Schadstoffe wie Schwermetalle, Plastik und Pestizide aufnimmt und sie in den Arktischen Ozean überführt. Auf diesen Wegen gelangen chemische Substanzen in die Arktis, die es hier nie zuvor gab.

Persistente organische Schadstoffe (engl. *persistent organic pollutants*, POP) nennt man jene giftigen chemischen Substanzen, die sehr lange brauchen, um abgebaut zu werden, und daher jahrzehnte- oder gar jahrhundertelang in der Umwelt verbleiben. Es kommt zu Bioakkumulation, das heißt, die Stoffe reichern sich mit der Zeit im Fettgewebe von Tieren und Menschen an. Zu diesen Schadstoffen gehören etwa bestimmte Pestizide und Insektizide, aber auch Brandschutz- und Lösungsmittel. Am bekanntesten dürfte DDT sein, ein Insektenvernichtungsmittel, das von vielen Ländern in den 1970ern verboten wurde, sich aber noch heute im Blut von Kindern nachweisen lässt, die lange nach dem Verbot geboren wurden. Das von den persistenten organischen Schadstoffen ausgehende Risiko scheint für jene Tiere besonders hoch, die weit oben in der Nahrungskette stehen. Populationen von Orcas, Eisbären, Walrossen und Ringelrobben wurden auf diese Schadstoffe getestet und wiesen alle hohe POP-Konzentrationen in ihrem Fettgewebe, ihren Muskeln und Organen auf. Auch wenn die Substanzen in den von ihnen gejagten Fischen nur in sehr geringen Dosen vorhanden sind, akkumulieren sich die Schadstoffe beispielsweise in Robben, da sie eben sehr viele Fische fressen. Ein Eisbär oder Orca, der in der Jagdsaison zahlreiche Robben vertilgt, übernimmt damit auch all deren toxische Hinterlassenschaften. Die Schadstoffe werden mit Krebs sowie Störungen des Hormon- und Fortpflanzungssystems in Verbindung gebracht und richten Unheil im menschlichen wie im tierischen Nervensystem an. Zum Glück sind viele der Gifte inzwischen verboten, und in großen Teilen der Welt verbessern sich die Regularien, doch wir müssen noch weitere Fortschritte erzielen, um in der Zukunft ein Stadium erreichen zu können, in dem sich niemand mehr Fragen wie diese stellen muss: Warum finden sich Brandschutzmittel im Körper eines Eisbären?

Doch unser komplexester und durchdringendster Einfluss auf die Arktis stammt von etwas, das wir anfänglich für eine deutlich harmlosere Substanz hielten: Kohlendioxid. Im Sommer 2017 drängten sich 100 000 Walrosse auf einem abgelegenen Strand der russischen Arktis. Normalerweise sollten sie zu dieser Zeit des Jahres auf Eisschollen oberhalb des Kontinentalschelfs ruhen, sich von dort immer wieder über die Eiskanten ins Wasser stürzen und in Tiefen von bis zu 80 Metern tauchen, um auf dem niedrigen Meeresboden nach Futter zu suchen. Dabei helfen ihnen ihre sehr empfindlichen Barthaare, Schalen- und Krebstiere aufzustöbern. Walrosse haben kunstvolle Taktiken entwickelt, um an das schwer zugängliche Futter zu gelangen. Sie können Wasserstrahlen aus ihrem Maul abschießen, um Beute von irgendeinem Untergrund abzulösen, oder auch eine solche Sogkraft entwickeln, dass sie damit Muscheln direkt aus ihren Schalen heraussaugen. Sind sie satt, nutzen sie ihre Stoßzähne, um ihre drei Meter langen und etwa 1500 Kilogramm schweren Körper zum Ausruhen aufs Eis zu ziehen, was ihnen den herrlichen wissenschaftlichen Namen *Odobenus rosmarus*, das »auf den Zähnen laufende Meerespferd«, eingebracht hat. (Ihr Trivialname Walross stammt einer Theorie zufolge von frühen niederländischen Seeleuten und bedeutet so viel wie »Küstenriese«. Wenigstens in diesem einen Fall ist die wissenschaftliche Terminologie mal unterhaltsamer!) Das Eis muss ziemlich dick sein, um Tausende Walrosse tragen zu können, die dann auf der Scholle liegen und Vokalakrobatik in einer verblüffenden Bandbreite vollführen – von Pfeifen über Hupgeräusche bis hin zu Röcheln und Knallen, je nach dem, was das Tier beabsichtigt.

Doch das Eis ist nicht mehr das, was und wo es einmal war. Es zieht sich im Sommer immer weiter in den Norden zurück und treibt heute mit großer Wahrscheinlichkeit über tieferem Wasser als dem über dem Kontinentalschelf, wo sich Walrosse meist ernähren. Da Walrosse anders als ihre Robbenverwandten nicht für längere Zeit im Meer bleiben können, müssen sie sich regelmäßig auf festem Untergrund ausruhen. Ohne das dafür benötigte Eis liegen sie nun dicht an dicht an den Stränden. So beweglich und effizient sie im Wasser auch sein mögen, so schwerfällig sind sie an Land und haben obendrein nicht besonders gute Augen. Im Sommer 2017 kamen also so viele an den erwähnten russischen Strand, dass Hunderte von ihnen gezwungen waren, auf die Klippen oberhalb zu klettern, um einen Platz zu finden. Eigentlich sind Walrosse keine guten Kletterer, aber irgendwie fanden sie ihren Weg hinauf. Außerhalb des Wassers ist wie gesagt ihre Sicht nur mäßig, und als sie einige Artgenossen aus der Herde im Wasser unter sich hörten, wo diese sich vielleicht gerade zum Aufbruch rüsteten, machten sich auch die Walrosse auf den Klippen schnellstens auf den Weg zu ihnen. Hunderte Tiere stürzten in den Tod. Ihre Welt verändert sich derart schnell, dass ihre Sinne und Gewohnheiten mit dem Tempo nicht Schritt halten können.

Erfreulicherweise enden diese Strandversammlungen eher selten dermaßen blutig, und dennoch ergeben sich aus ihnen noch weitere negative Folgen. Insbesondere Kälber werden versehentlich getötet, wenn die Herde durch einen Eisbären oder ein vorbeifahrendes Boot aufgescheucht wird und in eine panische Massenflucht ausbricht. Zudem gibt es erste Untersuchungsergebnisse, die auf Ernährungsprobleme hindeuten, was wahrscheinlich daran liegt, dass die vielen an einem Strand konzentrierten Tiere alle verfügbaren Nahrungsquellen in der Umgebung ausschöpfen, was die Walrosse dann zwingt, längere Strecken zu schwimmen, um endlich Nahrung zu finden. Das treibende Packeis dagegen sorgt dafür, dass die Tiere immer wieder neue Futtergründe aufsuchen, und bietet ihnen eine weitaus größere Auswahl an Beuteplätzen.

Die Arktis erwärmt sich rascher als jede andere Region der Erde. Untersuchungen zeigen, dass sie sich zwischen zwei- und viermal so schnell erwärmt wie der weltweite Durchschnitt. Dieses Phänomen wird auch als »arktische Verstärkung« bezeichnet und hängt mit einer Reihe von Faktoren zusammen, von denen einer der wichtigsten die »Albedo« ist. Damit wird die Lichtmenge bezeichnet, die auf eine Oberfläche trifft – in diesem Fall das Meereis – und ins Weltall zurückreflektiert wird, wodurch die Temperatur in der Umgebung niedrig bleibt. Da sich die Arktis erwärmt, gibt es weniger Meereis; damit vergrößert sich die Oberfläche des dunkleren Wassers mit einer deutlich geringeren Albedo, es wird also weniger Sonnenlicht ins Weltall reflektiert, und das Wasser absorbiert zusätzliche Wärme.

Der Arktische Ozean erwärmt sich folglich noch mehr, sodass noch weniger Eis übrig bleibt, um das Licht zu reflektieren, und noch mehr Eis schmilzt. Ein anhaltender Teufelskreis.

Wir stehen erst am Anfang einer Entwicklung und begreifen noch nicht, was dies alles für das Leben von Tieren und Menschen bedeutet, die vom Arktischen Ozean abhängig sind. Orcas scheinen von den Veränderungen zu profitieren, zumindest derzeit. Historische Aufzeichnungen legen nahe, dass das Meereis sie bislang davon abgehalten hat, Teile des Arktischen Ozeans wie vor Nordostkanada zu besiedeln. Doch da nun das Eis schmilzt, erweitern sie ihre Territorien und nutzen die sich neu bietenden Jagdmöglichkeiten. Kälber der Grönlandwale, Narwale und Belugas spüren im Gegenzug bereits, dass weniger Meereis auch weniger Schutz vor Orcas bedeutet. Populationen von marinen Säugetieren, die selten bis nie von Orcas bedroht waren und daher nie ein Flucht- oder Verteidigungsverhalten erlernt haben, sind plötzlich den Angriffen des wohl versiertesten und intelligentesten Jägers im Ozean ausgesetzt. Es gibt Vermutungen, Orcas könnten mit der Zeit in Teilen der Arktis Eisbären als dominierende Raubtiere unter den Meeressäugern ablösen.

Würde die Erwärmung heute gestoppt, könnten sich Arten womöglich anpassen, und ein neues Gleichgewicht würde entstehen. Eine fesselnde Studie aus dem Jahr 2018 gab einen Ausblick auf einen ganz anderen Arktischen Ozean. Sie verglich die Nahrungsgewohnheiten von Belugas, Ringelrobben, Schwarzem Heilbutt und Wandersaibling aus den Jahren 1990 bis 2002 mit denen der Jahre 2005 bis 2012. Alle Arten fraßen in dem erwärmten Arktischen Ozean erkennbar anders. Sie nahmen einen deutlich geringeren Teil »typisch« arktischer Arten wie Garnelen oder Grönlanddorsch zu sich und ersetzten diese durch einen höheren Anteil an Lodde – einen kleineren Fisch aus dem Nordatlantik, wo die Wassertemperatur etwas höher liegt als bisher im Arktischen Ozean. Die Lodde ist bekannt dafür, ihren Lebensraum sehr schnell und in Reaktion auf Veränderungen der Wassertemperatur anzupassen, und man stellte fest, dass sie mit der Erwärmung des Arktischen Ozeans nordwärts wandert.

Doch höchstwahrscheinlich werden wir nicht herausfinden, wie dieses neue Gleichgewicht aussehen könnte, denn selbst wenn sich die weltweiten Umweltschutzbemühungen im Vergleich zu heute deutlich verstärken sollten, sind viele Veränderungen im globalen Klimasystem bereits so fest verankert, dass wir sie nicht mehr aufhalten können. Die Menge an mehrjährigem Meereis – also Eis, das im Sommer nicht geschmolzen ist und daher im Winter noch dicker wird – hat sich seit 2002 halbiert, und was wir über das Albedo-Phänomen wissen, legt nahe, dass der Arktische Ozean ab 2050 oder sogar noch früher im Sommer völlig eisfrei sein wird – zum ersten Mal seit Beginn der menschlichen Zivilisation. Das Auftauen des Permafrostbodens, Veränderungen der Niederschlags- und Windmuster, die Unterbrechung der schützenden Halokline-Schicht aufgrund der Durchmischung des Ozeans sowie Veränderungen bei den Ozeanströmen sind komplexe und miteinander verbundene Variablen. Viele Facetten des Wandels beobachten wir bereits jetzt, andere stehen uns noch bevor, doch wir können kaum vorhersagen, wie sie sich auswirken werden.

Weder für den Arktischen Ozean noch für den Rest der Welt kennen wir alle daraus resultierenden Konsequenzen. Einige Arten werden wahrscheinlich davon profitieren, zumindest anfänglich, doch viele andere werden darunter leiden. Sicher ist: Das ursprünglich fein austarierte Gleichgewicht dieser einzigartigen, bezaubernden und komplexen Meereswelt ist bereits verloren gegangen. Nur wenn wir nun Tempo und Umfang unserer Anstrengungen verdoppeln, könnten wir die Situation zumindest lange genug stabilisieren, bis sich eines Tages ein neues Gleichgewicht eingependelt hat.

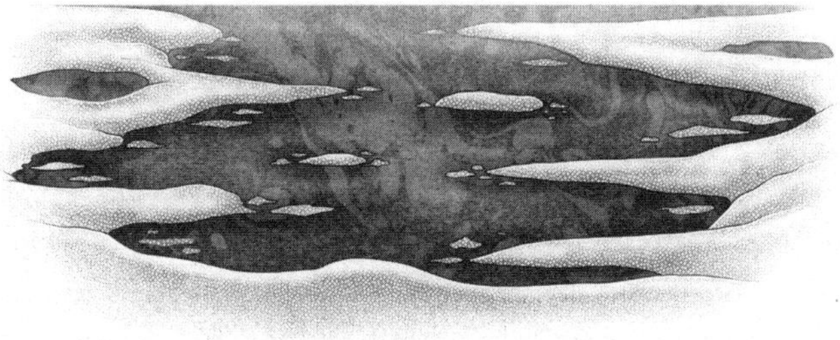

## DIE LETZTE EISFLÄCHE

Es wird das letzte Aufgebot des Holozäns sein. Ein Überbleibsel, das uns daran erinnert, wie »stabil« und »normal« einmal aussahen. Wenn das sommerliche Meereis in der Arktis einmal verschwunden ist, wird dies das letzte Stück sein, das weichen wird. Die letzte Eisfläche.

Wir befinden uns in einem Küstenrandgebiet in der hohen Arktis. Dort, wo der äußerste Norden Kanadas auf Grönland trifft, am Rande der Baffin Bay, erstreckt sich eine spektakuläre Gruppe von Inseln, Buchten und weiten überfluteten Tälern, die als »Sound« bekannt sind. Dies wird ein Zufluchtsort für vom Eis abhängige Arten und die Inuit bleiben, die hier seit Tausenden von Jahren nachhaltig leben.

Selbst hier schmilzt das Eis – wenn auch nicht ganz so schnell wie in anderen Teilen der Arktis. Doch obwohl der Rückgang des Eises zu einer Bedrohung wurde, entwickelte sich aus dieser Gefahr paradoxerweise etwas Wundervolles. Das schmelzende Eis ließ diese Gegend nämlich zugänglicher und damit wirtschaftlich interessant werden für Schiffsspeditionen und Unternehmen auf der Suche nach genau jenen fossilen Energieträgern, die für den Verlust der Eisflächen überhaupt verantwortlich sind. Dieser zunehmende Druck brachte aber auch unweigerlich den Stein für ein visionäres Projekt ins Rollen: das gewaltige nationale Meeresschutzgebiet Tallurutiup Imanga.

Auf Inuktitut heißt die Devon-Insel, ein wichtiger Teil des Schutzgebiets, *Tallurut*, da die ansässigen Inuit den Eindruck hatten, einige der Ausformungen der Devon-Insel erinnerten an ihre Gesichtstätowierungen am Kinnbogen. *Imanga* wiederum bedeutet »Wasserfläche«. Tallurutiup Imanga. Der Name bezeichnet sowohl das Gewässer zwischen der Baffin- und der Devon-Insel als auch das gesamte Meeresschutzgebiet, das noch deutlich größer ist. Dabei stammt nicht nur der Name von den Indigenen vor Ort. Zu oft wurden weltweit bei der Schaffung von Schutzgebieten das Wissen und die Wünsche der Indigenen ignoriert, nicht selten wurde ihnen dafür sogar Land weggenommen und ihr Recht beschnitten. Anders bei der Gründung von Tallurutiup Imanga: Im Jahr 2019 schlossen die Qikiqtani Inuit Association, die mehr als 15 000 Inuit repräsentiert, und die kanadische Regierung eine Vereinbarung. Entscheidend dabei war, dass darin ganz zentral geregelt ist, welche Auswirkungen und Vorteile das Schutzgebiet für die Inuit hat. Für Steven Lonsdale, einen in Iqaluit geborenen und aufgewachsenen Inuk und heute verantwortlich für das Meeres- und Tierleben bei der Qikiqtani Inuit Association, macht genau dies das Schutzgebiet Tallurutiup Imanga so besonders. Er sagt:

> *Tallurutiup Imanga ist ein Park, aber nicht der typische Nationalpark, wie man ihn ansonsten in Kanada findet. Er wird ganz anders genutzt. In anderen Teilen Kanadas wird ein Park gegründet und dann auf Touristen ausgerichtet und darauf, wie sich deren Erfahrung dort maximieren lässt. Hier wurde der Park gegründet als eine Möglichkeit, den Ozean und das Land zusammen mit den kulturellen Aktivitäten und der kulturellen Kontinuität der Menschen zu schützen, die hier schon leben.*

Man hätte Tallurutiup Imanga in klein testen können, doch man entschied sich stattdessen, ihn im größtmöglichen Maßstab einzurichten. Heute ist das Gebiet eines der umfassendsten Wasserschutzgebiete Kanadas und ein Vorzeigeprojekt, das den Meeresschutz überall verändern könnte. Superlative reichen nicht aus, um diesem Park gerecht zu werden. Er ist nicht einfach nur »gewaltig«, »riesig« oder »monumental«, wie ihn ein Reiseführer beschreiben würde – mit 108 000 Quadratkilometern könnte er bequem Bayern und Baden-Württemberg zusammen aufnehmen. Oder um einen näherliegenden Vergleich zu wählen: Er ist so groß wie die beiden kanadischen Provinzen Nova Scotia und New Brunswick zusammen. Zu behaupten, er habe »ein reiches Tierleben«, wäre eine deutliche Untertreibung, angesichts der Vielzahl an Walrossen, Eisbären, Grönlandwalen, Belugas, Bartrobben und durchziehenden Vögeln, die hier vorkommen. Zu betonen, die Gegend habe »globale ökologische Bedeutung«, macht nicht recht deutlich, was es heißt, dass dies einer der letzten Orte der Welt ist, an denen ein funktionierendes arktisches Marineökosystem für eine weitere Generation überleben könnte. Und ihn einfach als »Heimat« für fünf Inuitgemeinschaften in der hohen Arktis zu bezeichnen, würde nicht die tiefe kulturelle Bedeutung und die einzigartige Lebensweise einfangen, die sich aus Tausenden Jahren der Besiedlung dieser Region ergeben. Dies ist wahrlich ein besonderer Ort.

Die im Tallurutiup Imanga liegenden Inuitgemeinden Arctic Bay, Clyde River, Grise Fiord, Pond Inlet und Resolute Bay hängen alle von der Bewegungsfreiheit ihrer Menschen ab. Denn obgleich sie über diese Siedlungen verfügen, sind nomadische Elemente ein wichtiger Teil der Inuitkultur, die uneingeschränkte Bewegung in einem großen Gebiet vorsieht, um Nahrung zu finden, Vorräte anzulegen oder kulturelle Bräuche zu pflegen. So ist es beispielsweise im Sommer zwar möglich, bestimmte Beeren und Pflanzen zu ernten, doch in diesem Klima kann keine Landwirtschaft betrieben werden. Als Konsequenz hängen die Inuit von der Jagd auf Meeressäuger, Vögel und andere durchziehende Tiere ab, was von den Jägern allerdings verlangt, über weite Strecken zu ziehen, um ihre Gemeinschaften mit ausreichend Essen versorgen zu können. Der Ozean funktioniert als ihre wichtigste Verkehrsstraße – auch wenn sie im Winter aus Eis und im Sommer aus Wasser besteht –, und Tallurutiup Imanga ist die Hauptschlagader, die die Region verbindet. Auch für das Tierleben in Tallurutiup Imanga sind »Bewegung« und »Verbindung« wichtige Stichworte. Der Spitzname, die »arktische Serengeti«, stammt zum einen von der Fülle an Tieren hier, ist zum anderen aber zugleich ein Verweis auf den bedeutenden Migrationskorridor von der Baffin Bay im Osten zum Arktischen Archipel im Westen. Indem das Schutzgebiet diese Winter- und Sommerbereiche miteinander verbindet, ist es ein entscheidendes Rückzugs- und Erholungsareal für arktische Arten, darunter erstaunliche 70 Prozent der weltweiten Narwale, 20 Prozent der kanadischen Belugas, für die größte Teilpopulation der Eisbären in Kanada sowie einige der größten Seevogelkolonien der Arktis. Die aufsteigenden Nährstoffe sind der entscheidende Faktor für so viel Leben in Tallurutiup Imanga, da sie eine hohe Produktivität innerhalb des Meeresschutzgebiets bewirken und dank starker Meeresströmungen ein noch viel größeres Gebiet versorgen. So war ein entscheidendes Motiv für die Schaffung eines arktischen Schutzgebietes dieser Größenordnung, dass die Natur hier selbst Größe braucht, um zu funktionieren – seien es nun die Inuit bei ihrer Jagd auf durchreisende Tiere, seien es die Eisbären, die ein riesiges Gebiet durchstreifen, seien es wandernde Tierarten, die den Jahreszeiten folgen. Damit hier Leben gedeihen kann, braucht es Platz.

Bei minus 30 Grad Celsius übers Meereis zu reisen, gefährliche Gewässer mit komplexen Strömungen zu befahren, das Verhalten von Wildtieren zu verstehen sowie kulturelles Wissen und die vor Ort nötige Expertise weiterzugeben – all das sind Fähigkeiten, über die die Inuitgemeinden von Tallurutiup Imanga verfügen. Genau diese Gemeinschaften brauchen auch Jobs, Einkommen und eine sichere Versorgung mit Lebensmitteln. Es bot sich hier die Gelegenheit, die Bedürfnisse der Menschen und der Flora und Fauna miteinander zu verknüpfen. Damit das nationale Meeresschutzgebiet Tallurutiup Imanga dauerhaft erfolgreich sein kann, musste es so aufgestellt werden, dass die Gemeinden vom Schutz der Umwelt und die Umwelt von der langfristigen Schirmherrschaft der Gemeinschaften profitieren würden.

Die Inuitkultur ist dabei besonders gut für ein solches Modell geeignet, wie Steven Lonsdale erklärt: »Der Schutz der Narwale, der Robben oder anderer Tiere ist gleichbedeutend mit dem Schutz der Kultur. Inuit unterscheiden nicht zwischen Kultur und Umwelt – sie sind ein- und dasselbe –, denn wir sind Teil der Umwelt, und durch die kulturellen Verknüpfungen werden beide bewahrt.«

Er macht auch deutlich, dass der Tallurutiup Imanga, obgleich die Inuit bereits seit den 1970er-Jahren für seine Errichtung kämpften, schließlich in einem besonders günstigen Moment gegründet werden konnte, da viele Inuit in der Region nun einen Teil ihres Lebens, oder sogar ihr gesamtes Leben, in dauerhaft besiedelten Gemeinden verbringen.

*Lebt man in einem urbanen Zentrum, fällt es einem leichter zu glauben, man sei von der Natur getrennt oder ihr irgendwie überlegen, doch wer aus einer Jäger-und-Sammler-Gesellschaft kommt, die noch eine Generation zuvor ein halbnomadisches Leben führte, spürt noch die Verbindung zur Natur. Meine Großmutter und Mutter lebten entsprechend der Jahreszeiten, die vorgaben, wohin man ging. Ich bin der Erste meiner Familie, der in einer Stadt geboren wurde und dort aufwuchs. Meine Vorfahren lebten noch vollständig im Einklang mit der Umwelt, sodass sie wussten, wie sie unter bestimmten Wetterbedingungen zu einem Ort und in einer anderen Jahreszeit zu einem anderen Ort ziehen konnten. Wie erfolgreich man in Hinblick auf Essen und Gesundheit war, hing davon ab, den Jahreszeiten zu folgen, das Eis und die Tierwelt zu verstehen.*

*Wir sind noch nahe genug an dieser Generation und der Kultur, sodass die Gründung dieses Parks in kultureller Kontinuität bedeutet, dass wir die Patenschaft für die Umwelt übernehmen können und die Umwelt im Zentrum unserer Kultur verbleibt – wir können die Umwelt sogar aktiv dafür nutzen, unsere Kultur zurückzugewinnen und neu zu beleben.*

In diesem Sinne rief die Qikiqtani Inuit Association das Nauttiqsuqtiit-Patenschaftsprogramm ins Leben, das die positiven Auswirkungen des Tallurutiup Imanga und die Vorteile für die Gemeinschaft miteinander verweben soll. Das Programm nutzt die besonderen Fähigkeiten, über die allein die Inuit verfügen, etwa das Spurenlesen, die Eisüberquerung und ein tiefes Verständnis der gefährlichen Strömungen und des Wetters, und überträgt sie auf wichtige Aufgaben innerhalb des Schutzgebietes. Die Nauttiqsuqtiit, also die Inuitpaten, werden so zu Augen und Ohren des Meeresschutzgebiets. Sie tragen Informationen über den Gesundheitszustand und die Menge des Wildlebens an bestimmten Orten zusammen, etwa dem Pond Inlet, bei dem man sich Sorgen über den Einfluss der zunehmenden Schifffahrt und der seismischen Testungen machte – der Seeboden wird mit Geräuschen beschossen, um nach Öl und Erdgas zu suchen. Die von den Nauttiqsuqtiit gesammelten Daten werden bei der Entwicklung zukünftiger Vorschriften für Meeresschutzgebiete von großer Bedeutung sein. Darüber hinaus sind sie Kulturvermittler und

-übersetzer, helfen bei Such- und Rettungsaktionen, durchstöbern die Gewässer nach Booten, die ohne Erlaubnis fahren, und leiten kulturelle Aktivitäten, zum Beispiel einwöchige Fischerei-Camps für Jugendliche aus der Gemeinde oder Besuche älterer Gemeindemitglieder im Land ihrer Vorfahren.

Bis er sechs Jahre alt war, lebte Mishak Allurut wie schon Generationen vor ihm: Er übernachtete an traditionellen Schlafplätzen, reiste umher, so wie es die Umstände vorgaben, und profitierte vom Wissen seiner Familie über die Region und von den tiefen Verbindungen innerhalb seiner Gemeinschaft. Dann zog er mit seiner Familie nach Arctic Bay, wo er zum ersten Mal in einer dauerhaft bewohnten Siedlung lebte, damit er und seine Geschwister eine Schule besuchen konnten. Mit 13 zog er fort, übernahm eine Reihe von Jobs, etwa als Minenarbeiter und Wildpark-Ranger. Seine Kolleginnen und Kollegen erinnern sich an seinen scharfen Verstand und seine Großzügigkeit, die er beide später gut gebrauchen konnte.

Gereift kehrte Mishak Allurut ins Bildungswesen zurück. Dort verknüpfte er seine ausgezeichnete Beobachtungsgabe des Eises mit wissenschaftlicher Forschung und veröffentlichte Aufsätze, in denen er die Klimaanfälligkeit der Inuitgemeinschaften bewertete. Dank seiner natürlichen Neugier und dem Interesse an Menschen wurde er zu einem Vermittler zwischen den Welten, der leidenschaftlich für die Verschmelzung von Wissenschaft und Inuitkultur eintrat. Er sah in dieser Kombination den Schlüssel, um die sich verändernde Arktis zu verstehen und zu schützen.

Zu einem späteren Zeitpunkt seiner Karriere arbeitete Mishak Allurut im Tallurutiup Imanga als Nauttiqsuqtiit-Koordinator und Übersetzer. Da er sowohl Inuktitut als auch Englisch sprach und sich in der Wissenschaft und Kultur auskannte, spielte er eine wichtige Rolle dabei, die unterschiedlichen Kenntnisse und Interessen zusammenzuführen, die bei der Gründung des Parks entscheidend waren. Wo andere Hindernisse zwischen Kulturen sahen, erkannte Allurut ein gemeinsames Interesse und erklärte: »Tallurutiup Imanga ist ein Projekt für das gesamte Land, für ganz Kanada, nicht nur für die Inuit. Dies ist ein auf der ganzen Welt anerkanntes Meeresschutzgebiet. Wir sind Teil davon, und wir sind stolz darauf, ein Teil davon zu sein.«

Seine größte Leidenschaft war es jedoch, junge Menschen mit ihrer traditionellen Kultur in Verbindung zu bringen. Vielleicht als Echo auf seine zweigeteilte Kindheit – teils Nomade, teils Highschool-Schüler – nahmen Mishak Allurut und andere Nauttiqsuqtiit-Paten junge Inuit mit in den Nationalpark, um ihnen dort den Iglu- und Harpunenbau sowie die traditionelle Jagd beizubringen. Für Mishak hieß dies, eine Verbindung mit dem Land und dem Eis aufzubauen: »Ich weiß, dass es Jugendliche ohne Vater gibt. Wir bieten ihnen die Möglichkeit zu lernen. Wir können ihnen beibringen, Robben auf traditionelle Art und Weise mit einer Harpune zu fangen. So lernen sie, über das Land nachzudenken und es zu verstehen.«

Bevor er am 13. Juli 2023 an seinem Krebsleiden starb, gab Mishak Allurut seine Leidenschaft, sein Wissen und seine Kultur an die Gemeinschaft weiter. In der Dolmetscherkabine des Nationalparkzentrums hängt heute eine Gedenktafel an ihn und seine Arbeit – ein Held des Alltags, gewürdigt von der Gemeinschaft, der er diente. Auf dem Foto neben der Tafel ist Mishak am Rande eines Sees stehend zu sehen, hinter ihm die Sonne und das im Wasser treibende Sommereis. Das Sommereis wird es womöglich nicht mehr geben, wenn seine sieben Kinder, 15 Enkel und sein Urenkel das Alter erreicht haben, das Mishak auf dem Foto hatte, doch dank seiner Arbeit und der seiner Kolleginnen und Kollegen werden viele andere Aspekte der Kultur und der Umwelt überdauern, die Tallurutiup Imanga so besonders machen.

Die Inuitpaten spielen eine weitere wichtige Rolle. Denn die unsichere Versorgung mit Lebensmitteln ist ein im Norden weitverbreitetes Problem – die Nahrungsmittelpreise sind wesentlich höher als in den Städten auf dem kanadischen Festland, Löhne und Beschäftigungsquoten aber niedrig. Diese Lebensmittel müssen auf dem Luft- oder Seeweg importiert werden, was nicht nur teuer, sondern auch umweltbelastend ist, zumal diese Nahrungsmittel kein Bestandteil der traditionellen Ernährungsweise vor Ort sind. Folglich gehört es auch zur Aufgabe der Qikiqtani Inuit Association, die Lebensmittelunsicherheit dadurch zu reduzieren, dass man mehr Gewicht auf traditionelle Lebensmittel und Essenskultur legt. Die Inuitpaten bekamen die Aufgabe, Meerestiere zu fangen und sie mit ihrer Gemeinschaft zu teilen. Das Teilen von Essen spielt eine wichtige Rolle in der Inuitkultur: Es gilt als Zeichen von Respekt und kultureller Verbindung, ist aber auch eine praktische Lösung für das Leben in einem Teil der Welt, in dem man oft lange Reisen unternehmen muss, um genug zu essen zu finden. Es ist deutlich weniger riskant, eine kleine Gruppe erfahrener Jäger loszuschicken, die sich mit den heimtückischen Bedingungen auskennt und genug Essen für die Gemeinschaft zurückbringen kann, als dass jeder alleine zur Jagd aufbricht. Diese Ernährungsweise ist aber nicht nur zweckmäßig, sondern auch nachhaltig. Die Siedlungsdichte ist gering, und die Jäger fangen an einer bestimmten Stelle nur eine vergleichsweise geringe Anzahl Säugetiere, Fische und Vögel. Bei der nächsten Jagd dürften die Tiere bereits weitergezogen sein, oder die veränderten Meeres- und Eisbedingungen zwingen die Jäger dazu, einen anderen Ort aufzusuchen, weshalb sich die Auswirkungen der Jagd auf die Natur breiter verteilen. Allerdings wächst die Wahrscheinlichkeit, dass mit dem sich beschleunigenden Klimawandel die Inuit unter immer instabileren Wetterbedingungen immer weiter werden reisen müssen, um genug Essen und Vorräte zu finden.

Die Inuit, die bereits seit Jahrtausenden Tallurutiup Imanga besiedeln, haben seit Jahrzehnten um dessen Schutz gekämpft. Es scheint, als habe der politische Wille inzwischen ein Einsehen. Die Notwendigkeit, die Biodiversität zu bewahren und den Klimawandel zu bekämpfen, hat einige Menschen in der westlichen Welt dazu gebracht, den zentralen Wert der Inuitkultur anzuerkennen: Wir sind Teil der Natur, nicht von ihr getrennt und auch nicht über ihr stehend. Tallurutiup Imanga ist die Vision des Meeresschutzes, der indigene Völker in den Mittelpunkt der Ausgestaltung, des Managements und des Zwecks eines Schutzgebiets stellt, und genau das ist es, was ihm die größte Chance auf langfristigen Erfolg gibt.

Diese Herangehensweise findet Nachahmer: Ist Tallurutiup Imanga das südliche Ende der letzten Eisfläche, dann liegt Tuvaijuittuq genau in dessen Mitte. Übersetzt bedeutet das Wort »Ort, an dem das Eis niemals schmilzt«, da er sich dort befindet, wo sich die ältesten und dicksten Schichten der mehrjährigen Eisfläche in der Arktis auftürmen – Tuvaijuittuq ist das Sommerhabitat für von Eis abhängige Arten wie Walross und Eisbär. Vor der Nordwestküste von Ellesmere Island im Arktischen Ozean gelegen ist Tuvaijuittuq aus einer weiteren Zusammenarbeit zwischen der Qikiqtani Inuit Association und der kanadischen Regierung hervorgegangen. Hier sprechen wir von einem Meeresschutzgebiet mit 319 000 Quadratkilometern Ausdehnung, mehr als dreimal so viel wie Tallurutiup Imanga – und die beiden Schutzgebiete zusammen sind größer als Deutschland.

Tallurutiup Imanga und Tuvaijuittuq müssen durch eine schwierige Zukunft gesteuert werden. Selbst wenn die Welt nun schnell dekarbonisieren sollte, reichen unsere bisherigen Emissionen aus, um in beiden Gebieten noch viel Eis zum Schmelzen zu bringen. Das wird weitere Begehrlichkeiten wecken. Manche davon, wie etwa Tourismus und Fischfang, könnten sich als wertvolle Einkommensquellen erweisen und Teil eines langfristigen Managementplans sein, auch wenn der Druck wachsen dürfte, beides über ein nachhaltiges Niveau hinaus zu erlauben. Anderes, wie etwa neue Bergbauvorhaben und Erdölförderungen, werden hoffentlich grundsätzlich ausgeschlossen. Die Eisschmelze wird unweigerlich die Nährstoffströme und die Wanderbewegungen der Tiere verändern, und zwar auf eine Art und Weise, die wir noch nicht vorhersagen können – was sich wiederum auf das gesamte Ökosystem und damit auf das Leben der Inuitgemeinschaften auswirkt. Doch indem sie den visionären Schritt gegangen sind, gewaltige Meeresschutzgebiete einzurichten, die von den dort lebenden Menschen verwaltet werden, haben sich die Qikiqtani Inuit Association und die Regierung Kanadas selbst die beste Ausgangslage geschaffen, um die einzigartige Kultur und das einzigartige Tierleben der letzten Eisfläche zu bewahren.

KAPITEL 6

# MANGROVEN

## KAPUZINERAFFEN, COSTA RICA

Mangrovenwälder existieren zwischen zwei Welten. Von oben betrachtet lässt nichts an ihrem dichten Blätterdach vermuten, dass dies eigentlich ein lebendiges Habitat des Ozeans ist. Doch die Flut umspült täglich die Wurzeln und Baumstämme, manchmal sogar die Baumkronen der Mangroven, wodurch der Wald zum Lebensraum für den Nachwuchs großer Fische und zu einem reichhaltigen Gewässer für eine Fülle von Muscheln wird, die hier ihre Nahrung filtern.

Nur wenige der Bäume in diesen Wäldern gehören tatsächlich zur Mangrovenbaumart *Rhizophora*, und das, was wir meist als Mangrovenwald bezeichnen, kann eine Vielzahl unterschiedlicher Baumarten enthalten, die jedoch alle daran angepasst sind, im Salzwasser entlang der Küsten und Flussmündungen in den Tropen zu wachsen – Bedingungen, die die meisten Pflanzen umbringen würden. Mangrovenwälder sind außergewöhnliche und einzigartige Lebensräume. Sie bieten auch vielen Insekten, Vögeln und Krebstieren ein Zuhause, doch es braucht eine bestimmte Art Primaten, die das zu nutzen versteht – eine, die im Gleichklang mit den Gezeiten lebt.

Als ich im Jahr 2001 *Das Leben der Säugetiere* drehte, verbrachte ich mehrere Wochen in einem dieser Wälder, weil ich das faszinierende Verhalten zweier getrennter Gruppen extrem kluger Affen beobachten wollte: Kapuzineraffen. Wir wollten die Dokumentation mit einer Aufnahme beginnen, die zeigt, wie es unterschiedlichen Affenarten nur dank ihrer Intelligenz gelingt, unter einer ganzen Reihe schwieriger Bedingungen zu leben – ehrlicherweise muss ich dazusagen, dass zu diesem Zeitpunkt niemand im Team damit rechnete, in einem Ozeanhabitat zu filmen! Doch wir hatten unterwegs wissenschaftliche Studien darüber gelesen, dass Kapuzineraffen in Costa Rica bei Ebbe Schalentiere in einem Mangrovenwald aufsammeln, und das klang wie gemacht für die erste Einstellung unseres Films.

Kapuzineraffen sind eine besonders clevere Art. Sie werden oft einfach als »neugierig« beschrieben, doch wenn man sie eine Weile aus nächster Nähe beobachtet, erkennt man, dass sie, genau wie wir, in der Lage sind, sich die Zukunft vorzustellen und Pläne zu schmieden, wie sie dann vorgehen wollen. Es stellte sich heraus, dass es ihnen genau dank dieser Eigenschaft gelang, die komplexe Welt der Mangroven zu erobern.

Unser Drehort war eine ehemalige Rinderzucht und Mangoplantage. Im Rahmen der vorbildlichen bereits 40-jährigen Bemühungen Costa Ricas um die Wiederherstellung der bedrohten Wälder und Tierwelt war diese Gegend auf dem besten Weg, ein vollwertiges Wildtierreservat zu werden. Zwanzig Jahre vor unserem Besuch hatte die Regierung Costa Ricas das Areal unter Schutz gestellt, um die Mangroven zu bewahren, und in der Zwischenzeit war hier das Leben zurückgekehrt. Die Mangroven umsäumten eine geschützte Bucht, und jeden Tag, wenn wir vom Eingang der ehemaligen Farm durch das halbimmergrüne Waldgebiet hinaus in den Schlick des Mangrovenwalds liefen, trafen wir auf derart viele wunderschöne und faszinierende Tiere um uns herum, dass wir uns immer wieder in Erinnerung rufen mussten, weshalb wir hier waren.

Elfenbeinsittiche und Gelbnackenamazonen kamen ziemlich häufig vor. Hin und wieder sahen wir die sofort wiedererkennbare Silhouette des kürzlich zurückgekehrten Scharlacharas am Himmel über uns oder konnten durch die Bäume einen Blick auf einen Schnurrvogel werfen. Leguane, die sich nach der wärmenden Sonne streckten, ruhten starr wie Statuen auf Ästen, und das Geschrei und Gegrunze der Brüllaffen sorgten bei uns jedes Mal für das Gefühl, von noch ganz anderen, furchteinflößenderen Wesen beobachtet zu werden als den eigentlichen Krachmachern. Auch wenn dies keine unberührte Wildnis war, so zweifelte niemand daran, dass sich die Natur hier erholte.

Kapuzineraffen verdanken ihren Namen ihrem Aussehen, das angeblich den Mönchen des Kapuzinerordens mit ihren dunkelbraunen Kutten und großen Kapuzen ähnelt, die nur die blasseren Gesichter frei lassen. Die Affen sind mittelgroß, wobei die Männchen bis zu 50 Zentimeter groß und zwischen drei und vier Kilogramm schwer werden. Ihre langen Greifschwänze unterstützen sie beim Klettern in den Bäumen, und sie leben normalerweise in Gruppen aus 10 bis 30 Tieren. Interessanterweise waren beide Gruppen, die wir im Mangrovenwald antrafen, am oberen Ende dieser Skala, was womöglich auf den besonderen Nährwert der unterschiedlichen verfügbaren Nahrungsquellen hinwies.

Für mich war die erste Überraschung, dass die Kapuzineraffen ganz offenbar den Rhythmus der Gezeiten kannten. Wie sie davon erfahren oder ihn verstanden hatten, kann ich nicht sagen, doch sie tauchten jeden Tag 90 Minuten nach Anbruch der Ebbe auf den frisch zugänglich gewordenen Schlickflächen auf. Forschende aus Costa Rica hatten die Tiere viele Monate lang getrackt und dabei festgestellt, dass die Affen einem etablierten Rundkurs folgen, der sie zunächst zu Obstbäumen und dann zu einem Gebiet führt, in dem sie Blätter und Larven fressen, bevor sie im richtigen Moment der

Ebbe aufbrechen, wenn eindeutig Meereseiweiß auf ihrem Speiseplan steht.

Die einzigartige Natur der Mangrovenwälder macht sie zu besonders geeigneten Orten für Schalentiere wie Muscheln und Austern. Da sich das Meerwasser bei jeder Flut mit reichhaltigem Schlick und Pflanzenabfällen mischt, ist das Wasser außergewöhnlich nährstoffreich. Unter anderem aus diesem Grund finden wir so viel Ozeanleben in diesem Habitat, das im Grunde ja nur die Hälfte jedes Tages besteht. Sich von Filtration ernährende Lebewesen wie Muscheln und Austern kommen an ihre Nahrung, indem sie täglich große Wassermengen durch ihre Kiemen spülen, wobei winzigste Partikel hängen bleiben. Dieser Mangrovenwald bestand schon längere Zeit, daher bot das Wasser ideale Lebensbedingungen für die Muscheln. Im Gegensatz zu den jungen Fischen, die immer wieder mit der Ebbe aus dem Wald herausgespült werden, bleiben die Muscheln häufig an Ort und Stelle, in der Regel im Schlick vergraben. Und die cleveren Affen wissen das.

Auch an anderen Orten im Lebensraum der Kapuzineraffen haben Forscherteams beobachtet, dass die Tiere Futter dort auftreiben, wo andere Arten es gar nicht erst suchen, was höchstwahrscheinlich mit dem guten Gedächtnis und Vorstellungsvermögen der Affen zu tun hat. Dank ihres ausgezeichneten Sehvermögens halten sie überall nach Essbarem Ausschau. Da ihr Geruchssinn aber nur schwach ausgeprägt ist, nutzen sie ihr Gehirn, um Nahrung zu finden, die nicht in Sichtweite ist. Im Gegensatz zu vielen anderen Tieren scheinen sie in der Lage zu sein, sich vorzustellen, dass unter einem Blatt oder einem Stein oder womöglich in einer Baumhöhle Futter sein könnte, weshalb sie darin danach suchen.

Wir konnten nicht darauf setzen, die Kapuzineraffen in den Mangroven aufzuspüren – sie bewegen sich viel schneller über die Luftwurzeln, als wir das konnten. Doch dann stießen wir auf ein passendes offenes Gelände mit Krabben, Muscheln und Austern, und hier versteckten wir uns. Schließlich rückte tatsächlich eine Gruppe Kapuzineraffen an. Die Mutigeren unter ihnen steckten ihre Hände in die Löcher im Schlick. Die Erfolgreichen zogen Krabben hervor, die weniger Erfolgreichen rissen schmerzverzerrt die Hände zurück! Der Anblick war faszinierend. Doch das Verhalten, das wir eigentlich filmen wollten, war die Art und Weise, wie sie Muscheln aufspürten und fraßen.

Die Affen bewegten sich entsprechend Ebbe und Flut. Jeden Tag war der Schlickboden rund 50 Minuten später zu sehen als am Tag zuvor, und die Affen passten ihre Rundtour entsprechend an. Nachdem wir bereits ein paar Tage dort gedreht hatten, nahmen sie keine große Notiz mehr von uns und ließen uns nahe herankommen, um zu filmen, wie sie im Schlamm gruben, um die Muscheln hervorzuholen.

Die Muscheln aus der Klasse der *Bivalvia* haben zwei Kalkschalen, die sie so fest zusammenpressen, dass auch Menschen sie nicht ohne ein Messer oder ein ähnliches Werkzeug öffnen können. Die Kapuzineraffen entwickelten ihre eigene Methode, um an das Muschelfleisch zu gelangen. Nachdem sie eine Muschel gefunden ha-

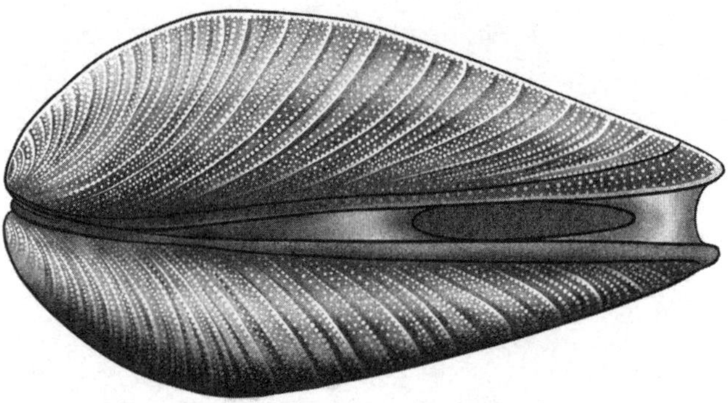

*Im Verhältnis zu ihrer Größe sind Muscheln außergewöhnlich stark, und es verlangt Cleverness, nicht Muskelkraft, um sie zu öffnen.*

ben, klettern sie mit ihr auf einen geeigneten Ast und schlagen sie immer und immer wieder auf das Holz. Irgendwann ist die Muschel so erschöpft, dass sie ihre Muskeln entspannt, und damit ist der Kapuzineraffe in der Lage, sie aufzuhebeln. Jungtiere lernen diese Technik, indem sie älteren Affen aufmerksam zusehen und dann selbst regelmäßig üben. Manche bekommen den Dreh nie so recht raus, doch den meisten gelingt es, schließlich existiert dieses Verhalten schon seit Generationen.

Doch nicht alle Muscheln sind gleich. Manchmal dauerte es so lange, die Muskelkraft einer Muschel zu erschöpfen, dass die Flut zurückkam, bevor der Affe Erfolg hatte. Er schien sich aber dennoch der Tatsache bewusst, dass er schon reichlich Mühe investiert hatte und es nur eine Frage der Zeit war, bis er dafür belohnt werden würde. Daher hielt der Affe an seiner Beute fest und hieb die Schale auf dem Rückweg immer wieder gegen Mangrovenwurzeln, während er sich vor der steigenden Flut zurückzog.

DA

## ZWISCHEN ZWEI WELTEN

Es gibt einen Ort, an dem Haie über die Fußabdrücke von Tigern schwimmen: Zwei großartige Räuber jagen im selben verworrenen Wald, getrennt nur durch die Umlaufbahn des Mondes und die Gezeiten, die er über das schlammige Land zieht. Dort, wo die gewaltigen Ströme von Ganges, Brahmaputra und Meghna das größte Delta der Erde bilden und das Flusswasser in den Golf von Bengalen fließt, liegen die Sundarbans – eine Reihe tief liegender Inseln, um die herum etwa 10 000 Quadratkilometer Mangrovenwälder wachsen.

Wie schon erwähnt überspannen Mangrovenwälder zwei sehr unterschiedliche Welten. Bei Ebbe ragen die häufig langen frei liegenden Wurzeln der Bäume aus dem matschigen oder sandigen Boden und bilden einen Gezeitenwald, in dem man stehen könnte. Doch sobald jeden Tag die Flut zurückkommt, wird dieser Boden zu einem Meer. Die hier lebenden Pflanzen kommen einem evolutionären Wunder gleich, bringen sie es doch fertig, trotz der täglichen Veränderungen ihres Lebensraums, die zu den extremsten weltweit gehören, zu gedeihen.

Die Sundarbans sind eines der wahren Weltwunder der Natur und Heimat vieler bedrohter Meerestiere wie des Glattschweinswals, des Irawadidelfins und der Oliv-Bastardschildkröte, aber auch der Fischkatze und des Indischen Fischotters. Hunderte Vogelarten ernähren sich von den zahllosen Insekten, kleinen Fischen und fruchtbildenden Pflanzen, während unzählige Krabben wie Tausende Ökosystemingenieure fungieren – sie fressen Blätter, recyclen Nährstoffe und graben den Boden und die Sedimente um, wobei sie diese mit Sauerstoff versorgen. Noch zahlreicher sind die Ruderfußkrebse, eine Art winziger Krebse, die mit den Gezeiten hin- und hergeschwemmt werden, da sie zu winzig sind, als dass sie selbst die Richtung ihrer Bewegung steuern könnten. Sie gedeihen prächtig in dem warmen Brackwasser. An manchen Stellen gibt es derart viele von ihnen, dass das Wasser fast rauchgrau aussieht. Zwar sind diese winzigen Ruderfußkrebse wahrscheinlich nicht die wilden Tiere, die uns als Erstes in den Kopf kommen, wenn wir an die Sundarbans denken, sie haben aber einen unverhältnismäßig großen Einfluss auf unser Leben.

Tausende Jahre ließen sowohl die Menschen vor Ort als auch die herrschenden Machthaber die Sundarbans trotz des Fischreichtums in Ruhe. Die täglichen Überflutungen, Malaria und die nur schwer zu befahrenden Gewässer zwischen den ausufernden Wäldern sorgten für viel zu feindliche Lebensbedingungen, als dass es sich gelohnt hätte, hier zu siedeln. Gegen Ende des 18. Jahrhunderts entschied sich die britische Ostindien-Kompanie jedoch anders: In wenigen Jahrzehnten ließ sie Hunderte Quadratkilometer Mangroven fällen, um hier Landwirtschaft zu ermöglichen. Dämme wurden angelegt, Wasserwege umgeleitet und Siedlungen gegründet. Ein Ergebnis war, dass die nur einen Millimeter großen Ruderfußkrebse in die Körper von Menschen gelangten – ein paar Tropfen Wasser genügten, etwa wenn man sich zur Erfrischung eine Handvoll Wasser aufs Gesicht spritzte, um einen Menschen zu infizieren. Dabei sind nicht die Ruderfußkrebse selbst das Problem. Gefährlich sind eigentlich die Vibriobakterien, die in und auf den Tierchen leben. Anfangs hatten die Bakterien nur wenig Auswirkungen, doch durch den dauerhaften Kontakt mit Menschen passte sich das Bakterium mit der Zeit an und konnte nun auch seine menschlichen Wirte krank machen. Es hatte sich eine Zoonose entwickelt: eine Krankheit, die von Tieren auf Menschen überspringen konnte.

Eine solche Infektion dürfte ein schreckliches Erlebnis gewesen sein, und viele Erkrankte starben. Außerhalb der Sundarbans gab es allerdings noch keinen echten Grund zur Besorgnis – bis sich im Jahr 1817 das Vibriobakterium schließlich dergestalt entwickelte, dass es nun direkt von Mensch auf Mensch überspringen konnte, ohne dass es die winzigen Krebstiere noch als Wirte brauchte. Es konnte sich nun allein verbreiten, und es verbreitete sich schnell. Schon wenig später erfasste die Cholera Länder auf der ganzen Welt. Ein einzelner Ausbruch wurde rasch zur ersten globalen Pandemie.

Mangroven sind die Heimat faszinierender Kreaturen, dabei sollten die Bäume selbst als das größte Wunder gelten. Obgleich man häufig von Mangroven spricht, als handelte es sich um eine einzelne Pflanze oder eine Pflanzenfamilie, so bestehen Mangrovenwälder in der Regel doch aus mehreren Baum- und Sträucherarten, die den dort herrschenden Bedingungen standhalten können. Eine interessante Eigenart des Mangrovensystems ist, dass ein solcher Wald meist nur sehr wenige unterschiedliche Baumarten enthält, dafür aber eine Vielzahl an Tierarten anzieht. So bestehen beispielsweise einige der Mangrovenwälder mit der höchsten Biodiversität aus weniger als fünf unterschiedlichen Baumarten. Das bildet einen großen Kontrast zu anderen Wäldern auf demselben Breitengrad, in denen meist deutlich mehr Baumarten wachsen.

Je nachdem, wie man sie klassifiziert, gibt es weltweit zwischen 70 und 80 Baumarten, die einen Mangrovenwald hervorbringen können. Sie gehören zu unterschiedlichen taxonomischen Gruppen, haben sich allerdings ganz ähnlich angepasst, um in solch veränderlichen Umständen leben zu können. Gemeinsam bilden sie eines der wichtigsten Habitate unseres Planeten, das ebenso bedeutsam für das Leben an Land wie für das Leben im Wasser ist.

Normalerweise wachsen Mangroven in tropischem Wasser, das so salzig ist, dass es die meisten anderen Baumarten töten würde. Fast alle Mangrovenwaldbäume gedeihen trotzdem, denn sie haben geniale Methoden entwickelt, um mit dem Salz im Wasser umzugehen.

Sollten Sie jemals an dem Blatt einer Mangrove lecken – wovon ich Ihnen nachdrücklich abrate, da manche giftig sind –, würden Sie einen salzigen Geschmack feststellen. Das liegt daran, dass viele Mangrovenbäume das Süßwasser aus dem Meerwasser extrahieren und das überschüssige Salz dadurch loswerden, dass sie es durch Drüsen in ihren Blättern abgeben. Andere Pflanzen filtern das Salz bereits aus, wenn sie das Wasser über ihre Wurzeln aufnehmen, und wieder andere haben im Laufe der Evolution die Überlebensstrategie entwickelt, das Salz in ihrer Rinde oder älteren Blättern einzulagern. Da sie Rinde und Blätter abwerfen, verschwindet damit auch das Salz.

Viele Mangrovenbäume verfügen über Luftwurzeln – Wurzeln, die zwar fest im Untergrund verankert sind, aber lange Strecken oberhalb des Bodens wachsen. Sie nehmen viele verschiedene Formen an und können stelzen-, bleistift-, band-, knie-, pflock- oder sogar pilzförmig sein. Häufig handelt es sich um atmende Wurzeln, über deren Poren Sauerstoff in das Wurzelsystem eindringt und so die Sauerstoffarmut des Bodens kompensiert. Bei manchen Baumarten übernehmen die Luftwurzeln noch eine weitere Funktion – sie erweitern die Basis des Baums und unterstützen so den Hauptstamm gegen die starken Gezeitenkräfte. Das Gewirr der Wurzeln verlangsamt zudem das einströmende Wasser auf seinem Weg durch den Wald, sodass sich die mitgerissenen Sedimente schnell absetzen können. Damit helfen sie, die Sedimente zu einem dicken Schlamm zu verbinden, der mehrere Meter hoch werden kann und enorme Mengen Kohlenstoff einlagert.

Mangroven können dynamische Systeme erschaffen. Auch ohne den Einfluss des Menschen breiten sie sich in manchen Gebieten aus und ziehen sich aus anderen zurück. Der rund um ihre Wurzeln angehäufte Schlick kann mit der Zeit einen festen Untergrund bilden. Da mit jeder Flut etwas mehr Schlamm abgelagert und die Schlickschicht etwas dicker wird, entwickelt sich schlussendlich Festland. Andere Pflanzenarten rücken nach und ersetzen die Mangroven, sodass dort, wo zuvor die Mangroven wuchsen, nun ein neues Stück Festlandwald entsteht.

Einige Küstenfeuchtgebiete enthalten sowohl Rohmarsch (ein salztolerantes Ökosystem mit Gräsern, Seggen und krautigen Pflanzen) als auch Mangroven, und entsprechend den vorherrschenden Bedingungen (zu denen etwa die Temperatur zählt) wird eines der

Ökosysteme das andere überlagern. Auf diese Weise können in Küstenfeuchtgebieten Schlick, Mangroven und Festlandwald ineinander übergehen. Folglich ist nicht jeder Verlust eines Mangrovenwaldes auf menschlichen Einfluss zurückzuführen, und nicht jeder neue Mangrovenwald hat mit Rekultivierung zu tun. Mit diesem Wissen im Hinterkopf sind die sicher unvollständigen Aufzeichnungen zu betrachten, nach denen im letzten Jahrhundert etwa 50 Prozent der Mangroven vom Menschen zerstört wurden und die Hälfte der verbliebenen Mangrovenökosysteme von der International Union for Conservation of Nature (Weltnaturschutzunion) auf ihrer »Roten Liste gefährdeter Ökosysteme« zwischen »gefährdet«, »stark gefährdet« und »vom Aussterben bedroht« bezeichnet wird.

Fortschritte bei der satellitengesteuerten Überwachung liefern uns heute ein deutlich klareres Bild, was die Mangrovenwälder angeht. Etwa 15 Prozent der globalen Küstenlinien sind mit Mangroven bedeckt, was einer Fläche von fast 150 000 Quadratkilometern entspricht, wobei sich die größten Bestände in Indonesien, Brasilien, Australien, Mexiko, Nigeria, Malaysia, Myanmar, Bangladesch, Kuba und Papua-Neuguinea befinden. Seit 1996 haben wir 11 700 Quadratkilometer verloren und an anderen Stellen 6455 Quadratkilometer hinzugewonnen. In den letzten zehn Jahren sank die Abholzungsrate deutlich, und laut den Vereinten Nationen sind nun über 40 Prozent der verbliebenen Mangroven auf der Welt geschützt.

Die andere prägende Charakteristik eines Mangrovenwaldes wird vom Ozean diktiert – genauer gesagt von den Gezeiten. An einigen Orten ist der Gezeitenhub sehr gering, vielleicht nur einen Meter, während er andernorts deutlich größer sein kann, was zu sehr unterschiedlichen Wäldern führt. Viele Mangrovenwälder werden zweimal pro Tag geflutet, andere hingegen sind von Eintagestiden geprägt, erleben also nur eine Ebbe und eine Flut pro Tag. Mangroven sind folglich nicht nur ein einzelnes, unglaublich lebendiges Habitat, sondern gleich zwei – ein marines wie auch ein Festlandökosystem – mit zwei unterschiedlichen Hauptdarstellern, die in diesen Wäldern ihre Plätze einnehmen, sobald das Bühnenbild mit den Gezeiten wechselt.

Als mariner Lebensraum ist ein Mangrovenwald mit seinem langsam fließenden Wasser und seinem Wurzelgeflecht eine hervorragend ausgestattete Kinderstube. Da die meisten Mangroven in den Tropen wachsen, finden sich häufig auch Korallenriffe in ihrer Nähe. Jüngste Forschungen zeigten, dass in diesen Fällen das Überleben des Mangrovenwaldes entscheidend für das Überleben des Korallenriffs ist, da wichtige Rifftierarten ihre Lebenszeit anfänglich in den Mangroven verbringen und erst dann zum Riff zurückkehren, wenn sie ausgewachsen sind. Ein Beispiel: Der über einen Meter lange Regenbogen-Papageifisch ist der größte pflanzenfressende Fisch in der Karibik. Als solcher ist er lebenswichtig für die Gesundheit der Riffe in der Region, da er einen Großteil des Tages mit dem Fressen von Algen verbringt, die ansonsten die Korallen ungestört überwuchern würden. Untersuchungen erkannten, dass die Jungfische stark von den Mangroven abhängig sind, weshalb auf karibischen Riffen, in deren Nähe keine Mangroven wachsen, nur wenige erwachsene Regenbogen-Papageifische leben. Junge Schildkröten und Haie genießen ebenfalls den Schutz der Mangroven, da die vielen Wurzeln nur winzige Lücken lassen, die zu schmal sind, als dass größere Meeresräuber auf der Suche nach Beute hindurchpassen würden.

Mangroven sind aber nicht nur etwas für Youngsters. In El Salvador erzählten Fischer Geschichten von Echten Karettschildkröten, die an trockenen Stellen im Mangrovenwald ihre Eier abgelegt hätten. Das war zwar kein besonders ungewöhnliches Verhalten, schien aber doch äußerst unwahrscheinlich, da die Echte Karettschildkröte in dieser Gegend als fast ausgestorben galt. Die Fischer hatten jedoch recht. Ihre Beobachtung löste Begeisterung aus, und zwar nicht nur, weil sie erneut den Wert der Mangrovenwälder bewies, sondern auch zeigte, welche Bedeutung das Wissen und die Expertise der Menschen vor Ort haben. Inzwischen wurden mehrere solcher Eiablagestellen gefunden, was neue Hoffnung für die Echte Karettschildkröte weckt.

*Bivalvia* wie Muscheln und Austern besiedeln Mangrovenwälder während Ebbe und Flut. Sie kommen in allen Mangrovenwäldern reichlich vor, da sie sich übers Filtrieren ernähren und nährstoffreiches Wasser mit einem großen Anteil an Sedimenten für sie entscheidend ist. Es ist also ein durchaus üblicher Anblick, wenn Mangrovenwurzeln dicht mit Austern bewachsen sind oder bei Ebbe viele im Schlick vergrabene beziehungsweise an Steinen und an Holz festgeklammerte Muscheln auftauchen.

Sobald sich das Wasser zurückzieht und der Mangrovenwald wieder zu festem Land wird, wechseln die Darsteller. Da sich die Gezeiten jeden Tag um 50 Minuten verschieben – der vom Mond abhängige Gezeitentag dauert 24 Stunden und 50 Minuten –, müssen die in den Mangroven auftauchenden Arten ihr Verhalten so anpassen, dass sie die Möglichkeiten ausnutzen können, die sich bei Ebbe bieten. Hasenmaulfledermäuse verlassen ihren Schlafplatz und machen sich auf die Jagd nach Fischen, Flamingos stöbern nach Krebstieren und Insekten, Mangrovenbaumkrabben steigen von hohen Ästen herab, um in den Baumwurzeln nach Nahrung zu suchen, und Hirsche wie der Axishirsch in Indien oder der Weißwedelhirsch in Florida kommen zum Äsen. In den Sundarbans lassen sich zudem Königstiger blicken, die es vor allem auf den Axishirsch und Wildschweine abgesehen haben – obgleich man auch schon beobachtete, wie sie, um sich an die Bedingungen in diesem für Tiger ungewöhnlichsten aller Lebensräume anzupassen, Krabben und Fische fraßen.

Die wahrscheinlich größte Überraschung dürfte der Krabbenfrosch (*Fejervarya cancrivora*) sein. Es ist natürlich an sich schon verblüffend, einen Frosch zu finden, der Krabben frisst, aber noch überraschender ist, wo er das tut. Amphibien leben nur selten in

Salzwasser, da sie eine durchlässige Haut haben, die es ihnen erschwert, ihren Flüssigkeitshaushalt zu regulieren. Setzte man einen gewöhnlichen Frosch in salziges Meerwasser, würden seine Körperflüssigkeiten nach draußen gesogen, wodurch er austrocknen und recht schnell sterben würde. Der südostasiatische Krabbenfrosch hat hier eine grandiose Lösung gefunden. Wie ihm das genau gelingt, ist noch nicht klar, aber er kann seinen Harnstoff – das Abfallprodukt, das viele Tiere erzeugen und das den Hauptbestandteil des menschlichen Urins bildet – bei sich behalten: Die Flüssigkeiten im Körper des Froschs ähneln dadurch dem Salzwasser ausreichend, sodass er froh und munter in seinem Mangrovenhabitat leben kann. Noch bemerkenswerter wird das Ganze, wenn man weiß, dass der Harnstoff im Froschkörper solche Konzentrationen erreicht, dass er die meisten anderen Lebewesen damit umbringen würde. Dank dieser erfinderischen, aber zugleich verwirrenden Anpassungsleistung nutzt der Krabbenfrosch das überreiche Angebot der Mangroven dort, wo seine Mitbewerber nicht hingelangen können.

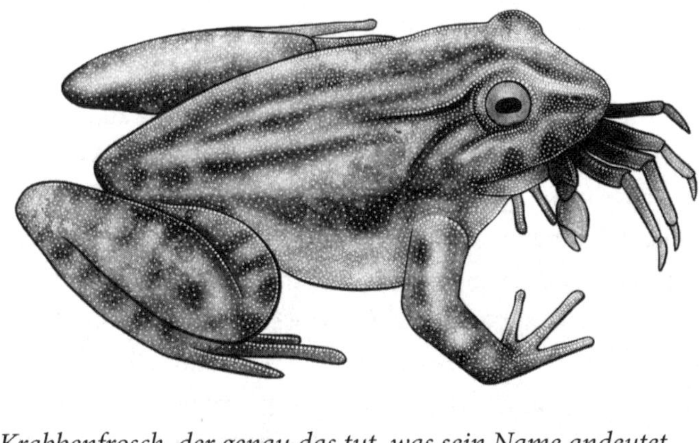

*Ein Krabbenfrosch, der genau das tut, was sein Name andeutet.*

Auch für uns sind Mangroven eine wichtige Nahrungsquelle. Millionen Fischer sind auf sie angewiesen, da sie hier zum einen Meeresfrüchte finden, und zum anderen viele der Fische und Krebstiere, die später auf dem Meer gefangen werden, in den Mangroven aufwachsen. Muscheln, Austern, Krebstiere, Fische und sogar Honig lassen sich in den Mangroven gewinnen, und der Reichtum dieser Wälder ist dabei derart groß, dass die Menschen vor Ort ziemlich viel davon nachhaltig nutzen können. In einigen Teilen Südamerikas hat sich rund um die aus den Mangroven stammenden *concha negra* (die Archenmuschel *Anadara tuberculosa*) und *cangrejo rojo* (die Krabbenart *Ucides cordatus*) eine ganz eigene Esskultur und Folklore gebildet.

Der für uns wichtigste Wert der Mangroven dürfte aber der Schutz sein, den sie vor Überflutungen und dem Klimawandel bieten. Es gibt deutliche Beweise dafür, dass die zerstörerischen Auswirkungen des Tsunamis im Indischen Ozean an Weihnachten 2004 in Gebieten mit gesundem Mangrovenbestand verringert wurden, was zahllose Menschenleben und viele Häuser gerettet hat. Auch weniger extreme Überflutungen werden durch die dicht verwobenen Mangrovenwälder reduziert, indem die Bäume Sturmfluten brechen, verlangsamen und auflösen. Damit schützen sie die Unterkünfte von Millionen Menschen und senken jedes Jahr den Schaden an Eigentum um geschätzte 60 bis 75 Milliarden Euro, einfach nur durch ihre Existenz. Und wir müssen sie nicht einmal instand halten – wenn man sie lässt, können sie sich sogar problemlos und effizient regenerieren und sich weiter verbreiten. Angesichts der sich im Klimawandel stets weiter erwärmenden Ozeane, des steigenden Meeresspiegels und der immer intensiver und häufiger werdenden Stürme brauchen wir die Rückkehr der Mangrovenwälder, und zwar so schnell wie möglich.

Mangroven helfen zudem dabei, den immer schneller ablaufenden Klimawandel abzuschwächen. Ihre Rolle bei der Einlagerung und Speicherung von Kohlenstoff ist von weltweiter Bedeutung. Im

Durchschnitt bindet ein Hektar (10 000 Quadratmeter) Mangrovenwald rund 907 Tonnen Kohlenstoff. Im Vergleich: Borealer Nadelwald speichert 350 Tonnen pro Hektar, Wald in gemäßigten Zonen etwa 340 Tonnen pro Hektar und tropischer Höhenwald weniger als 300 Tonnen pro Hektar. Auch hier ist es wieder seine doppelte Natur – Mangrovenwald gehört sowohl zum Festland als auch zum Meer –, die ihn so effizient bei der Aufnahme und Speicherung von Kohlenstoff macht. Wie in jedem anderen Wald entziehen auch Bäume und Sträucher in Mangrovenwäldern bei der Fotosynthese der Atmosphäre Kohlendioxid. Es wird durch die Blätter absorbiert, dann genutzt und anschließend im Holz gespeichert, während der »Sauerstoffabfall« freigegeben wird. Das Besondere an Mangrovenwäldern ist, dass tote Wurzeln, Baumstämme und Blätter häufig begraben werden und im sauerstoffarmen Boden verbleiben, wodurch auch der in ihnen gespeicherte Kohlenstoff weggeschlossen ist. Zudem kann die raffinierte Wurzelstruktur Kohlenstoff von *außerhalb* des eigenen Ökosystems aufnehmen. Die aufragenden Wurzeln verlangsamen die Strömung und bilden ein perfektes Netz, in dem unzählige Stückchen Seegras hängen bleiben, die von der Flut angespült wurden: Anstatt an der Küste zu verrotten und den gespeicherten Kohlenstoff wieder abzugeben, versinken sie im Schlamm und werden zu einem dichten Matsch, in dem es von Krabben, Würmern, Bakterien, Nematoden und vielen anderen nur so wimmelt, die das organische Material zersetzen und einen der kohlenstoffhaltigsten Böden der Welt bilden.

Die Reichhaltigkeit und Biodiversität der Mangroven tragen noch weiter zu ihrer Kohlenstoffspeicherung bei. Sogar die Ausscheidungen der Fische landen in dieser riesigen Kohlenstoffsenkgrube. Viele Fische nehmen Kohlenstoff auf, wenn sie sich von pflanzlichen Stoffen wie Algen ernähren; sie scheiden sie dann wieder aus, und dieser Abfall sinkt, sobald die Flut sich zurückzieht, auf den Boden. Hier dient er als Dünger und hilft den Bäumen beim Wachsen, wobei sie der Atmosphäre noch mehr Kohlenstoff entziehen. Darüber hinaus sorgen die Bedingungen im Schlick unter den Mangrovenwäldern – wenig Sauerstoff, salzig, wassergesättigt – dafür, dass der organische Kohlenstoff sehr langsam zersetzt wird, was bedeutet, dass das Kohlendioxid deutlich länger eingelagert ist. Man stellte in Mangrovenwäldern in Belize fest, dass die unteren Schichten des Schlicks zu Torf geworden und die tiefsten Lagen, erstaunliche zehn Meter unter der Oberfläche, mehr als 6000 Jahre alt waren.

Unsere Welt braucht Mangroven. Je besser wir sie schützen und je mehr wir ihnen die Ausbreitung ermöglichen, umso besser. An manchen Stellen dürfte es zu spät für sie sein – ihr früherer Standort ist nun für Häuser, Häfen oder andere Infrastrukturanlagen betoniert. Dankenswerterweise besteht aber an vielen Orten, an denen früher einmal Mangroven wuchsen, heute die Möglichkeit zur Renaturierung. Eine Studie aus dem Jahr 2018 ermittelte 8120 Quadratkilometer Fläche, auf der wieder Mangrovenwälder wachsen könnten.

Gelegentlich kann es für Gemeinden oder Naturschutzorganisationen notwendig sein, diesen Prozess aktiv anzustoßen, etwa indem sie Hindernisse abbauen, die verhindern, dass die Flut einströmt. Oder sie legen Kanäle an, damit das Meerwasser selbst die entsprechenden Bedingungen an der Küste wiederherstellen kann: Das einströmende Salzwasser bereitet den Boden für Mangroven vor und lässt konkurrierende Pflanzen absterben. Da die Biologie der Mangroven komplex ist, eignen sie sich ideal für eine natürliche Rekolonisation. Ihre Umwelt ist von sich aus sehr dynamisch. So können beispielsweise Veränderungen in den Sedimenten, die durch einen Fluss angespült werden, dazu führen, dass ein Gelände von einem Feucht- zu einem Schlickgebiet wird und dann in ein Mangrovenökosystem übergeht. Im Ergebnis sind die Baumarten, die in Mangrovenwäldern gedeihen, auch in der Lage, neue potenzielle Lebensräume zu besiedeln, wenn sich die Gelegenheit ergibt.

Darüber hinaus haben einige Mangrovensamen erstaunliche Charakteristiken, die ihnen bei der Verbreitung helfen. Sie keimen noch am Baum und werden schon zum Setzling, obwohl sie noch am Ast hängen, weshalb sie in dem Moment Wurzeln schlagen können, in dem sie herunterfallen. Manche Mangrovenbrutknospen entwickeln einen 70 Zentimeter langen Stängel und wachsen in Torpedoform, damit sie sich beim Sturz in den Schlick sofort festbohren und es gleich mit dem Wachstum losgehen kann. Aber da die Chancen ebenso groß sind, dass sie ins Wasser fallen, sind die meisten Samen auch in der Lage zu schwimmen, und sie können über weite Strecken im Wasser treiben, bis sie an einer Stelle angekommen sind, die flach genug ist, damit sie sich im Schlamm verhaken und wachsen können. Natürlich haben nicht alle so viel Glück und erreichen das Land dort, wo ideale Bedingungen für Mangroven herrschen, doch es gelingt ausreichend vielen von ihnen, sodass sich diese Eigenschaft zu einem evolutionären Vorteil des Baums entwickelt hat.

Zu einer Zeit, in der wir dringend die Natur stärken, die globale Erwärmung drosseln und uns vor den Stürmen schützen müssen, die durch die menschengemachte Erwärmung angefacht werden, sind Mangroven unsere idealen Verbündeten. Wo immer wir es ihnen erlauben, zu bleiben oder sich wieder anzusiedeln, werden sie Nahrung und Überschwemmungsschutz bieten und zahllosen Meerestierarten bei der Fortpflanzung helfen, während sie uns zugleich dabei unterstützen, Kohlendioxid zu reduzieren und unsere Welt wieder ins Gleichgewicht zu bringen.

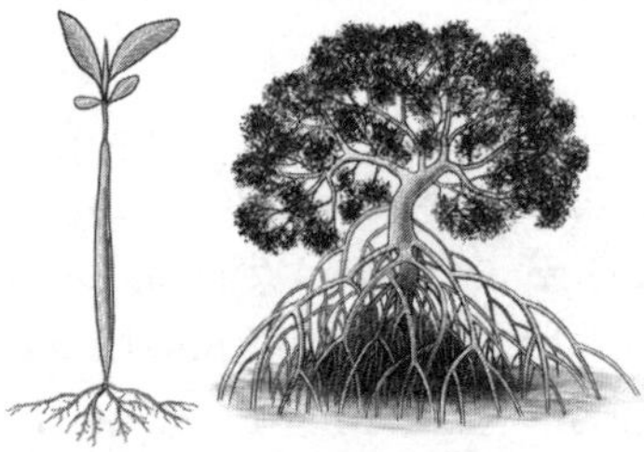

## GOLF VON NICOYA, COSTA RICA

Ana Guzmán stand an Costa Ricas Golf von Nicoya am Rande einer Zuckerrohrplantage. Die studierte Meeresbiologin war stolz auf das weltbekannte Naturschutzprogramm ihres Landes: In den zurückliegenden 40 Jahren hatten sich hier die Nebelwälder, Vögel und der Ökotourismus zu einem Vorzeigeprojekt dafür entwickelt, wie ein Land seine Wirtschaft und die öffentliche Verwaltung vorantreiben und zugleich seine Naturwunder erhalten kann. *Pura vida*, das »reine Leben«, war zu einem Synonym für Costa Rica geworden.

Der gute Ruf war berechtigt, gab es für dieses Image doch starke Belege. Problemlos konnte man herausragende Beispiele für die Renaturierung von Wäldern finden oder Gemeinschaften antreffen, deren Wirtschaft ab dem Moment aufblühte, in dem sie mit und nicht gegen die Natur arbeiteten. Wissenschafts- und Filmteams kamen in dieses kleine mittelamerikanische Land, um die verblüffende Erholung der Wildnis zu beobachten und zu dokumentieren. Auf der weltweiten Bühne half die frühere costa-ricanische Regierungsmitarbeiterin Christiana Figueres entscheidend dabei, das Pariser Klimaschutzabkommen 2015 zu verhandeln, was zum einen sicher ihrem diplomatischen Geschick zu verdanken war, zum anderen aber auch dem positiven Beispiel, das das vorbildhafte Handeln ihres Heimatlands vermittelte und ihr sicheres Auftreten legitimierte.

Costa Rica hat allen Grund, auf das Erreichte stolz zu sein, doch Ana Guzmán wusste, dass die Arbeit damit noch nicht erledigt war. Jenseits der Touristengebiete von Weltrang litten Costa Rica und seine Bürgerinnen und Bürger noch immer unter den Fehlern der Vergangenheit. Hier, am Rand einer Plantage in der Provinz Puntarenas, schien das »reine Leben« weit weg zu sein. Mangrovenwälder hatten nicht die gleiche Aufmerksamkeit bekommen wie Regen- oder Nebelwälder. Sogar einige Umweltschützer sprachen von »Mangroven«, als handelte es sich nur um eine Baumart.

Costa Rica, mitten in der für Mangrovenwälder geeigneten tropischen Zone liegend, besaß noch 52 000 Hektar Mangrovenökosysteme und identifizierte weitere 14 000 Hektar als potenzielle Renaturierungsgebiete – darunter auch Puntarenas. An der Ostseite des Golfs gelegen – einer 90 Kilometer langen Bucht, die die Halbinsel Nicoya vom Festland trennt –, war der Meeresarm bei Puntarenas ein perfektes Mangrovenhabitat. Die Gezeiten aus dem Golf von Nicoya tragen das warme Salzwasser des Pazifiks zweimal täglich über das flache Land, und das Gebiet liegt nur am Höhepunkt der Flut ganz unter Wasser, was für Mangroven das ideale Gleichgewicht bedeutet, für eine andere Vegetation hingegen lebensfeindlich ist. Alles sprach in Ana Guzmáns Augen dafür, dass es sich um hervorragend geeignetes Land für Mangroven handelte, die hier bestens wurzeln, wachsen und sich vermehren müssten. Doch ihr bot sich ein Bild der Verwüstung.

In der Vergangenheit hatten Mangrovenwälder das Land regelmäßig vor den Stürmen geschützt, die im tropischen Wettersystem des Pazifiks entstehen. Die Wälder boten zudem geschützten Lebensraum für den Nachwuchs von rund 80 Prozent der Fischarten, die die Menschen hier vor Ort fingen, darunter Umberfische, Schnapper sowie Welse, und waren das Habitat vieler bekannter Land- und Meeresbewohner Costa Ricas wie Kapuzineraffen, Kaimane, Faultiere und sogar Meeresschildkröten. Inzwischen waren jedoch fast alle Mangroven verschwunden oder befanden sich in schlechtem Zustand. Die Wasserkanäle waren mit Sedimenten angefüllt, und der Untergrund lag fast drei Meter über dem Meeresspiegel. Folglich schwappte auch die Flut nicht mehr herein. Zuckerrohr aus einer nahe gelegenen Plantage hatte sich nach und nach ausgebreitet und wurde auf dem neu »zurückgewonnenen« Boden nun illegal angebaut, wenn auch eher aus Gleichgültigkeit denn vorsätzlich.

Ana Guzmán hatte ihr ganzes Leben als Meeresbiologin gearbeitet und besondere Erfahrungen im Bereich Fischerei und Umweltschutz gesammelt. Als Kind hatte sie ihre Familie regelmäßig auf Ausflügen begleitet, die sie aus der Hauptstadt San José an die Küste führten, wo ihre Begeisterung für das Leben im Meer dann ihren Anfang nahm. Als es um ihr Universitätsstudium ging, entschied Ana, sie wolle lieber alles über die Natur im Allgemeinen lernen, darunter auch Genetik und Botanik, anstatt sich zu früh zu spezialisieren. Doch schlussendlich war die vom Ozean ausgehende Faszination zu groß, und sie konzentrierte ihre Studien auf das marine Ökosystem Costa Ricas. Erst später wurde ihr klar, wie wichtig Kenntnisse in Botanik sind, wenn es um den Schutz von Fischen geht.

Zwar schätzte sie die theoretische Seite der Wissenschaft, spürte zugleich aber eine besondere Anziehungskraft der Art und Weise, wie die Menschen an der Küste mit den Fischbeständen umgingen, von denen sie abhingen. Ana Guzmán erkannte, wie dringend nötig Schutzgebiete waren, um eine Brücke zu schlagen zwischen der Welt der Zahlen und Fakten einerseits und der Lebenswirklichkeit der

Fischer andererseits. Sie erforschte den Ozean, verstand aber, dass der beste Weg zu seinem Schutz manchmal darin bestand, die Probleme an Land anzugehen. Und so kam es, dass eine Meeresbiologin zwei Kilometer landeinwärts stand und sich daranmachte, eine Mission zu beginnen, die sie viele Jahre lang beschäftigen sollte.

Trotz bewundernswerter Erfolge beim Schutz anderer Habitate gingen in Costa Rica immer mehr Mangroven verloren. Die Gegend um Puntarenas, in der sich Ana Guzmán aufhielt, hatte in den letzten 60 Jahren 766 Hektar Mangroven eingebüßt, und es sah ganz danach aus, als würde es so weitergehen. Sie fragte sich, ob durch den Entwurf einer alternativen Zukunft, in der Mangroven als etwas Wertvolles erschienen, die Menschen hier ein Modell für den gesamten Golf von Nicoya und vielleicht für ganz Mittelamerika entwickeln könnten.

Der Golf von Nicoya ist Costa Ricas größter Meeresarm und einer der wichtigsten Fischgründe des Landes. Seine 150 Kilometer lange am Pazifik gelegene Küste gilt als eine der wichtigsten Regionen für Watvögel in Mittelamerika, und Studien schätzen die Anzahl der durchziehenden Vögel auf über 20 000. In ihrem natürlichen Zustand besteht die nördliche Küstenlinie aus von Gezeiten beeinflusstem Schlickboden und Mangroven, doch mit der Zeit hatten sich hier Landwirtschaft, Siedlungen und, in geringerem Ausmaß, auch Tourismus breitgemacht. Das Wasser ist reich an Nährstoffen, die von den beiden großen Flüssen Tempisque und Grande de Tárcoles geliefert werden, und der Golf beherbergt wirtschaftlich bedeutende Fischpopulationen und Tiefseebesucher wie Buckelwale. Doch Untersuchungen der im Golf von Nicoya gefangenen Fische stellten über Jahre hinweg einen steilen Rückgang bei den meisten Arten fest. War manches davon zweifellos auf Überfischung zurückzuführen, machten Meeresbiologen und -biologinnen aber mit der Zeit noch einen weiteren wichtigen Faktor aus: die Zerstörung der Mangrovenwälder, in denen sich viele Fischarten fortpflanzten und in denen ihr Nachwuchs groß wurde, ernährt von reichlich vorhandener Nahrung und geschützt vom flachen Wasser und vom dichten Wurzelwerk.

Da Stürme durch den Klimawandel immer häufiger und stärker werden, bekamen Ana Guzmán und ihre Mitarbeitenden von der costa-ricanischen Sektion der Umweltschutz-NGO Conservation International nun wiederholt von Überflutungen in Puntarenas und anderen Teilen des Golfs von Nicoya zu hören, und sie erkannten ein deutliches Muster: Am meisten litten jene Küstengemeinden, in deren Umgebung alle Mangroven verschwunden waren. Damit war der klare Beweis erbracht, dass der Verlust der Mangroven nicht nur ein Umweltschutzthema war, sondern dass er das Leben und die Lebensgrundlage der Menschen am Golf von Nicoya direkt beeinflusste. Diese Erkenntnis dürfte der Wendepunkt gewesen sein.

Im Jahr 2018 begann Conservation International zusammen mit den Menschen vor Ort, einen kleinen Mangrovenwald auf der Insel Chira zu renaturieren, mitten im Golf von Nicoya. Sie pflanzten über 2500 Setzlinge und erzielten für dieses vergleichsweise kleine Projekt spektakuläre Ergebnisse. Da Ana Guzmán nun aus erster Hand miterlebt hatte, wie gut die Region für eine Mangrovenneuansiedlung geeignet war, setzte sie ihre Hoffnungen auf ein nachhaltigeres Projekt, nämlich die größte Mangrovenwiederherstellung in der Geschichte Costa Ricas – und eine der größten in ganz Mittelamerika. Sie wusste, dass die Mangrovenrenaturierung überall auf der Welt aus zweierlei Gründen gescheitert war – fehlende wissenschaftliche Untersuchung der infrage kommenden Region und daher mangelndes Wissen über die Arten, die hier wachsen konnten, sowie fehlende Beteiligung der Menschen vor Ort –, weshalb sie fest entschlossen war, beides von Anfang an richtig zu machen.

Monatelang führten Expertengruppen von Conservation International und der Regierung Costa Ricas ausführliche wissenschaftliche Untersuchungen der Mangrovenhabitate im Golf von Nicoya durch. Die Teams schlüsselten auf, welche Verluste es gegeben hatte, wo früher Mangroven gewachsen waren, in welchem Zustand die verbliebenen Wälder sich befanden und wie viel Kohlenstoff sie speicherten. Entscheidend war, dass sie die Menschen vor Ort bei der Katalogisierung und Erfassung der Vorteile der Mangroven mit ins Boot holten. Die costa-ricanischen Mangroven boten ideale Bedingungen für Weichtiere, Garnelen und Krabben – die Flut brachte genug Nahrung für sie mit, und der Schlick und die Wurzeln dienten den Tieren als Lebensraum. Da die Schalentiere auch in größeren Mengen nachhaltig aus einem gesunden Mangrovenwald gewonnen werden können, liefern sie der ansässigen Bevölkerung verlässlich Nahrung und Einkommen über das ganze Jahr hinweg.

Sobald die Experten alle Fakten zusammengetragen hatten, konnten sie einen Plan für den gesamten Golf von Nicoya entwerfen und beraten, wo die Wiederherstellung die größten Auswirkungen haben würde. Drei Gebiete mit insgesamt 600 Hektar wurden ausgewählt: ein kleiner, aber biologisch wichtiger Fleck in der Nähe der Mündung des Río Seco, wo die Mangroven einer Garnelenzuchtstation hatten weichen müssen, ein großes Gelände neben einer Zuckerrohrplantage an der Mündung des Río Aranjuez sowie eine ebenso große Stelle am nördlichen Ende des Golfs von Nicoya. Alle drei verfügten über die beiden entscheidenden Elemente, die Ana Guzmáns Forschungen als grundlegend für eine erfolgreiche Renaturierung ausgemacht hatten. Erstens hatte es an den drei Orten bereits zuvor Mangroven gegeben, sodass dort Erholungspotenzial bestand, sobald die Hindernisse aus dem Weg geräumt waren und der Regenerationsprozess eingeleitet worden war. Und zweitens litten die Bewohner aller drei Küstenabschnitte unter dem Verlust der

Mangrovenwälder, waren daher interessiert daran, am Aufbau beteiligt zu werden und konnten dauerhaften Schutz für die neuen Wälder gewährleisten.

Um einen Mangrovenwald wieder aufzuforsten, reicht es nicht, einfach ein paar Setzlinge zu stecken und diese dann sich selbst zu überlassen – die Neuansiedlung funktioniert dann am besten, wenn man den Bäumen die Rekolonisation selbst überlässt. Mangroven brauchen ganz bestimmte Bedingungen, wenn sie gedeihen sollen. Der Boden muss den richtigen Salzanteil haben, er muss im richtigen Verhältnis überschwemmt werden und über die richtige Menge an Feuchtigkeit und Sauerstoff verfügen. Damit das Wasser den Untergrund wie ursprünglich einmal überfluten kann, müssen die Gezeiten- und Flusskanäle neu angelegt werden und invasive Arten, wie in diesem Beispiel Zuckerrohr, verschwinden. Der Boden selbst muss also neu belebt werden, bevor der Wald wiederauferstehen kann.

Damit diese Vision wahr werden konnte, brauchte es eine breite Koalition aus Partnern. Das Land gehörte der Regierung bereits, und der vorbildliche Ansatz des Staates, Natur und Wirtschaft als Teile desselben Systems zu betrachten, würde der Schlüssel zum Erfolg sein. Das Sistema Nacional de Áreas de Conservación (SINAC, Nationales System der Schutzgebiete), das die Nationalparks, das Forstwesen sowie die Tier- und Pflanzenwelt Costa Ricas verwaltet – was zuvor in drei unterschiedliche Organisationen aufgeteilt gewesen war –, hatte die gesetzliche Vollmacht erhalten, den Staat, die Zivilgesellschaft und die Privatwirtschaft an einen Tisch zu bringen, um ambitionierte Projekte wie dieses anzugehen. Heute verfolgen viele Länder diesen Ansatz, doch in nur wenigen wurde er so konsequent umgesetzt wie in Costa Rica.

Es ist wichtig, die Regierung, die Wissenschaft und eine gut ausgestattete Naturschutzorganisation im Rücken zu haben, doch Ana Guzmán musste im Laufe der Jahre lernen, dass eine leidenschaftliche, motivierte Gemeinschaft vor Ort, die großes Interesse an dem Projekt mitbringt, am wichtigsten ist. Und hier werden José Jesús López und Odilie Carrillo zu den Helden dieser Geschichte.

José Jesús López erinnerte sich daran, wie er als Kind durch den Mangrovenmatsch lief. Für ihn und seine Freunde war dies ein lustiger Ort zum Spielen: Bei Ebbe gab es viele Kanäle zu entdecken sowie jede Menge Verstecke oder Hindernisse, um die herum man sich Spiele ausdenken konnte. Viele Jahre später sollte dieses Wissen aus der Kindheit zu einem entscheidenden Werkzeug bei der Wiederaufforstung des Waldes werden.

Die Wissenschaftlerinnen und Wissenschaftler von SINAC und Conservation International erkannten, dass es nicht viel bringen würde, einfach irgendwo Mangroven anzupflanzen. Die Geschichte des Umweltschutzes ist voller Beispiele für gescheiterte Renaturierungsprojekte, bei denen in Bezug auf die Gezeiten die falschen Bäume an den falschen Orten gesetzt wurden, die Bodenbedingungen zum Zeitpunkt des Pflanzens nicht passten oder die Menschen vor Ort nicht beteiligt wurden und so das Projekt nicht weiter begleiteten. Es war bereits Jahrzehnte her, dass an dieser Stelle ein natürlicher Wald gewachsen war. Die Wasserkanäle, die sich über Tausende von Jahren entwickelt und bei Flut auf natürliche Weise das Meerwasser herangeführt hatten, waren verschwunden. Damit hatte der Boden einen Großteil seiner Salinität verloren, und die Superkräfte der Mangroven, dort zu wachsen, wo nur wenige andere Pflanzen überleben können, stellten für Ana Guzmán und ihre Kollegenschaft nun die größte Herausforderung dar.

Sie wussten, sie mussten zunächst die natürlichen Bedingungen in den Gebieten wiederherstellen. Aber wie? Sie konnten nicht einfach damit beginnen, die enormen Mengen Sedimente wegzuschaufeln, die den Boden auf drei Meter über Meereshöhe anhoben, und zudem fehlte dem Boden nach Jahrzehnten ohne Mangroven nicht nur der nötige Salzgehalt, sondern er war auch so dicht, dass Feuchtigkeit und Sauerstoff nicht ausreichend zirkulieren konnten.

Der einzig praktikable Weg, ein solch großes Gelände neu aufzuforsten, war, eine Verbindung sowohl zum Ozean als auch zu den gesunden Mangrovenwäldern herzustellen und dann der Natur zu helfen, die Sache selbst in Schwung zu bringen. Sollte dies funktionieren, könnte das Meerwasser den Boden verbessern und es den Diasporen (den Pflanzenteilen, aus denen eine neue Pflanze entsteht) erlauben, sich aus den gesunden Wäldern in den neu zur Verfügung stehenden Gegenden auszubreiten. Auf dem Papier gab es ausreichend wissenschaftliche Argumente für diese Vorgehensweise, aber angesichts der gewaltigen Dimensionen, um die es hier ging, musste das Team ganz sicher sein.

Das größte Problem dabei war, dass sie nicht wussten, wie die Flüsse und Meeresarme in der Vergangenheit verlaufen waren, als das Gebiet noch ein Mangrovenwald gewesen war. Von den alten Wasserkanälen gab es kaum noch Spuren, wie also sollten die Wissenschaftlerinnen und Wissenschaftler sie wiederbeleben, damit in der Folge die natürlichen Prozesse wie Gezeiten und Regen den Fortschritt beschleunigten? Genauso wichtig war die Verbindung des zerstörten Geländes zu den noch bestehenden Mangrovenwäldern. Würden sie das falsch anpacken, würde nicht nur die Neuansiedlung scheitern, sondern sie könnten auch den Wasserfluss im gesunden Wald verändern und damit die vorhandenen Mangroven beschädigen oder gar zerstören. Es ging hier also um eine hochriskante Aufforstung in einem Ausmaß, wie es in Costa Rica noch nie versucht worden war.

Satellitenbilder halfen. Von hoch oben aufgenommen ließen sich auf den Fotos der Gebiete Spuren zumindest der größeren früheren Wasserkanäle erkennen. Auch die Sichtung älterer Luftaufnahmen lieferte weitere Hinweise, doch der Durchbruch gelang erst mit José Jesús López. Er konnte sich noch daran erinnern, wo die Kanäle verlaufen waren.

Er lächelt leicht und freut sich über die Ironie: In seiner Kindheit hielt man den Mangrovenwald für ein »matschiges Sumpfgelände ohne richtigen Nutzen«, während er selbst nun, Jahrzehnte später, dank seiner Jugenderinnerungen und der Unterstützung im örtlichen Verband dabei mithilft, diesen »Sumpf« wieder zurückzubringen. Ana Guzmán erklärt, dass es ganz Costa Rica so ergangen ist und es wohl auch dem Rest der Welt noch so ergehen wird. »Wir haben den Wert der Natur erst erkannt, nachdem wir sie zerstört hatten. Und nun wollen wir sie zurückholen«, sagt sie.

Die mit den Kindheitserinnerungen von José Jesús López kombinierten Satellitenbilder ergaben die Karte, anhand derer der kostbare Wald wiederauferstehen sollte. Die Menschen vor Ort, die Regierung und die Wissenschaft verständigten sich auf eine Verfahrensweise. Es sollten erstaunliche 32 Kilometer Kanäle gegraben werden, von denen rund zehn Kilometer in derart sensiblen und schwer zugänglichen Bereichen lagen, dass man hier nur per Hand graben konnte.

Ana Guzmán erinnert sich: »Die Frauen kamen zuerst. Sie verstanden, wie wichtig es ist, bei null anzufangen, sich um seine Mitmenschen und die Umwelt zu kümmern und sich langfristig zu engagieren.« Lächelnd fährt sie fort:

> *Frauen denken ganz anders als Männer. Frauen wissen, dass sie in die Zukunft investieren müssen, und das ist das Entscheidende bei der Wiederherstellung der Mangroven – wir werden das Ergebnis nicht schon heute serviert bekommen. Aber sie wissen, wenn sie ihre Zeit investieren, wird das Ergebnis es wert sein. So wie bei der Erziehung ihrer Kinder.*

Odilie Carrillo leitet den Verband der Frauen für den Schutz des Golfs von Nicoya. Auf Fotos, die während der Arbeiten aufgenommen wurden, trägt sie oft einen blauen Sonnenhut mit einem lächelnden Zeichentrickgesicht darauf, das ihre eigene Haltung widerspiegelt. Sie war eine Inspirationsquelle für Ana Guzmán und erkundigte sich ständig bei ihr, wann sie wiederkomme und wann man noch ein paar Hektar mehr machen könne. Odilie Carrillo und ihr Verband waren die treibende Kraft hinter 117 Hektar der Wiederaufforstung – einem Großteil des gesamten Projekts.

Um an den Ort zu gelangen, an dem sie mit Schaufeln Wasserkanäle graben wollten, mussten die Frauen mit ihren Werkzeugen in der Hand mehr als zwei Kilometer durch dicken Matsch waten, bei Temperaturen von nicht selten über 30 Grad Celsius. Ihre Tag für Tag bewiesene Entschlossenheit und Ausdauer wurden von der Zuversicht getragen, dass diese Arbeit ihrer Gemeinschaft zugutekommen werde – aber auch Odilie Carrillos Leidenschaft und gute Laune trieben die Frauen an.

Als die Kanäle endlich fertig waren, übernahm die Natur die restliche schwere Arbeit. Nun strömte wieder Meerwasser ein und aus, und mit der Zeit wurde der Boden salziger, was die Wurzeln des eingedrungenen Zuckerrohrs und anderer Landpflanzen, die sich ausgebreitet hatten, abtötete. Mit der Flut angespülte Krabben gruben sich in den Boden und begannen damit, ihn mit Sauerstoff zu durchsetzen. Viele Jahre später hatten die Arbeit der Menschen vor Ort und die regenerativen Kräfte der Natur das Land verändert. Die ersten Bereiche waren bereit für Mangroven.

Heute ist die Wiederaufforstung auf einem guten Weg. Die Gemeinschaft gräbt noch kleinere Wasserkanäle als Verbindungen zu den größeren, um den natürlichen Prozess zu beschleunigen, mit dem der Wald sich seinen ehemaligen Lebensraum zurückholt.

Auch für die Regierung Costa Ricas ergeben sich Vorteile aus diesem Projekt. So kann sie den Schutz der Küstenfeuchtgebiete, insbesondere der Mangroven, ins Zentrum ihrer Bemühungen zum Erreichen der Pariser Klimaverträge stellen, wodurch ihre Klimaziele leichter umsetzbar sind. Inzwischen ist die Wiederaufforstung der Mangroven erstmals Teil des Systems zur Bezahlung von Ökosystemleistungen, mit dem Landwirte und Gemeinschaften für die Erhaltung der Wälder auf ihrem Land entschädigt werden.

Im Gegenzug profitieren die Menschen vor Ort nicht nur von den staatlichen Zahlungen, sondern auch vom verbesserten Hochwasserschutz und der Ernte von Schalentieren und Krabben. In einer nicht allzu weit entfernten Zukunft werden sie sich auch über die Erholung der Fischbestände freuen können und von einer Zunahme des Ökotourismus profitieren, etwa wenn es um Vogelbeobachtungen geht.

Und schließlich haben auch Ana Guzmán und das Forschungsteam aus dem Naturschutz etwas davon. Mit einem Mal verfügen sie über ein Modell, von dem alle Beteiligten profitieren und das, noch wichtiger, bewiesenermaßen in einem großen Maßstab anwendbar ist. Ana Guzmán hat berechtigte Hoffnung, dass sich dieser Ansatz in Costa Rica und ganz Mittelamerika verbreiten wird – und nach und nach vielleicht ebenso in allen anderen Teilen der Welt, wo Mangroven wachsen. Sie weiß, dass die Zeit drängt, aber sie besitzt auch die Geduld, die aus jahrelanger Erfahrung herrührt. Wie sie schon immer über die Wiederaufforstung von Mangroven sagte: »Es ist kein Projekt, es ist ein Prozess«.

**ARKTIS** Diese Ruderschnecke gehört zu den zahllosen Tieren, die im kalten, nährstoffreichen Arktischen Ozean leben. Obwohl sie nur ein bis zwei Zentimeter misst, ist sie eine hervorragende Räuberin.

**ARKTIS** Eine Gruppe Narwale hat in Nunavut, in der kanadischen Arktis, eine Öffnung im Meereis gefunden. Diese Gegend wurde erst kürzlich als »Letztes Eisgebiet« bezeichnet, da hier angesichts der Erderwärmung

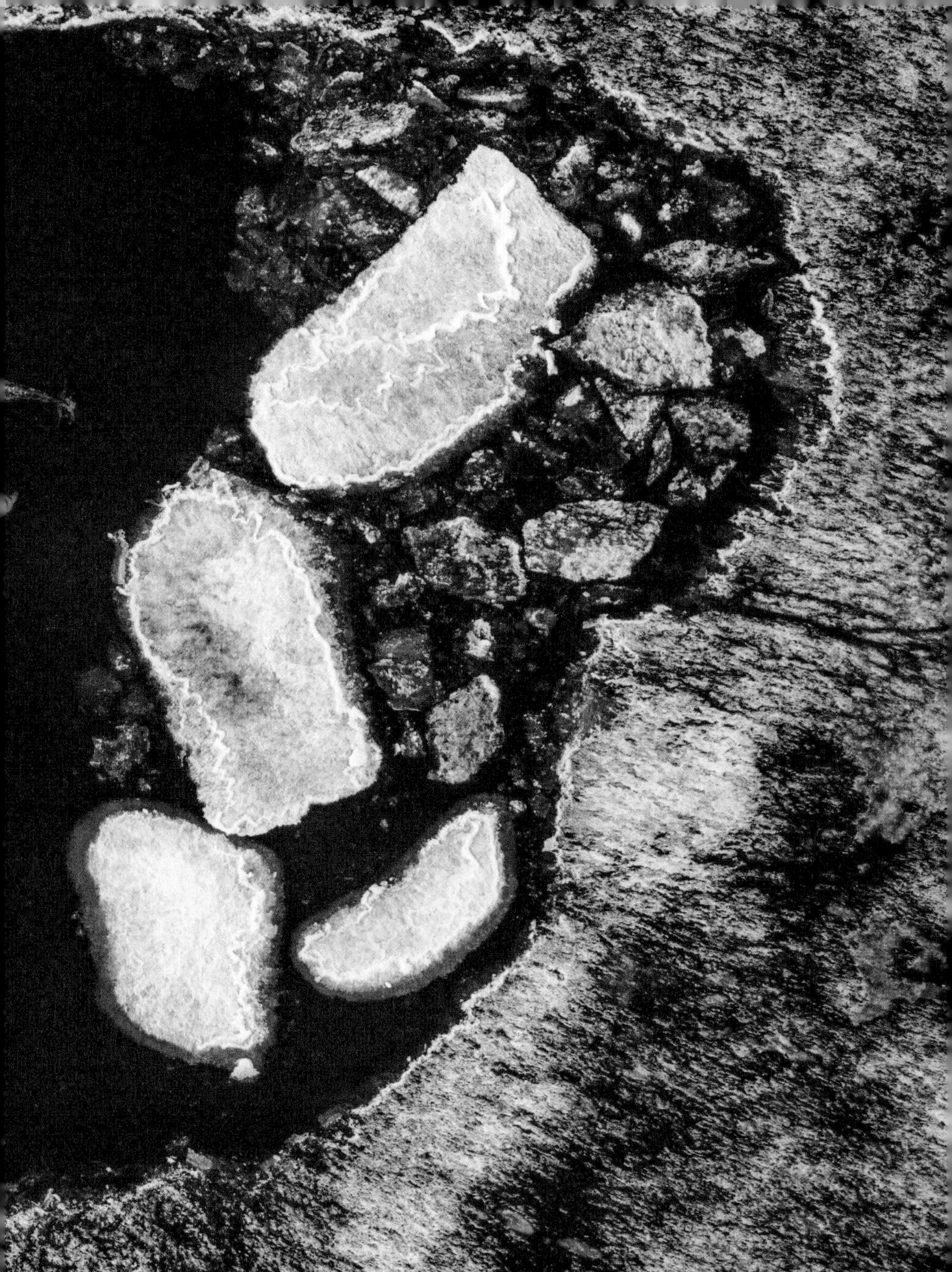

vermutlich das letzte Sommereis in der Arktis zu finden sein wird. In Nunavut liegen auch zwei gewaltige Meeresschutzgebiete, die von den Inuit verwaltet werden.

**ARKTIS** Walrosse vor der arktischen Insel Spitzbergen. Normalerweise nutzen sie die starken Stoßzähne, um sich zwischen den Fressgängen auf Meereisschollen zu ziehen. Inzwischen findet man die Tiere auch in großen Gruppen an Stränden, da es immer weniger Eisschollen gibt, die dick genug sind, um ihre 1500 Kilogramm schweren Körper zu tragen.

**ARKTIS** Orcas gehören zu den intelligentesten und geschicktesten Räubern im Ozean. Mit dem Rückgang des Meereises erobern sie neue Jagdgebiete, entdecken andere Beute und konkurrieren mit den dortigen Jägern.

**MANGROVEN** Ein Mangrovenwald in den Vereinigten Arabischen Emiraten. Diese Luftaufnahme belegt die Fähigkeit der Mangroven, im Salzwasser zu gedeihen. Dadurch bieten sie wichtigen Lebensraum für Meeres- und Landlebewesen und schützen zugleich Küstengebiete vor Überschwemmungen.

**MANGROVEN** Zwei junge Zitronenhaie am Rande eines Mangrovenwaldes vor den Bahamas. Diese Mangroven bildeten vermutlich die Kinderstube der Haie und boten ihnen im ersten Lebensabschnitt Schutz.

Als Junghaie sind sie nun zu groß, um durch das Wurzelgewirr zu schwimmen, weshalb sie regelmäßig im tieferen Wasser und in größeren Kanälen zwischen den Pflanzen auf die Jagd gehen.

**MANGROVEN** Ein Schlammspringer im Sundarbans-Mangrovenwald. Als amphibische Fische können sie über Land »laufen«, aber auch Sauerstoff aus dem Wasser aufnehmen, weshalb die Schlammspringer ideal an die Doppelwelt der Mangroven angepasst sind. Man hat sogar beobachtet, dass sie die Wurzeln der Mangroven hochklettern.

**OZEANISCHE INSELN UND TIEFSEEBERGE** Das Fächersonar ermöglicht es der Forschung, Tiefseeberge (wie diese im Atlantik vor der Küste von Massachusetts) zu entdecken und zu kartografieren. Jedes Jahr werden neue Seeberge gefunden, und wir verstehen immer besser, wie wichtig sie für das marine Leben sind.

**OZEANISCHE INSELN UND TIEFSEEBERGE** Ein gewaltiger Sturm braut sich über einer winzigen Koralleninsel in den Malediven zusammen. Das Land besteht aus über 1100 Inseln – eine vermeintlich große Zahl, doch nur ein Bruchteil der über 600 000 Inseln auf unserem Planeten.

**OZEANISCHE INSELN UND TIEFSEEBERGE** Eine Grüne Meeresschildkröte schwimmt im Südpazifik vor der französisch-polynesischen Küste. Sie ist die einzige Schildkrötenart, die sich vorwiegend vegetarisch ernährt und Seegras und Algen frisst. Die Weibchen unternehmen lange Reisen von den Futtergründen zu den Eiablagestellen und kehren zu dem Strand ihrer Geburt zurück, um dort selbst Eier zu legen.

**SÜDLICHER OZEAN** David Attenborough und ein See-Elefant in der Saint Andrews Bay, Südgeorgien, 1992. David war für die Serie *Life on Earth* 1980 zum ersten Mal nach Südgeorgien gereist und kehrte mehr als zehn Jahre später dorthin zurück, um eine reine Antarktis-Dokumentation zu drehen.

**SÜDLICHER OZEAN** Eine große Königspinguinkolonie in der Saint Andrews Bay, Südgeorgien.

**SÜDLICHER OZEAN** Ein Eisberg mit einer Zügelpinguinkolonie im Südlichen Ozean bei Coronation Island. Im Hintergrund Krilltrawler, daneben

der Blas einiger Wale. Krill bildet die Basis für das Ökosystem des Südlichen Ozeans, und doch wurde in den letzten Jahren immer mehr Krill gefischt.

**SÜDLICHER OZEAN** Der vorbeifliegende Riesensturmvogel vermittelt ein Gefühl für die Größe des von den Wellen geformten Eisbergs, der im Südlichen Ozean vor Antarktika treibt.

KAPITEL 7

# OZEANISCHE INSELN UND TIEFSEEBERGE

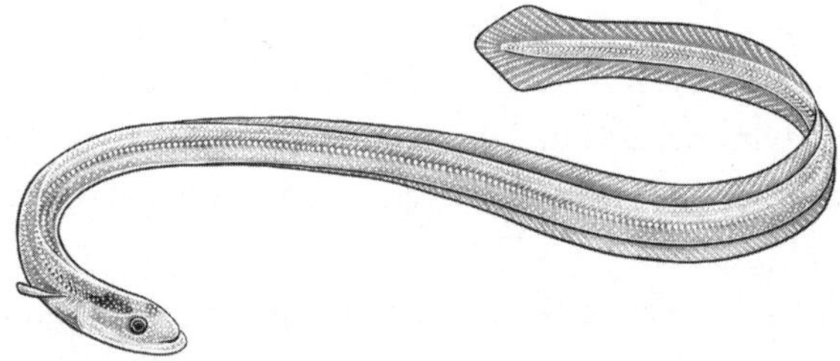

## DIE SCHILDKRÖTEN VON RAINE ISLAND, DAS KORALLENMEER ZWISCHEN AUSTRALIEN UND PAPUA-NEUGUINEA

Wir sollten eigentlich im bergigen Regenwald im Zentrum Neuguineas sein. Kameramann Charles Lagus und ich hatten einen Monat im Wahgi-Tal im Herzen der Insel mit Filmaufnahmen von Paradiesvögeln verbracht und wollten nun eine Patrouille in das weitgehend unerforschte Tal des Jimi-Flusses begleiten, das weiter nördlich lag. Doch die Männer, die wir zu unserem Schutz brauchten, würden erst mit einen Monat Verspätung hier eintreffen. Was sollten wir tun?

Es war Mitte der 1950er-Jahre. Wir hatten weder direkten Funk- noch telefonischen Kontakt mit meinen Vorgesetzten bei der BBC in London. Ich musste allein entscheiden. Ich wägte ab und kam schnell zu einem Entschluss: Es wäre absurd, nach London zurückzureisen, nur um drei oder vier Wochen später erneut nach Neuguinea aufzubrechen. Und wir waren nur rund eine Flugstunde von einem der größten Naturwunder der Erde entfernt – dem Great Barrier Reef. Anders als häufig vermutet ist das Riff nicht einfach eine Unterwasserwand mit Korallen, die ein paar Kilometer vor Australiens Ostküste und parallel zu dieser verläuft. Es ist ein Wirrwarr aus Riffen und Inseln, von denen einige bergig sind und andere nicht viel mehr als Sandbänke. Schon als Junge war ich von den Bildern seiner bunten, unendlich variationsreichen Korallenkolonie fasziniert, und auf den Inseln wimmelte es nur so von brütenden Seevögeln. Das hatte ich schon immer mit eigenen Augen sehen wollen, und jetzt bot sich mir die Gelegenheit.

Ich kontaktierte einen Freund in Australien. Wer konnte uns das Great Barrier Reef zeigen? Mein Freund kannte den richtigen Mann: Vince aus Cairns, der damals nördlichsten Stadt in Queensland mit einem internationalen Flughafen. Er hatte sich selbst ein Metallboot gebaut und verbrachte all seine Zeit damit, mit diesem Boot das Riff zu erkunden. Er wäre der perfekte Führer.

Zwei Tage später saßen wir in Cairns mit Vince zusammen, um mögliche Ziele zu besprechen.

Sein Vorschlag war denkbar einfach. Warum fuhren wir nicht von Cairns aus nach Norden, entlang des Riffs, und hielten für eine Untersuchung an jeder Insel oder jedem Riff, die uns interessant erschienen, bis wir Raine Island erreicht hatten – das nördliche Ende des Great Barrier Reef. Bis dorthin waren es fast 650 Kilometer. Er selbst war noch nie so weit draußen gewesen, auch niemand, den er kannte. Aber von Raine Island hieß es, es gebe dort die größte und vielfältigste Kolonie brütender Seevögel im gesamten Riffgebiet. Die Insel sollte auch der weltgrößte Eiablageplatz der Grünen Meeresschildkröte sein, die jedes Jahr zu Tausenden vorbeischaute. Unglücklicherweise war die Brutsaison bereits fast vorüber, aber Vince meinte, wir könnten womöglich noch auf die eine oder andere Nachzüglerin stoßen. Und selbst wenn nicht, sei die Insel einen Besuch wert, denn es gebe keine andere, die es in Hinblick auf brütende Seevögel mit ihr aufnehmen könne. Falls wir da hinwollten, würde er uns hinbringen.

Am nächsten Morgen kauften wir Vorräte und legten ab. Tagein, tagaus fuhren wir nordwärts, hielten dann und wann an, um die

Schönheit des Riffs zu erkunden, das mit Kolonien fantastischer Steinkorallen bedeckt war und um das herrlich bunte Fische schwärmten. Am 14. Tag tauchte Raine Island vor uns auf.

Es konnte keinen Zweifel geben, dass wir die richtige Insel gefunden hatten, denn reichlich unpassend für diesen abgelegenen Ort thronte ein Steinturm an ihrem östlichen Ende. Er war Mitte des 19. Jahrhunderts als Leuchtturm für europäische Schiffe errichtet worden und markierte den Beginn einer schiffbaren Route durch das Gewirr von Inseln und Sandbänken, aus denen das Great Barrier Reef besteht. Und zum Glück für uns gab es ganze Wolken aus Seevögelschwärmen, so zahlreich und dicht, wie ich sie noch nie gesehen hatte.

Am häufigsten kamen zwei Arten von Seeschwalben vor – Weißkappen- und Braunnoddi. Außerdem stießen wir auf drei Arten von Tölpeln – Masken-, Weißbauch- und Rotfußtölpel. Für mich waren jedoch die Fregattvögel am eindrucksvollsten: glänzend schwarz, mit einer Flügelspannweite von bis zu zwei Metern und langen, gegabelten Schwänzen. Fregattvögel verbringen fast ihr ganzes Leben über dem offenen Meer und ernähren sich dabei vor allem dadurch, dass sie kleinere Vögel bedrängen und ihnen ihre Beute rauben. Doch im erwachsenen Alter verlassen auch diese Tiere dann die Lüfte, da sie, wie alle Vögel, ihre Eier an Land legen müssen. Nun kämpften die Männchen gegeneinander um die Nistplätze. Hatte eines gesiegt, weigerte es sich, den Platz wieder zu räumen, verscheuchte Rivalen und versuchte zugleich, Weibchen anzulocken, indem es seinen gewaltigen blutroten Kehlsack am Hals aufblies und dazu seine enormen Flügel ausgebreitet flattern ließ.

Obwohl die Zeit für die Eiablage der Schildkröten eigentlich schon vorüber war, trafen wir noch einige Tiere an. Bei unserem ersten Rundgang um die Insel sahen wir etwa 20 kurvige Spuren, die sich über die Sandhügel zogen. Damals wusste ich das noch nicht, aber heute geht die Wissenschaft davon aus, dass jedes Jahr über 60 000 Schildkrötenweibchen große Entfernungen zurücklegen, um zu dieser kleinen abgeschiedenen Insel zu gelangen. Die wenigen, die wir noch antrafen, waren verspätete Nachzüglerinnen.

Jeden Morgen fanden wir einige Schildkröten, die sich weit genug an Land geschleppt hatten, um nicht von der Flut erfasst zu werden, und nun mit kräftigen Bewegungen ihrer Vorderpaddel Löcher in den Sand gruben. Hin und wieder drehten sie sich ein wenig, sodass die Löcher perfekt kreisrund wurden. Hatte ein Weibchen den Sand etwa 30 Zentimeter tief ausgehoben, nutzte es fortan auch seine Hinterpaddel, bis es so tief eingegraben war, dass die Oberkante seines Panzers die Sandoberfläche nicht überragte. Dann begann das Weibchen, mit jeweils nur einem Hinterpaddel den Weg nach unten auszuweiten, um eine Eikammer zu schaffen. Das Blatt ihrer Flossen ist erstaunlich beweglich und vielseitig, und die Schildkröte nutzte es, um kleine Portionen Sand wegzuschaufeln. Die ganze Zeit des Grabens über weinte das Weibchen, um den Sand aus seinen Augen zu waschen. Die Schildkröte schnappte keuchend nach Luft und atmete tief aus, nur um plötzlich noch tiefer einzuatmen, so als wäre sie noch im Meer und bereite sich darauf vor, gleich abzutauchen. Das Nest darf nicht zu tief sein, denn die Eier brauchen die Wärme der Sonne, um sich zu entwickeln. Es muss allerdings tief genug sein, damit es nicht von Räubern geplündert werden kann. Das Schildkrötenweibchen legte rund 100 Eier, verschloss das Nest wieder mit Sand und kroch zurück ins Wasser. Ein einzelnes Weibchen wiederholt diesen anstrengenden Prozess bis zu einem halben Dutzend Mal in der Brutsaison.

Die gewaltige Anzahl Jungtiere, die an den Stränden von Raine Island in einer einzigen Brutsaison schlüpfen, ist kaum vorstellbar. Und diese große Zahl ist entscheidend, denn nur eines von 1000 Schildkrötenbabys wird es vermutlich bis ins Erwachsenenalter

*Eine Grüne Meeresschildkröte legt Eier; nur wenn die Balance zwischen Tiefe des Nests und Temperatur genau austariert ist, wird der Nachwuchs auch schlüpfen.*

schaffen. Kaum krabbeln die kleinen Tierchen nach dem Schlüpfen auf dem Sand, werden die meisten von Vögeln verspeist. Wer es ins Wasser schafft, wird von Meeresräubern angegriffen. Nur eine winzige Minderheit gelangt in die relative Sicherheit des offenen Ozeans.

Der Leuchtturm auf der Insel wurde von europäischen Strafgefangenen gebaut, die dazu Holz hier gestrandeter Schiffe und Kalkstein von der Insel selbst verwendeten. Die Löcher, die sie für die Steine in den Felsen schlugen, gibt es noch heute – in vielen liegen Schildkrötenskelette. Es scheint, als hätten einige Weibchen, nachdem sie ihre Eier abgelegt hatten, einen abschüssigen Hang in Richtung Meer gesucht, stattdessen aber einen Abhang Richtung Inneres der Insel genommen. Dabei stürzten sie in die von den Turmerbauern hinterlassenen Löcher, wo sie orientierungslos oder hilflos rücklings liegen blieben und verendeten.

Ihre Knochen waren überall auf der Insel zu finden. Auseinandergefallen und gebleicht waren manche von einer abstrakten Schönheit. Andere Skelettknochen waren noch so verbunden wie zu Lebzeiten und lagen auf der Seite oder dem Rücken, halb von Sand bedeckt.

Heute wird die Natur auf Raine Island in Absprache und Zusammenarbeit mit den Wuthathi, in deren traditionellem Siedlungsgebiet die Insel liegt, besser geschützt. In einer Welt, die für Schildkröten und Seevögel deutlich gefährlicher geworden ist, als sie es zur Zeit unseres Besuchs 1957 war, ist diese Arbeit wichtiger denn je. Ein Wissenschaftsprojekt überwacht die Meeresschildkröten nun genau. Zäune und die Landschaftsgestaltung verhindern, dass die Tiere über die kleinen natürlichen Klippen oder in die Steinbruchlöcher fallen. Doch wie bei so vielen ozeanischen Inseln kommt die größte Gefahr für die Schildkröten auf Raine heute aus einer ganz anderen Richtung: Höhere Fluten, die vom steigenden Meeresspiegel verursacht werden, überschwemmen jedes Jahr viele ihrer Nester. Und dann gibt es da noch ein zusätzliches und unsichtbares Unheil.

Während sich die Schildkröte im Ei noch entwickelt, entscheidet die Temperatur im Nest über ihr Geschlecht. Hohe Temperaturen im Nest bringen weibliche Tiere hervor, niedrigere männliche. In den letzten Jahren waren mehr als 99 Prozent der auf Raine Island geschlüpften Jungtiere weiblich. In der Vergangenheit wurde dieser Effekt auf der Insel dadurch ausgeglichen, dass manche Nester an schattigeren Stellen lagen, die Eier unterschiedlich tief vergraben waren oder die Eiablage zu unterschiedlichen Zeiten im Jahr stattfand. Doch in unserer sich erwärmenden Welt befinden sich die allermeisten Nistplätze auf Raine Island nun in Temperaturbereichen, die nur Schildkrötenweibchen entstehen lassen.

Es scheint, dass der Rückgang der Population der Grünen Meeresschildkröte auf Raine Island unvermeidlich ist, sollte die globale Erwärmung nicht gestoppt werden können oder örtliche Umweltschützer nicht in erheblichem Maß eingreifen.

DA

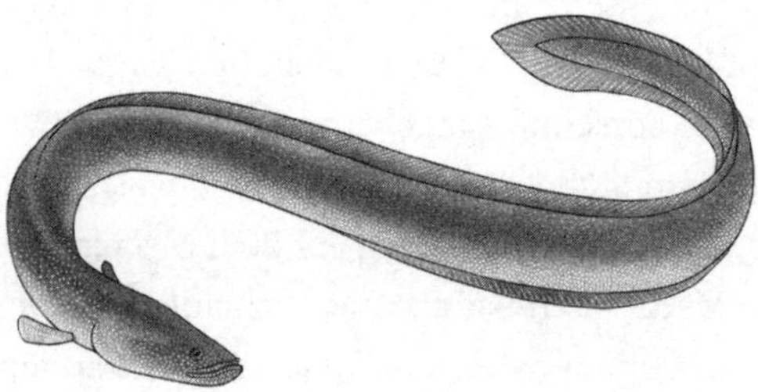

Abgelegen im Pazifik, mehr als einen Segeltag von der nächstgelegenen Insel entfernt, kreisen Hunderte Hammerhaie langsam um einen Unterwasserberg. Zur selben Zeit schwebt ein dichter Schwarm Fische vor der Küste Neuseelands über dem Gipfel eines erloschenen Vulkans – ihre Körper drängen sich im Wasser so eng, dass man die unter ihnen wachsenden Tiefseekorallen und metergroßen Schwämme kaum ausmachen kann. Auf der gegenüberliegenden Seite der Welt kommen bei den ozeanischen Inseln der Azoren 24 verschiedene Wal- und Delfinarten zusammen, wobei einige von ihnen offenbar Tausende von Kilometern geschwommen sind, um dabei zu sein. Ozeanische Inseln sowie Vulkane und Unterwasserberge, auch als Tiefseeberge bezeichnet, sind überaus wichtige Orte für das Leben auf der Erde und werden ganz bewusst von den Ozeanwanderern aufgesucht.

Aber was ist ein Tiefseeberg, und warum sind sie solche Hotspots des Lebens im Meer? Die meisten Habitate auf den Landflächen unseres Planeten können wir ziemlich eindeutig beschreiben. Dank Fortschritten in der Satellitentechnik und Jahrhunderten der Forschung wissen wir mit ziemlicher Sicherheit, was Grasland, Wüsten oder Laubwälder sind, wie viel Fläche sie auf unserem Planeten etwa einnehmen und wie das Leben in ihnen ungefähr funktioniert. Über Details lässt sich vielleicht streiten, und es mag eine gewisse Unschärfe in Bezug auf die Populationsgrößen geben, aber im Wesentlichen haben wir eine recht konkrete Vorstellung davon, womit wir es hier zu tun haben. Das Spannende an den Tiefseebergen ist nun, dass wir, was die Forschung angeht, noch ziemlich hinterherhinken.

Nach aktuellem Stand definieren wir einen Tiefseeberg als einen eigenständigen frei stehenden Berg auf dem Meeresboden, der mindestens 1000 Meter hoch ist; das unterscheidet ihn von den großen Unterwasserbergketten wie dem 16 500 Kilometer langen Mittelatlantischen Rücken. Diese Gebirgsketten sind höchst bedeutende geologische Phänomene, genau wie ihre Gegenstücke an Land, doch Tiefseeberge funktionieren anders. Sie werden häufig als »Oasen in der gewaltigen Wüste der Meere« bezeichnet – einzigartige Erhebungen auf dem Meeresgrund.

Allerdings erkennen wir inzwischen, dass sie gehäuft rund um ozeanische Hotspots vorkommen, an denen die Erdkruste dünner ist. Das liegt daran, dass Tiefseeberge Vulkane sind oder einmal waren. Wissenschaftsteams stellten fest, dass die meisten Tiefseeberge unter zwei Bedingungen existieren: entweder an Subduktionszonen, also den Orten, an denen zwei tektonische Platten aufeinandertreffen, oder an Stellen der sogenannten Ozeanbodenspreizung, an denen sich, wie der Name bereits verrät, zwei tektonische Platten auseinanderbewegen. An beiden Stellen kann Magma aus der Tiefe der Erde aufsteigen und Vulkane bilden.

Die daraus entstehenden Tiefseeberge können viele verschiedene Formen annehmen. Manche schaffen es mit ihren Gipfeln nie ans

Tageslicht, andere hingegen, wie Hawai'i und die Galapagosinseln, durchstoßen die Wasseroberfläche und werden zu ozeanischen Inseln. Ozeanische Inseln erheben sich direkt vom Meeresboden der großen Ozeanbecken und unterscheiden sich so von kontinentalen Inseln wie Grönland oder Tasmanien, die Teil des Kontinentalschelfs und derzeit schlicht nicht von Wasser überspült sind. Wellen und Regen können ozeanische Inseln mit der Zeit auflösen, sodass sie wieder unter der Oberfläche verschwinden. Manchmal erschafft die Erosion auch einen Tiefseeberg mit abgeflachtem Gipfel, einen Guyot, und ein andermal bringt dieser Prozess unter den entsprechenden Umständen eine der schönsten Landschaften der Welt hervor.

In warmem, sonnendurchflutetem Wasser vermag eine vulkanische Insel das felsige Substrat liefern, das Korallen brauchen, um ein Riff entstehen zu lassen. Im Laufe von Tausenden von Jahren können diese Riffe kreisförmig um die Insel herum wachsen. Und während das vulkanische Zentrum der Insel nach und nach absinkt, gedeiht das Riff weiter und bildet nun ein Atoll – ein ringförmiges Riff um eine zentrale Lagune in der Mitte. Die Malediven im Indischen Ozean und Kiribati im Pazifik sind Beispiele für ein solches Atoll. Die Bermudainseln hingegen, die mehr als 100 Inseln und zahllose Riffe in einem Archipel rund um die Caldera eines unterseeischen Vulkans umfassen und daher häufig als einziges Atoll des Atlantiks bezeichnet werden, ähneln interessanterweise einem Atoll und haben für die Tier- und Pflanzenwelt eine vergleichbare Funktion – entstanden sind sie allerdings auf andere Weise.

Schätzungen über die Zahl der Tiefseeberge gehen weit auseinander. Mit Gewissheit lässt sich sagen, dass es mindestens 14 500 Berge mit mindestens 1000 Meter Höhe über dem Meeresboden gibt. Manche Forschende vermuten, es könnten in allen Ozeanbecken zusammen aber auch etwa 100 000 sein. Wir wissen es bislang einfach nicht.

Auf einer niedrigen Umlaufbahn kreisende Satelliten können Wölbungen in der Ozeanoberfläche ausmachen, die von den größeren, bis an die Wasseroberfläche ragenden Tiefseebergen verursacht werden – das kann man durch Zoomen auch auf Google Maps erkennen. Um die kleineren oder tiefer liegenden Unterwasserberge lokalisieren oder etwa den tatsächlichen Umfang und die Höhe eines Tiefseebergs messen zu können, brauchen wir das Sonar-Verfahren. Vergessen wir nicht, dass wohl die Hälfte der Tiefseeberge weltweit auf hoher See liegen, was normalerweise eine lange Anreise bedeutet, bevor wir das Sonargerät vor Ort nutzen können – es ist also kein Wunder, dass bislang nur so wenige kartografiert sind und immer noch neue entdeckt werden.

Anfang 2024 stieß die *R/V Falkor (too)* des Schmidt Ocean Institute mithilfe von Satelliten auf vier Tiefseeberge in internationalen Gewässern vor Guatemala. Erst suchten die Forschenden nach der Gravitationskraft des Tiefseebergs, die das Wasser zu ihm hinzieht und so leichte Wölbungen in der Oberfläche des Ozeans erzeugt. Als das Schiff dann die von den Satellitendaten bezeichnete Stelle erreicht hatte, setzte das Wissenschaftsteam ein Fächersonar ein, um wunderbar detailreiche Karten der zerklüfteten Hänge des über zwei Kilometer hohen Tiefseebergs zu erstellen.

Seit vielen Jahrzehnten nutzen Fischerboote Sonar, um große Fischschwärme an Tiefseebergen zu lokalisieren und zu jagen, angefangen beim Rundnasen-Grenadier und dem Glänzenden Schleimkopf bis hin zu pelagischen Raubfischen wie dem Thunfisch. Da viele für den Handel wertvolle Fische sich gern rund um Tiefseeberge aufhalten, wissen wir schon lange, dass diese Bergregionen im Vergleich zum sie umgebenden offenen Ozean voller Leben sind. Doch wir haben bis heute keine Vorstellung, warum genau. Eine Theorie geht davon aus, dass die über den ansonsten flachen Meeresboden aufragenden Tiefseeberge die Strömungen des Ozeans unterbrechen und das tiefe, nährstoffreiche Wasser der Tiefsee an die Oberfläche lenken. Dieser Tiefenwasseraufstieg sorgt dann für ein derart umfassendes Aufblühen des Ozeanlebens, dass selbst die großen Wanderer aus dem offenen Ozean angelockt werden. Im Endeffekt bilden die Tiefseeberge damit einen Hauptanziehungspunkt für Nahrung auf jeder Stufe der Nahrungskette.

Auch wenn das schlüssig klingt, so hat diese Theorie doch ihre Tücken. Studien zeigen, dass rund um Tiefseeberge solche Tiefenwasseraufstiege gar nicht so häufig vorkommen, und dort, wo sie dennoch beobachtet werden, dauern sie nur einige wenige Tage – bei Weitem nicht lange genug, um langfristig Fischpopulationen vor Ort in der Größe, wie sie festgestellt wurden, zu halten. Und dann gibt es da noch die Tatsache, dass Fotosynthese nur in der euphotischen, also der lichtdurchfluteten Zone möglich ist. Wie kann da die Theorie des Nährstoffaufstiegs für die tieferen Bereiche der Tiefseeberge zutreffen, die offenbar ebenfalls große Mengen von Fischen anziehen?

Einige Wissenschaftler schauen sich die Sache aus einem anderen Blickwinkel an und haben die Idee entwickelt, die Nahrung könnte über dem Gipfel des Tiefseebergs »gefangen« sein. Die Theorie besagt, dass Zooplankton von den Ozeanströmungen mitgeführt wird und so an die Spitze des Tiefseebergs gelangt. Wir wissen, dass Zooplankton sich meist nachts an der Meeresoberfläche ernährt, denn hier findet sich das meiste Phytoplankton, das es frisst. Tagsüber taucht es dann in Tiefen jenseits der 100 Meter ab, um nicht selbst gefressen zu werden (man fand Zooplankton schon in Tiefen von 800 Metern). Wenn nun allerdings die Tiere des Zooplanktons über einem Tiefseeberg treiben, der das Wasser flacher macht als die Tiefe, in die sie üblicherweise nachts tauchen, geraten sie in eine Falle und werden zu einer leichten Beute für Fische, die sich von ihnen ernähren. Das bedeutet natürlich auch, dass ebensolche Fische zu den Tiefseebergen gelockt werden und wiederum Arten nachrücken, die weiter oben in der Nahrungskette stehen.

Da bislang nur rund 300 Tiefseeberge untersucht wurden – irgendwas zwischen 0,3 und einem Prozent aller von der Wissenschaft vermuteten Berge –, dürfte diese Geschichte noch so einige Wendungen erfahren. Wir können aber festhalten, dass sich Zooplankton, größere Wirbellose und gewaltige Fischschwärme aus welchem Grund auch immer rund um Tiefseeberge versammeln, was dann größere, durch die Ozeane ziehende Arten wie Haie, Rochen, Delfine, Thunfische und Wale anlockt, von denen viele auf ihren Wanderungen offenbar gezielt die Tiefseeberge ansteuern.

Und in der Tat haben einzelne Tiefseeberge untereinander deutlich mehr miteinander zu tun, als wir anfänglich dachten. Die Tatsache, dass viele Tiefseeberge oder Gruppen von Tiefseebergen so weit voneinander entfernt liegen, führte eingangs zu der Hypothese, sie müssten unter biologischen Gesichtspunkten als isoliert gelten. Das würde bedeuten, dass Angehörige einer Spezies an einem Tiefseeberg ihren Artgenossen an einem anderen Tiefseeberg nicht begegnen, es also keinen genetischen Austausch zwischen den beiden Gruppen gibt. Diese Vorstellung ist abgeleitet von dem, was wir vom terrestrischen Leben auf Inseln kennen, wo häufig Arten vorkommen, die seit so vielen Generationen auf einer Insel leben, dass sie sich den dortigen singulären Umständen gut angepasst haben und sich folglich von ihren Verwandten auf einer anderen Insel oder dem Festland unterscheiden. Auch wenn an Tiefseebergen jeweils einige endemische Arten existieren, so ist der Großteil des Lebens dort jedoch mit dem Rest des Ozeans verbunden. So können Larven beispielsweise durch Ozeanströmungen von einem Tiefseeberg zum anderen gelangen, und die ausgewachsenen Tiere vieler Arten scheinen bewusst große Distanzen zurückzulegen, um einen bestimmten Tiefseeberg zu erreichen.

Japanische Aale sind Süßwasserfische, die sich im Ozean vermehren. Trotz ihres Namens findet man sie in ganz Südostasien; sie werden als *unagi* auch sehr gern gegrillt gegessen. Bekannt sind sie für ihren Nährwert, den hervorragenden Geschmack und ihre kulturelle Bedeutung. Aber es ist ihr außergewöhnlicher Lebenszyklus, der sie wirklich bemerkenswert macht. Japanischer Aal steht seit Jahrhunderten auf den Speisekarten, doch wo er laicht, war bis vor Kurzem ein Rätsel – und dass dieses Rätsel so schwierig zu lösen war, verwundert nicht. Der Lebenszyklus eines Aals verläuft in fünf deutlich voneinander zu unterscheidenden Abschnitten. Nachdem er aus dem Ei geschlüpft ist, verbleibt er als Larve zunächst im offenen Meer. Nach etwa 18 Monaten ähnelt er zum ersten Mal einem Aal, wenn auch einem sehr kleinen und durchsichtigen, daher auch der Name Glasaal. Nun kann er Richtung Küste schwimmen. Haben die Aale etwa sechs Zentimeter Körperlänge erreicht, sind sie kräftig genug, eine Flussmündung hinaufzuschwimmen, offenbar angetrieben von dem Drang, flussaufwärts zu kommen. Sie verbringen bis zu zehn Jahre in einem Fluss, häufig viele Kilometer landeinwärts, wo sie sich von Wirbellosen ernähren und bis zu 50 Zentimeter lang werden. Haben sie ihre volle Größe erreicht, wandelt sich ihre Hautfarbe von graubraun auf dem Rücken und weiß auf dem Bauch zu silbrig. Damit beginnt die letzte Phase ihres Lebens, wenn sie ins Meer zurückschwimmen, um dort abzulaichen. Aber wo genau befinden sich nun die Laichgründe dieses wichtigen Fischs?

Nach vielen Jahren intensiver Arbeit gelang es einer Gruppe von Forschenden der Universität Tokio, sie aufzuspüren. Mithilfe von Genanalysen konnte sie beweisen, dass die Aallarven, die man an zwei Tiefseebergen westlich der Marianeninseln, etwa auf halbem Weg zwischen Japan und Papua-Neuguinea, gefunden hatte, vom Japanischen Aal stammten, der folglich mehr als 2000 Kilometer von seinem Süßwasserhabitat hierher wandert, um zu laichen.

Warum er das ausgerechnet an diesen Plätzen macht, ist noch unklar, man vermutet einen Zusammenhang mit den Ozeanströmungen.

Die Geschichte des Japanischen Aals zeigt zum einen die Bedeutung der Tiefseeberge und zum anderen, wie wichtig es ist, neue Maßnahmen zum Schutz der weltweiten Ozeane und Flüsse zu ergreifen. Der Bestand des Japanischen Aals ist in den vergangenen Jahren deutlich zurückgegangen, und die Art gilt heute als gefährdet. Es ist schwer zu sagen, wie viel von diesem Rückgang auf die von wärmerem Wasser veränderten Ozeanströmungen, auf die Schäden durch die Fischerei an den Tiefseebergen, die Verschmutzung von Flüssen oder die Überfischung von Jungtieren und ausgewachsenen Tieren vor dem Laichalter zurückzuführen ist. Wahrscheinlich ist eine Kombination aus all diesen Ursachen. Die Geschichte des wandernden *unagi* führt uns aber vor Augen: Wenn ein 2000 Kilometer von der Küste entfernter Tiefseeberg für einen Süßwasserfisch von derart großer Bedeutung ist, dann greift im Ozean viel mehr ineinander, als uns bislang klar war. Er braucht daher einen Schutz, der dies berücksichtigt.

Man vermutet, dass die Fläche aller Tiefseeberge und ozeanischen Inseln zusammengenommen etwa der Fläche Europas entspricht. Schon allein dadurch sind sie ein signifikantes Meereshabitat. Doch womöglich sind sie noch viel wichtiger, weil sie weit verstreut liegen. Der vom Aussterben bedrohte Bogenstirn-Hammerhai wandert, teilweise in großen Gruppen, zwischen ozeanischen Inseln im Ostpazifik hin und her. Eines der am wenigsten erforschten Tiere unserer Weltmeere, der Schnabelwal, reist im Herbst aus höher gelegenen Breitengraden zu den Azoren. Er gehört zu einer nur schwer zu fassenden Familie – bis heute kennen wir 24 Arten Schnabelwale –, der wir nur selten begegnen und über die wir daher auch kaum etwas sagen können, weshalb auch noch nicht klar ist, warum so viele von ihnen diesen Weg überhaupt auf sich nehmen.

Heringshaie, Makohaie, Gelbflossen-Thunfische und der Blaue Marlin werden häufiger rund um Tiefseeberge gefangen als sonst wo in den Ozeanen. Es lässt sich kaum eindeutig feststellen, ob wir sie dort finden, weil wir dort nach ihnen fischen oder weil sie dort die meiste Zeit verbringen. Fest steht nur, dass sie regelmäßig zwischen Tiefseebergen hin- und herwandern und dass Tiefseeberge wichtige Orte für diese und viele andere pelagische Arten sind.

Viele Ozeanwanderer, insbesondere Wale, Delfine, Thunfische und Haie, scheinen Tiefseeberge durchaus gezielt anzusteuern. Vermutlich lokalisieren sie diese durch die jeweils eigene Auswirkung jedes Tiefseebergs auf die Ozeanströmungen und dessen geomagnetische Signatur. Letztere entstand, als das Vulkangestein, das den Berg formte, auskühlte und erhärtete, wodurch Eisenatome in einer bestimmten Formation im Fels eingeschlossen wurden. Das Magnetfeld der Tiefseeberge schwächt sich mit der Zeit ab, was ebenfalls zur Singularität der Signatur beiträgt.

Tiefseeberge sind aber nicht nur für vorüberziehende Ozeanbewohner bedeutsam, viele von ihnen können ebenso wertvolle dauerhafte Siedler vorweisen. Überall auf der Welt findet man an Tiefseebergen einen dichten Bewuchs von Tiefsee- oder Kaltwasserkorallen. Die große Überraschung dabei war, dass Korallen überhaupt unter solchen Bedingungen gedeihen können, schließlich unterscheiden sich diese grundsätzlich von jenen, unter denen die besser bekannten riffbildenden Flachwasserkorallen wachsen. Flachwasserkorallen benötigen warmes Wasser und jede Menge Sonnenlicht, damit ihre Algen zur Fotosynthese in der Lage sind. Tiefseekorallen hingegen können auch in kaltem Wasser überleben, in dem es viel zu dunkel für Fotosynthese ist. Stattdessen strecken die Polypen innerhalb der Korallen ihre Tentakel aus, um sich ihr Futter zu schnappen – in der Regel mikroskopisch kleine Kreaturen und Stückchen des bereits erwähnten Meeresschnees, also tote marine

Organismen. Sich so zu ernähren, ist deutlich weniger effektiv als das verlässliche Sonnenlicht, weshalb Tiefseekorallen wesentlich langsamer wachsen als ihre Verwandten im flachen Wasser – sie werden pro Jahr nicht mehr als einen einzigen Millimeter größer, leben allerdings Hunderte von Jahren.

Ein faszinierendes Detail ist, dass in Gegenden unserer Welt, in denen die Jahreszeiten deutlich ausgeprägt sind, auch die Kaltwasserkorallen dem jahreszeitlichen Wechsel unterliegen. Ist es sonniger und wärmer, ist das Oberflächenwasser produktiver, sodass das Volumen des Meeresschnees zunimmt und die Tiefseekorallen stärker wachsen. Im Winter fällt weniger Licht auf das Oberflächenwasser, weshalb es entsprechend weniger Phytoplankton gibt, und damit verlangsamt sich auch der Wuchs der Tiefseekorallen.

Mögen sie auch weniger bekannt sein und langsamer wachsen, doch auf ihre eigene Art sind Tiefseekorallen nicht weniger spektakulär als die viel häufiger fotografierten Flachwasserkorallenriffe: Ein Dickicht aus leuchtend weißen, im Zickzack wachsenden *Madrepora-oculata*-Korallen erhebt sich neben tiefroten *Octocorallia*, deren Polypen wie Blüten aus ihnen herauswachsen; die massiven Skelette der Blauen Korallen sind mit Schwämmen und Schlangensternen durchsetzt. Langsam wachsende langlebige Fische patrouillieren in diesem uralten Korallenwald, Kraken jagen zwischen den Ästen und Fächern, und Seespinnen stolzieren über das archaische Gebilde.

Da Korallen zum Gedeihen einen festen Untergrund brauchen, sind Tiefseeberge für Tiefseekorallen optimal. Ein Berg aus hartem Vulkangestein, der sich über den schlammigen Boden des offenen Ozeans erhebt, ist ein ausgezeichneter Landepunkt für die jungen, im Wasser treibenden Planula-Larven der Korallen. Und nachdem sie sich einmal niedergelassen haben, sind sie sessil, das heißt, sie bleiben unbeweglich dauerhaft an diesem einen Ort, an dem sie jedoch keine Riffe bilden, sondern sogenannte *mounds*, also Berge aus

Korallenablagerungen. Je nach Art können diese Korallengärten Dutzende von Metern hoch aufragen oder sich pilzartig horizontal ausbreiten. Forschungsteams stießen auf Tiefseeberge mit großen Korallenkolonien, die Tausende von Jahren alt waren – die ältesten waren Schwarze Korallen, die noch aus der Bronzezeit stammten.

Sie fanden aber auch viele, die nur noch Ruinen waren.

In der zweiten Hälfte des 20. Jahrhunderts wurden Fischfangflotten mit größeren Schiffen und modernster Ausrüstung an Bord ausgestattet, darunter Tiefkühlanlagen, um den Fang bis zur Anlieferung frisch zu halten, Radar und GPS, um die Navigation zu vereinfachen, Sonar, um besondere Bodenbedingungen und Fischschwärme lokalisieren zu können, sowie stärkere Netze und Winden, um die enormen Fischfanggeräte in größere Tiefen und über zerklüfteten Untergrund ziehen zu können. Diese bereits erwähnten Fernfischereiflotten sind in der Lage, weite Strecken zurückzulegen und überall auf der Welt zu fischen. Dank der Entwicklung von globalen Tracking-Systemen und neuer Datenverfügbarkeit machen es Initiativen wie Global Fishing Watch möglich, die Wege dieser schwimmenden Fabriken weltweit online nachzuverfolgen. Vergleicht man die Karten von den Einsatzgebieten dieser Schiffe mit denen der bekannten Vorkommen von Tiefseebergen, zeigt sich, dass diese Fernfischereiflotten, genau wie Wale, Haie und Delfine, weite Strecken zurücklegen, um die Tiefseeberge zu erreichen. Ihr Sonargerät spürt dieselben großen Fischansammlungen auf, die auch die Wissenschaft gefunden hat.

Die gewaltigen Trawler ziehen wie bereits beschrieben beschwerte Netze über die Tiefseeberge und sacken dabei neben den erwünschten Fischen auch häufig jahrhundertealte Korallen und Schwämme ein. Es ist, als würde man einen ganzen Wald abholzen, um einen Hirsch zu fangen. Die schweren Netze sind viel zu stark, als dass die langsam wachsenden empfindlichen Ökosysteme ihnen etwas entgegenzusetzen hätten, und die Entfernung zwischen den Tiefseebergen macht es wirtschaftlich sinnvoller, den gesamten Berg abzufahren, oft mehrmals hintereinander, anstatt zu einer anderen Stelle weiterzureisen. Damit ist die angerichtete Zerstörung vollkommen.

Das Leben an den Tiefseebergen ist durch die Grundschleppnetzfischerei besonders gefährdet, weshalb diese Fischereien im Allgemeinen einem Auf und Ab folgen, was letztlich den Ertrag anbelangt. Wobei nicht nur die Grundschleppnetzfischerei Probleme verursacht. Bei der pelagischen Langleinenfischerei über Tiefseebergen kommt es zu sehr viel Beifang gefährdeter und geschützter Arten wie Meeresschildkröten und Haie. Das überrascht kaum, wandern diese Arten doch regelmäßig und in großen Zahlen zu den Tiefseebergen. Greift man nicht aktiv zu Gegenmaßnahmen, werden diese Tiere unweigerlich mit den Leinen oder Netzen gefangen.

Während die industrielle Fischerei in der Praxis oft deutlich viel zu viel Fisch fängt und dazu zerstörerisches Gerät einsetzt, gibt es keinen biologischen Grund, weshalb wir nicht eine vernünftige Menge Fisch fangen könnten, ohne das Ozeanökosystem zu ruinieren; im Grunde haben viele Küstenbewohner genau das über Jahrtausende hinweg getan. Es gibt in Küstengewässern und über dem Kontinentalschelf zahlreiche Fischarten, die sich schnell vermehren und wachsen. Wenn wir den Willen und die Vorausschau aufbringen, uns um sie zu kümmern – nur nachhaltige Mengen mit weniger schädlichem Gerät fangen –, kann diese Fischerei Nahrung und Existenzgrundlage für immer sein. Anders sieht die Sache bei Tiefseebergen aus.

Bedrohte Ökosysteme auf Tiefseebergen benötigen Hunderte, wenn nicht gar Tausende Jahre, um sich zu erholen. Auf einer menschlichen Zeitskala betrachtet ist es wahrscheinlich, dass ein mit Grundschleppnetzen einmal abgefahrener Tiefseeberg nie wieder die gleiche Fangmenge bieten wird. Viele der ansässigen Arten wachsen langsam, und die zu den Tiefseebergen wandernden Tiere sind meist vom Aussterben bedroht, zugleich aber für den größeren Ozean bedeutsam.

Die überwiegende Anzahl der Tiefseeberge, von denen wir bislang wissen, befindet sich in internationalen Gewässern, und fast die gesamte industrielle Fischerei, die an ihnen betrieben wird, läuft über Fernfischereiflotten aus einer Handvoll Ländern. Sie wird zudem oft stark bezuschusst. Doch die Arten, die diese Flotten vernichten, und die Lebensräume, die sie zerstören, sind Teil der globalen öffentlichen Güter, die uns allen und dem Rest der Natur gehören. Angesichts der immensen Bedeutung der Tiefseeberge für die Meeresbewohner und dem vergleichsweise geringen Nutzen für die Fischerei wäre es eine sehr klare Win-win-Situation für alles Leben auf der Erde, würde man diese Berge zum Wohle aller schützen.

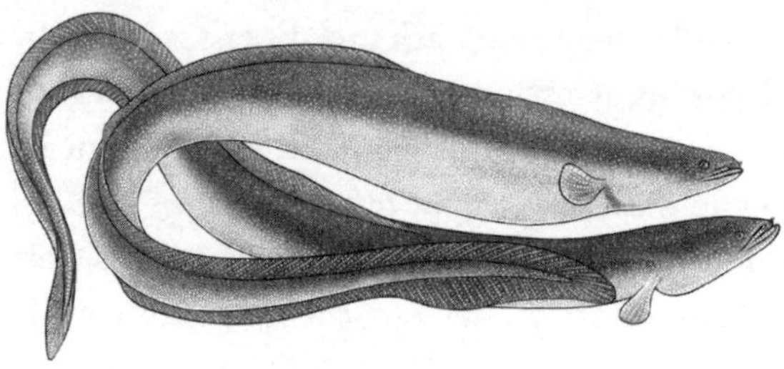

## PAPAHĀNAUMOKUĀKEA

Papahānaumokuākea ist ein zutiefst heiliger Ort. Dem uralten hawaiianischen Schöpfungsmythos Kumulipo zufolge stammt alles Leben von hier, alles begann mit einem einzelnen Korallenpolypen. Viele Ureinwohner Hawai'is kommen zu Lebzeiten hierher, um sich den Göttern näher zu fühlen, und nach dem Tod kehren alle

Geister hierher zurück. Als es darum ging, diesem Meeresschutzgebiet einen Namen zu geben, entschieden sich die Ältesten für Papahānaumokuākea, zu Ehren der Erdmutter Papahānaumoku und des Himmelsvaters Wakea, aus deren Vereinigung der gesamte Archipel Hawai'i hervorging.

*Papahānaumokuākea ist eines der außergewöhnlichsten Ozeangebiete auf dem Planeten. Hier gibt es alles im Überfluss. Es ist* āina momona. *Ein Ort der Genesung. Wiedergeburt, Erholung, Erneuerung. Ein Ort, der uns beim Blick auf den Niedergang, der an so vielen Stellen der Erde zu sehen ist, daran erinnert, wie die Erde beschaffen sein sollte und wie der Ozean aussieht, wenn wir ihm erlauben, in seinem natürlichen Zustand fortzuleben.*

Es ist nun schon ein Vierteljahrhundert her, seit Aulani Wilhelm zum ersten Mal von Honolulu aufbrach und die fast 2000 Kilometer lange Reise zu den Midwayinseln im Papahānaumokuākea auf sich nahm. Und wenn sie davon spricht, schwingt in ihrer Stimme noch immer der Respekt für diese Inselgruppe mit ihren Riffen und Tiefseebergen mit, verbunden mit dem Gefühl des Privilegs, das sie empfand, als sie sie besuchen durfte. In der Zwischenzeit hat sie als Leiterin des Papahānaumokuākea Marine National Monument gearbeitet, das Weiße Haus in Washington in Fragen des Meeresschutzes beraten und war eine der vielen indigenen Hawai'ianerinnen und Hawai'ianer, die mehrere US-Präsidenten davon überzeugen konnten, den von der örtlichen Bevölkerung entwickelten weitreichenden Plan umzusetzen, aus Papahānaumokuākea eines der bemerkenswertesten Meeresschutzgebiete auf unserem Planeten zu machen. Seine Erfolgsgeschichte kann viele andere inspirieren.

Schon Hawai'i mag einem geografisch isoliert vorkommen, doch

Papahānaumokuākea ist wirklich fern ab. Es liegt mitten im Pazifik, die nächstgelegenen Landmassen sind Japan im Westen, die mexikanische Baja California im Osten, Russland im Norden und Queensland, Australien, im Südwesten. Da der Pazifik so groß ist, dass man bequem die gesamte Landmasse der Erde in ihm unterbringen könnte, erscheint Papahānaumokuākea auf einer Karte als winziges Pünktchen auf der gewaltigen Fläche des Pazifiks, doch ganz aufgespannt entspricht seine Länge der Entfernung zwischen London und Rom. Ihre einsame Lage und das nährstoffreiche Wasser machen diese Inseln und Atolle zur Heimat einer üppigen Tier- und Pflanzenwelt und zum Anziehungspunkt für wandernde Arten.

Obgleich es schon immer ein weit abgelegenes und heiliges Land gewesen ist, so war es doch nicht immer vom Rest der Welt isoliert. Im 19. Jahrhundert wurden dort Hunderttausende Seevögel wegen ihrer Eier und Federn getötet, und ihr Guano wurde zu Dünger verarbeitet. Im Jahr 1909 ordnete US-Präsident Roosevelt, der sehr besorgt über das Abschlachten der Seevögel war, einen sofortigen Schutz dieser Gegend an, in der Hoffnung, damit der Zerstörung Einhalt zu gebieten. Im Verlauf des 19. Jahrhunderts und bis ins 20. Jahrhundert hinein wurden aber auch zahllose Meereslebewesen, von denen viele eine weite Strecke nach Papahānaumokuākea zurückgelegt hatten, von Jägern aus fernen Ländern getötet. Die Region ähnelte fast einem Selbstbedienungsladen für Tierprodukte. Millionen Haie, Wale und Vögel wurden umgebracht. Die Besatzung eines Schiffs soll bei einer Stippvisite allein 1500 Robben erlegt haben, und die Population der Hawai'i-Mönchsrobbe ging auf rund 1000 Tiere zurück. Austernbänke wurden leer geräumt, und allein an zwei Riffen holten Seeleute über 150 000 Große Seeperlmuscheln aus dem Meer. Seegurken, Rifffische und Haie wurden als Nahrung und als Ködertiere gefangen, und Geschäftsleute einer Kaninchenfleischkonservenfabrik ließen zahllose Zuchttiere auf den Inseln frei, die in kürzester Zeit alles kahl fraßen und fast die gesamte Vegetation der vielen Inseln vernichteten.

Schlussendlich waren es jedoch die Meeresschildkröten, die Aulani Wilhelm das ganze Ausmaß der Zerstörung vor Augen führten. »Als ich geboren wurde, vor 50 Jahren, gab es nur noch 67 Hawaiianische Grüne Meeresschildkröten. 67!«, erklärt sie. »Von der Tierart, die wahrscheinlich den größten Symbolcharakter aller hawaiianischen Meerestiere hat und die so wichtig für unsere Kultur ist und die nun nur noch gerade so überlebte.«

»Die Nacht gebiert die raurückigen Schildkröten«, heißt es im Schöpfungsmythos Kumulipo. Die *honu*, die Hawaiianische Grüne Meeresschildkröte, ist für das Leben der Indigenen heute so wichtig, wie sie es für Generationen ihrer Vorfahren gewesen ist, die diesen Mythos weitergaben. Ihre elegante, ruhige Selbstsicherheit im Wasser erinnert an die vieler Menschen aus Hawai'i, die eine natürliche Affinität zum Ozean zu haben scheinen.

Die Population der Hawaiianischen Grünen Meeresschildkröte ist fast vollständig auf dem winzigen Atoll French Frigate Shoals innerhalb des Papahānaumokuākea zur Welt gekommen. Diese kleinen Sandhügel, kaum mehr als einen Meter über dem Meeresspiegel, sind unvorstellbar empfindliche Fleckchen im gewaltigen Pazifik. Nachdem sie fast zwei Monate in ihren Eiern im Sand vergraben waren, schlüpfen die Jungtiere, und jene, die auf dem Weg über den Sand und beim Durchqueren des flachen Wassers den Spießrutenlauf aus Schnäbeln und Zähnen überleben, verbringen mehrere Jahre im offenen Ozean. Dort ernähren sie sich von umhertreibender Vegetation, bis sie schließlich groß genug sind und zur Hauptinsel Hawai'is zurückschwimmen, um dort zu grasen. Grüne Meeresschildkröten werden oft als einzige pflanzenfressende Art der Meeresschildkröten beschrieben, die von Algen und Seegras lebt.

Das stimmt auch weitestgehend, doch inzwischen wurden sie auch beobachtet, wie sie weggeworfenen Fisch, Wirbellose und sogar Schwämme fraßen. Mit dieser fast ausschließlich pflanzenbasierten Nahrung erreichen sie eine Größe zwischen 90 Zentimetern und 1,25 Metern, wobei sie, ihrem Namen zum Trotz, eher eine Farbe zwischen Dunkelbraun und Oliv annehmen.

Sind die Weibchen erwachsen, beginnt ein Kreislauf, den sie für den Rest ihres 70-jährigen Lebens durchhalten. Immer wieder schwimmen sie die 2000 Kilometer von ihren Futtergründen in der Nähe der Inseln Hawai'is zum Strand ihrer Geburt im Papahānaumokuākea, um dort ihre Eier abzulegen. Man schätzt, dass 96 Prozent der Population der Hawaiianischen Grünen Meeresschildkröte auf einigen wenigen Inseln des Papahānaumokuākea ihre Nester graben. Daher lässt sich leicht erkennen, warum ihre Zahl zurückgegangen ist, seit die Inseln ins Visier der Jäger und Fischer gerieten. Im Jahr 1882 berichtete eine Schiffsbesatzung davon, in nur drei Tagen 103 Hawaiianische Grüne Meeresschildkröten auf einer Insel im Papahānaumokuākea gefangen zu haben. Andere Besucher gruben nach den Schildkröteneiern und aßen sie. Später, als die Netze größer und stabiler geworden waren, kamen viele Meeresschildkröten als Beifang um oder blieben in dahintreibenden aufgegebenen Geisternetzen hängen. In den 1970er-Jahren galt die Hawaiianische Grüne Meeresschildkröte daher als so gut wie ausgestorben.

Wie viele andere Tiefseeberge und ozeanische Inseln nutzen zahlreiche Tierarten auch Papahānaumokuākea als Zufluchtsort oder Oase in der Wüste des offenen Ozeans. Doch seine Abgelegenheit wurde für ihn zur größten Gefahr. Weit von jedem Menschen entfernt zu leben, kann für wilde Tiere oft ein Segen sein, doch im Fall von Papahānaumokuākea machte es die Einsamkeit Menschen aus vielen Ländern sehr einfach, anzulegen und sich zu nehmen, was sie wollten. Es ließe sich leicht behaupten, da dort niemand gelebt habe, sei dieser Vorgang auch für niemanden von Bedeutung, doch das wäre ein sehr europäischer Blick auf die Welt – und zudem könnte nichts weiter von der Wahrheit entfernt sein.

Die wichtige Rolle Papahānaumokuākeas für die indigene hawaiianische Kultur ließ die hawaiianischen Fischer und Ältesten, die die Zerstörung der Fischbestände und größeren Habitate mitansehen mussten, immer dringender auf Veränderungen pochen – sie mussten allerdings auf einen Augenblick warten, an dem alle anderen ihnen zuhörten. Dieser Moment war mit den Massenkorallenbleichen gekommen.

Papahānaumokuākea, beziehungsweise die Nordwestlichen Hawai'i-Inseln, wie sie damals noch hießen, standen schon fast 100 Jahre unter einem gewissen Schutz, seit Roosevelt die Bewahrung der Seevögel dort initiiert hatte. Doch es war kaum etwas getan worden, um dem Leben im Ozean zu helfen. Politisch gesehen ist es wesentlich einfacher, kleine Abschnitte Festland zu schützen als Hunderttausende Quadratkilometer Ozean, doch biologisch betrachtet ergibt diese Unterscheidung für solch kleine Inseln wenig Sinn, da Land und Ozean ein gemeinsames Ökosystem bilden. Die Robben und Seevögel, die Zeit an Land verbringen, leiden unter dem Rückgang des Nahrungsangebots im Wasser, und der Schutz der Schildkrötennester nützt vergleichsweise wenig, wenn die zur Eiablage anreisenden Weibchen in Fischernetzen sterben. Doch 1998 sollte sich all das ändern.

Aulani Wilhelm erinnert sich noch ganz deutlich daran, wie die erste weltweite Korallenbleiche, die man dem Klimawandel zuschrieb, durch viele der globalen Riffe zog. Die Nachrichten berichteten darüber, und zum ersten Mal wurden Regierungen von ihren Bürgerinnen und Bürgern gefragt, was sie dagegen unternehmen wollten.

*Der US-Kongress und Präsident Bill Clinton fragten: »Wo liegen die Korallenriffe der Vereinigten Staaten?« Die meisten antworteten: »In Florida«, doch einige Berater erwiderten: »Nein. Vor Hawai'i, genauer gesagt vor den Nordwestlichen Hawai'i-Inseln.« Nun, von diesem Ort hatten noch nicht allzu viele Mitarbeiter der US-Administration gehört. Und sie fragten sich daher, was dort geschah. Was war da los? Was müssen wir wissen?*

Der Wunsch zu verstehen, ob die US-Riffe vom Klimawandel betroffen waren, setzte parallel Bemühungen auf zwei Seiten in Gang, die schließlich zu einem spektakulären Ergebnis führten. Zum einen wurden viel Zeit und Geld in die wissenschaftliche Erforschung und die Datenerhebung zu Papahānaumokuākea gesteckt. Regelmäßige ökologische Schnellgutachten wurden in Auftrag gegeben, wobei sich viele unterschiedliche Wissenschaftsfelder gleichzeitig auf dieselbe Region konzentrierten. Dieser Ansatz brachte Forschende zahlreicher Studienbereiche zusammen, darunter zu Pflanzen, zu Säugetieren, Vögeln, Reptilien, Korallen, Wirbellosen, der Umweltverschmutzung und der Temperatur.

Für ein Ökosystem wie Papahānaumokuākea sind schnelle Umweltgutachten der ideale Weg, um ein Bild davon zu bekommen, wie die Belastungen an Land und im Meer zusammenwirken, und um zu verstehen, wo das gesamte System aus dem Gleichgewicht geraten sein könnte, etwa wegen der Überfischung einer bestimmten Art oder aufgrund der vom Klimawandel ausgelösten Erwärmung des Ozeans. Doch alle Daten der Welt führen zu nichts, wenn kein Wille zur Veränderung besteht. Zu häufig wissen wir genau, was getan werden müsste, doch entweder fehlen die Bereitschaft oder die Unterstützung. Nicht so in diesem Fall.

Die Aufmerksamkeit der US-Regierung bot den indigenen Führern Hawai'is und den dortigen Fischern die Gelegenheit, auf die sie gewartet hatten. Schon lange machten sie sich Sorgen über die Zerstörung des marinen Lebens rund um ihre heiligen Inseln und hatten einen Plan zu deren Rettung entwickelt. Wissenschaft, örtliche Expertise und politische Entschlusskraft trafen im genau richtigen Moment aufeinander.

Auch wenn dies der passende Augenblick war, der zur Gründung des Schutzgebietes führte, stellt Aulani Wilhelm ein Vierteljahrhundert später fest, dass der Grund für die Dauerhaftigkeit des Projekts ein zeitloser ist:

> *Da die Ureinwohner Hawai'is Teil dieser Region sind und sich unsere Kultur aus unserem Land heraus, aus unserem Meer, unseren Winden, unseren Gewässern, unseren Sternen, die jeden Tag über uns aufgehen und strahlen, entwickelt haben, ist unsere Perspektive völlig mit ihrem Schutz verflochten.*

Im Dezember 2000 unterzeichnete US-Präsident Bill Clinton eine Verfügung zur Errichtung des Northwestern Hawai'ian Islands Coral Reef Ecosystem Reserve. Für die Menschen auf Hawai'i und den weltweiten Meeresschutz war das ein bedeutender Moment. Doch es war erst der Anfang.

Aulani Wilhelm war ganz vorne mit dabei, während das Schutzgebiet wuchs und wuchs. Seit seiner Gründung war sie zunächst dessen stellvertretende Leiterin, dann übernahm sie bis 2006 die Leitung. George W. Bush, angeregt durch Jacques Cousteaus Dokumentation über das Gebiet, war der dritte US-Präsident, der den Nordwestlichen Hawai'i-Inseln besonderen Schutz zuerkannte und sie in diesem Jahr zum *Monument* erklärte. Das war ein geschickter politischer Schachzug: Während die Erklärung zum Schutzgebiet (*sanctuary*) wegen des nötigen Gesetzgebungsverfahrens lange dauern kann, darf ein Präsident einen Ort mit fast sofortiger Wirkung zum *National Monument* erheben, was nur durch eine Abstimmung im Kongress rückgängig gemacht werden kann. Aulani Wilhelm wurde zur Direktorin des Nationalparks ernannt, und wenige Monate später kam Präsident Bush dem Wunsch der indigenen Hawaiianerinnen und Hawaiianer nach und änderte den offiziellen Namen von Nordwestliche Hawai'i-Inseln in Papahānaumokuākea.

Im folgenden Jahrzehnt blühte Papahānaumokuākea auf. Neue Arten wurden entdeckt, bekannte Arten erholten sich, und seine kulturelle Bedeutung erstrahlte in neuem Glanz als lebendige Erinnerung an die generationsübergreifende Verantwortung, auf unsere Welt zu achten. Als US-Präsident Barack Obama die Schutzzone im Jahr 2016 besuchte, erweiterte er das Areal des Papahānaumokuākea National Monument um das Vierfache, bis an die Grenzen des US-Staatsgebiets. Damit hatte es seine größtmögliche Ausdehnung erreicht und wurde mit mehr als 1,5 Millionen Quadratkilometer Fläche zum damals größten Meeresschutzgebiet unseres Planeten – größer als alle US-Nationalparks zusammen.

Auch wenn in Bezug auf die Unterstützung von Papahānaumokuākea häufig auf die zugegebenermaßen wichtige Rolle mehrerer (republikanischer wie demokratischer) US-Präsidenten hingewiesen wird, so gibt Aulani Wilhelm doch sofort zu bedenken, dass diese beachtliche Leistung ohne die unermüdliche, jahrzehntelange Arbeit Hunderter hawaiianischer Stammesältester, Forschender, Fischer und Gemeindevorstehender nicht möglich gewesen wäre.

*Ich bin fest davon überzeugt, dass dieses Meeresschutzgebiet ein Vierteljahrhundert überdauert hat, weil es starke generationenübergreifende Unterstützung der indigenen hawaiianischen Bevölkerung genießt. Politische Unterstützung ist oft vergänglich. Wenn man aber Rückendeckung aus der Gemeinschaft bekommt, wenn man eine tiefe kulturelle Bindung nicht nur an den Ort, sondern auch an die Verwaltungsmechanismen, also die Entscheidungsfindung hat, mit der der Schutz dieses Ortes gesichert wird, dann bekommt man auch Stabilität.*

Dank dieser Menschen müssen wir nicht länger Vermutungen anstellen, welche Auswirkungen es haben könnte, würden wir einen großen Teil des Ozeans schützen – wir können es mit eigenen Augen sehen.

Wisdom hat alles gesehen. Niemand weiß genau, wie alt sie ist, aber sie ist sicher über 70, was bedeutet, dass sie bei ihren jährlichen Besuchen des Midway-Atolls im Papahānaumokuākea viele Veränderungen miterlebt hat. Jedes Jahr kehrt sie an genau dieselbe Stelle des Midway-Atolls zurück, an der sie bislang mindestens 35 Eier gelegt hat.

Wisdom ist ein Laysanalbatros-Weibchen – soweit wir wissen, das älteste ihrer Art weltweit. Forschende legten ihr 1956 einen Ring an und warten seither jedes Jahr nervös auf ihre Rückkehr. Aulani Wilhelm findet, Laysanalbatrosse, oder *mōlī*, sähen ein bisschen »wie eine riesige Möwe aus, mit herrlichen Kleopatra-Augen – eine der prächtigsten Kreaturen der Welt«. Albatrosse waren lange Zeit wichtig für abergläubische Seefahrer – entdeckten sie einen, bescherte er ihnen Glück für die Fahrt, konnten sie keinen erblicken, war damit eine unheilvolle Zukunft vorausgesagt. Diese Vögel eignen sich gut als Talisman, schließlich ist ein Albatros der ideale Seemann.

Die perfekt proportionierte Spannweite von zwei Metern erlaubt es dem Laysanalbatros, im Wind zu gleiten oder den Aufwind über den Wellen zu nutzen, um mühelos in die Höhe zu steigen. Ein solcher Vogel kann weite Strecken mit punktgenauer Präzision überwinden. In einem Fall wurde ein Laysan erfasst, der vom US-Bundesstaat Washington auf dem Festland zurück auf die Midwayinseln flog und dabei durchschnittlich 550 Kilometer pro Tag zurücklegte; ein anderer fand das winzige Midway-Atoll, nachdem er fast 7000 Kilometer von den Philippinen gekommen war. Sie können jahrelang auf dem Meer bleiben. Und tatsächlich setzen die meisten Albatrosse, nachdem sie flügge geworden sind, für die ersten drei bis fünf Jahre ihres Lebens keinen Fuß mehr an Land, nicht einmal für kurze Zeit. Sie ernähren sich, indem sie nach Fischen, Tintenfischen und Krebstieren tauchen. Und verdursten müssen sie dank einer genialen evolutionären Anpassung – Vogelfreunde nennen das eine »Röhrennase« – auch nicht. Albatrosse und ihre Verwandten wie zum Beispiel Sturmvögel und Sturmtaucher haben zwei Nasenröhren auf der Oberseite ihres Schnabels, die mit speziellen Drüsen das Salz aus ihrer Blutbahn zusammen mit gerade so viel Wasser herausfiltern, dass eine Salzlösung entsteht. Diese fließt dann aus den Nasenlöchern oder »Röhren«, sodass der Vogel Meerwasser trinken kann, ohne dass die Salzmenge in seinem Blut ein gefährliches Niveau erreicht. Diese Röhren helfen ihm möglicherweise auch, Gerüche wie eine Planktonblüte oder große Fischschwärme wahrzunehmen.

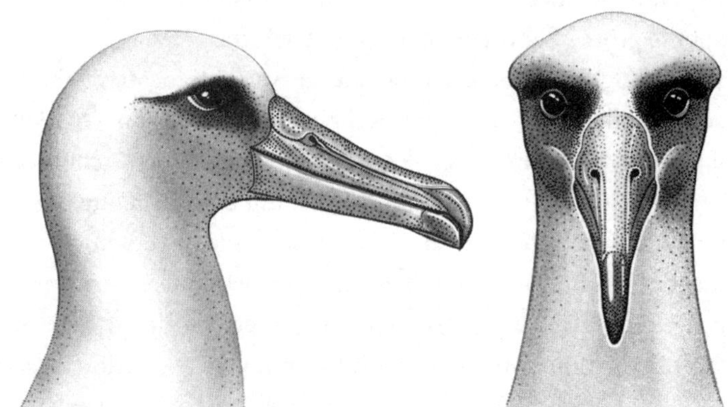

*Ein Laysanalbatros*

Nach ihren langen Wanderungen kehren die Vögel zum exakt selben Platz auf demselben Atoll zurück, um sich mit demselben Partner beziehungsweise derselben Partnerin zu paaren. Zusammen brüten sie ein einzelnes Ei aus. Zu Ehren ihrer erstaunlichen Flug- und Reisefähigkeiten nehmen die *mōlī* einen besonderen Platz in der hawaiianischen Kultur ein. Aulani Wilhelm erklärt:

> *Die* mōlī *wurden verehrt. Sie fliegen so hoch und nahe am Himmel wie niemand sonst, deshalb wurden ihre Federn verwendet, um unsere wichtigsten Anführer zu schmücken, und dank des Artenschutzes hat sich die* mōlī*-Population um das 40-Fache vergrößert. Fast alle Exemplare des Laysanalbatrosses leben im Papahānaumokuākea – ohne das Schutzgebiet gäbe es keine* mōlī *mehr.*

Heute brütet im Papahānaumokuākea die weltweit größte Albatroskolonie, er ist die Heimat der bedeutendsten Population sowohl von Laysan- als auch von Schwarzfußalbatrossen. Darüber hinaus ist das Gebiet mit geschätzten 14 Millionen Brutgästen jedes Jahr überhaupt die größte Seevogelkolonie auf der Erde.

Die Größe des Papahānaumokuākea war entscheidend für seine Regeneration. Arten wie Haie, Robben, Grüne Meeresschildkröten und Thunfische brauchen große Gebiete. Kleine Meeresschutzzonen haben ebenfalls ihre Berechtigung, doch um eine groß angelegte Erholung der Tierarten zu erreichen, die weite Strecken wandern, braucht es Größe. Und dank dieser erleben wir eine derart immense Regeneration wie seit Hunderten von Jahren auf dieser Erde nicht mehr. Bis zur Einrichtung des Papahānaumokuākea National Monument waren wir davon ausgegangen, dass kein Schutzgebiet groß genug sein könnte, um Populationen weit wandernder Fischarten wie etwa dem Gelbflossenthunfisch zu helfen. Die Dimensionen dieses

Meeresschutzgebiets sorgen nun aber dafür, dass die Population auch in den Gewässern jenseits des Naturparks so gewaltig angewachsen ist, dass sich die Fangmenge von Thunfisch dort um mehr als 50 Prozent gesteigert hat. Für die Wirtschaft und die Kultur Hawai'is, für die Thunfisch enorm wichtig ist, sind das sehr gute Nachrichten.

Zudem hat diese Erkenntnis gewichtige Auswirkungen auf unser Verständnis vom Meeresschutz. Es zeigt, dass sich durch die Einrichtung großer Fangverbotszonen auch Populationen von Arten erholen können, die ihr Leben lang durch den offenen Ozean wandern. Für Aulani Wilhelm ist dies eines der entscheidenden Ergebnisse, denn sie möchte dieses Beispiel nutzen, um die offenbar festgefahrenen Ansichten von Umweltschützern und Fischern zu mäßigen. »Den Ozean schützen zu wollen, heißt nicht, gegen das Fischen zu sein«, erklärt sie. »Fische sind für das menschliche Wohlergehen von entscheidender Bedeutung – wir Hawaiianer wissen das ebenso gut wie alle anderen. Die Ziele einer gesunden Fischerei und des Umweltschutzes sind dieselben: mehr Fische, größere Mengen, ein gesunder Ozean.«

Auch der Bestand der Hawaiianischen Grünen Meeresschildkröte hat sich erholt. Heutzutage ist es schwer, in den Gewässern rund um Hawai'i zu schwimmen, zu surfen oder mit dem Boot zu fahren, ohne auf eines der Tiere zu stoßen, das durchs Meer gleitet, an Seegras kaut oder den Kopf aus dem Wasser streckt, um zu amten oder sich umzuschauen. Verblüffenderweise sieht man sie inzwischen sogar an den Stränden des Papahānaumokuākea beim Sonnenbaden – alle Grünen Meeresschildkröten kommen zur Eiablage an Land, aber nur im Papahānaumokuākea kann man sie dabei beobachten, wie sie sich am Strand ausruhen – eine weitere wundervolle Geschichte aus dieser so bemerkenswerten Meeresschutzzone.

An den weißen Sandstränden tummeln sich auch regelmäßig die gefährdeten Hawai'i-Mönchsrobben, und in den umliegenden Gewässern leben 24 Arten Wale und Delfine. Riesige Tigerhaie wandern Tausende Kilometer, um in dem seichten Wasser, nur wenige Meter von der Küste entfernt, ihre Kreise zu ziehen.

Fast jeder Quadratzentimeter der Inselflächen wird inzwischen von Seevögeln beansprucht, sodass dieser Naturpark für viele bedrohte Arten zu einem der wichtigsten Plätze weltweit geworden ist. Sollte eines von Wisdoms Küken 60 oder 70 Jahre alt werden, wer weiß, wie reich das Leben im Papahānaumokuākea dann bereits sein wird.

Das Ausmaß der Erholung hat alle Erwartungen übertroffen, und in Zukunft könnte hier eine derart große Anzahl Wildtiere zusammenkommen, wie kein lebender Mensch sie je gesehen hat. Doch alle, die am Aufbau des Papahānaumokuākea mitgewirkt haben, machen deutlich: Dieser Park kann zwar ein Zufluchtsort für Meeresbewohner werden, aber er kann sie nicht vor dem Klimawandel oder der Umweltverschmutzung schützen. Wenn fast die gesamte Population der Hawaiianischen Grünen Meeresschildkröte auf einer winzigen Sandbank nistet, die gerade noch so aus dem Meer herausragt, wie kann sie dann langfristig gerettet werden, wenn kein noch so engagierter Umweltschutz vor Ort den Anstieg des Meeresspiegels aufzuhalten vermag?

Doch die Geschichte des Papahānaumokuākea kann uns inspirieren und Zuversicht schenken. Die Frage ist nun, wie man andere dazu bringt, diesem Vorbild zu folgen. Aulani Wilhelm vertritt eine andere Meinung als die, die man normalerweise zur Einrichtung von Schutzgebieten hört:

*Wenn uns Menschen fragen: »Vor was beschützt ihr dieses Gebiet?«, ist unsere Antwort: »Das ist die falsche Frage. Die*

*Frage lautet: Für was beschützen wir es?« Papahānaumokuākea wurde aufgrund seines intrinsischen Werts – um seiner selbst willen – und wegen seines Werts für unsere Kultur ausgewählt.*

Wahrscheinlich ist dies die wichtigste Lektion, die die Welt von Papahānaumokuākea lernen kann. Obwohl es auch beträchtlichen wirtschaftlichen und politischen Nutzen hat, wurde das Vorhaben deshalb zu einem solch durchschlagenden Erfolg, weil es dem hawaiianischen Volk am Herzen liegt. Heutzutage gibt es im Umweltschutz die Tendenz, sich auf die Sprache der Wirtschaft zu fokussieren, um der Natur einen Wert zuzuweisen, vor dem die Geschäftswelt und die Märkte Respekt haben. Natürlich ist auch das wichtig, doch Papahānaumokuākea führt uns vor allem auch eins vor Augen: Der Wert eines Ortes für unsere Kultur und unser Selbstwertgefühl – der Wert, der sich daraus ergibt, dass der Ort einfach das ist, was er ist – ist ein triftiger Grund dafür, besondere Bereiche in unserem Ozean zu schützen *und* dafür zu sorgen, dass sie auch jenseits politischer Zyklen oder Marktschwankungen Bestand haben – damit ebendiese Orte, die für unsere Vorfahren von Bedeutung waren, auch für all jene, die nach uns kommen, etwas Außergewöhnliches sein werden.

KAPITEL 8

# SÜDLICHER OZEAN

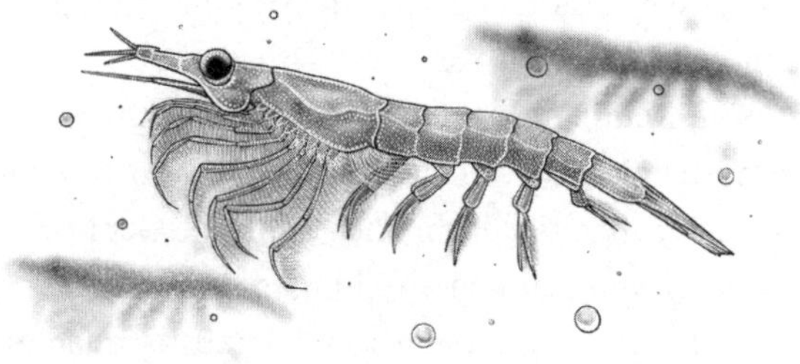

## FILMAUFNAHMEN MIT SEE-ELEFANTEN, SÜDGEORGIEN

Im Dezember 1980, mitten im Sommer der Südhalbkugel, reiste ich zum ersten Mal nach Südgeorgien. Die männlichen See-Elefanten waren etwa einen Monat zuvor von ihrer winterlichen Futtersuche dorthin zurückgekehrt, um sich die besten Strandabschnitte zu sichern und damit auch den Harem aus Weibchen, die sich dort versammelt hatten. Die meisten Männchen hungerten inzwischen jedoch stark, da sie zum Fressen nicht in den Ozean zurückkehrten, aus Angst, ihren mühsam erkämpften Platz in der sozialen Rangordnung zu verlieren. Sie hatten die letzte Zeit von nichts anderem als ihrem Speck gelebt, und dennoch waren ihre Körper beeindruckend massig und teilweise beängstigend. Der Wind, der manchmal tagelang ohne Pause durch den Südlichen Ozean fegt und dann für jede Tonaufnahme zum Problem wird, hatte sich so weit gelegt, dass ich davon ausging, zwischen den See-Elefanten hindurchgehen zu können, während ich bei der Moderation gefilmt und der Ton aufgezeichnet wurde.

Wir entdeckten einen von etwa 30 oder 40 See-Elefanten besetzten Strand. Geplant war, dass ich mir einen Weg zwischen ihnen hindurchbahnte und dabei ihr Brutverhalten und ihre Rangordnung beschrieb. In der Hand hatte ich einen Stock, um ein möglicherweise aggressives Männchen abwehren zu können, das mit meiner Anwesenheit nicht einverstanden war. Mit dieser Bewaffnung kam ich mir jedoch irgendwie lächerlich vor.

Die stärksten Männchen, die sogenannten Strandmeister, beherrschen jeweils einen Harem aus mehreren Weibchen. Sie verteilen sich an der Küste und geben tief dröhnende gutturale Geräusche von sich, um ihre Dominanz zu betonen – steht man dabei in ihrer Nähe, vibriert der ganze Körper von diesem Ton. Ich musste mich für die Aufnahmen deshalb anstrengen, sowohl genug Abstand zu den brüllenden Tieren zu halten, damit mein Text noch bei der Kamera ankam, zugleich aber nahe genug heranzukommen, damit der Strandmeister, auf den wir uns konzentrieren wollten, im Bild war. Vielleicht bin ich ihm doch ein bisschen zu nahe gekommen, jedenfalls tobte er plötzlich in einem Tempo auf mich zu, das so gar nicht zu seiner imposanten Körperfülle passte. Ganz offensichtlich wollte er sein Territorium und all dessen Kostbarkeiten verteidigen. Ein unmissverständlicher Hinweis darauf, welche Kräfte es braucht, um im großen Südlichen Ozean ein Strandmeister zu bleiben.

Die Gewässer rund um Südgeorgien und die anderen subantarktischen Inseln sind ausgezeichnete Lebensräume für die Kaltwassertierwelt. Die Inseln hier sind dabei Gipfel eines zum Großteil überspülten Ozeanrückens, des Scotia-Bogens, der einst Teil einer Landbrücke zwischen Antarktika und Südamerika war. Sie stehen auch der größten Ozeanströmung der Erde im Weg – dem mächtigen Antarktischen Zirkumpolarstrom. Wenn diese gigantische Strömung, die geschätzt 150-mal mehr Wasser bewegt als alle Flüsse an Land zusammen, auf den Scotia-Bogen trifft, drückt sie enorme Mengen nährstoffreiches Wasser an die Oberfläche und erschafft so eine gewaltige Phytoplanktonblüte und den Beginn einer der reichhaltigsten Nahrungsketten der Erde.

Die Südlichen See-Elefanten stehen fast am oberen Ende dieser Nahrungskette. Die bis zu fünf Meter langen und über vier Tonnen schweren Tiere sind an Land schwerfällig und unbeholfen. Doch in diesem Wasser um den Gefrierpunkt beherrschen sie ihre Umwelt. Sie können ganze Monate im Meer verbringen und sich von Tintenfischen, Haien, Rochen, Krebstieren und allen möglichen Fischarten, denen sie begegnen, ernähren. Sie sind meisterhafte Taucher und erreichen regelmäßig Tiefen von 2300 Metern, nicht zuletzt, da sie ihren Atem 20 Minuten und länger anhalten können. Die Fettschicht, die sie sich über den Winter anfressen, hält sie bei den niedrigen Temperaturen warm und trägt sie durch die langen Monate des Hungerns, in denen sie ihren Strandplatz während der Brunftzeit nicht verlassen. Aber genau diese Anpassung führte beinahe zu ihrem Untergang.

Nachdem Kapitän James Cook im Jahr 1775 Südgeorgien besucht hatte, wurden seine Beschreibungen der großen Robbenkolonien aufmerksam gelesen. Bald machten sich Robbenfänger aus dem Norden auf den Weg, viele der ganz im Süden vorkommenden Arten zu erlegen, um an deren Fettschicht, den Blubber, zu kommen. Meist wurden die See-Elefanten verschont, da sie viel schwieriger zu zerlegen waren als Seebären. Doch innerhalb kurzer Zeit waren die Robben- und Walbestände im Südlichen Ozean derart dezimiert, dass sich die Jäger den See-Elefanten zuwandten, um aus deren Fettgewebe das Öl zu gewinnen, das ihre Harpunen ihnen nicht länger beschaffen konnten.

Als sich das 19. Jahrhundert seinem Ende näherte, rettete eine Laune der Wirtschaft den Südlichen See-Elefanten. Aufgrund der zurückzulegenden Entfernungen und teuren menschlichen Arbeitsleistung war die Robbenjagd nur dann profitabel, wenn große Mengen der Tiere getötet werden konnten. Sobald die Populationen kleiner wurden und weiter verstreut waren, warfen die Expeditionen nicht mehr genug Gewinn ab. So wurden die letzten Überlebenden der einst riesigen Herden verschont, bis ein vollständiges Verbot der Jagd auf sie das Abschlachten endgültig beendete.

Als wir 1980 zum Filmen nach Südgeorgien reisten, begann sich ihre Zahl bereits langsam zu erholen, und heute gibt es wieder mindestens 750 000 See-Elefanten. Es ist einer der seltenen und glücklichen Momente, wenn ich an den Ort denke, an dem ich schon früh in meiner Naturfilmerkarriere Aufnahmen machen konnte und von dem ich heute weiß, dass die Wissenschaftsteams und Filmcrews, die inzwischen zu diesen Stränden aufbrechen, Wunder bestaunen können, die noch verblüffender sind als jene, denen ich seinerzeit begegnete.

DA

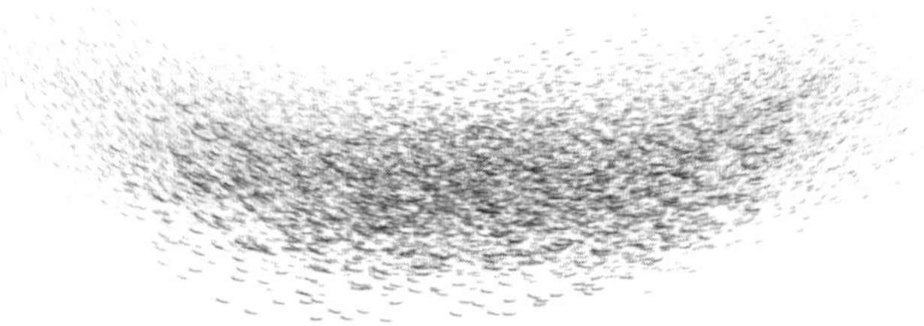

Wenn Sie die Roaring Forties durchquert und die Furious Fifties hinter sich gelassen haben, stoßen Sie mitten in den Screaming Sixties auf einen Kontinent, der so wild und abgelegen ist, dass er keine ursprüngliche Bevölkerung und keine dauerhafte Siedlung hat und bis 1983 nicht einmal richtig kartografiert war. Der Begriff »letzte Wildnis« wird einer ganzen Reihe Orte in unserer immer enger verflochtenen Welt angehängt, doch wenn es eine Region gibt, auf die er zutrifft, dann ist dies der Südliche Ozean und der Kontinent, den er umgibt: Antarktika.

Kaum einer oder vielleicht gar kein anderer Ort auf diesem Planeten wird so von den Breitengraden bestimmt, in denen er liegt, wie dieser. Mit Ausdrücken wie »Screaming Sixties« werden Winde auf den entsprechenden Breitengraden bezeichnet – die »Heulenden Sechziger« beziehen sich auf die Windzone zwischen dem 60. und 70. südlichen Breitengrad –, und sie charakterisieren die sich in konzentrischen Kreisen drehenden Winde am Südpol über der gefrorenen Landmasse Antarktikas, über einen Ring aus ganzjährigem Eis, einen weiteren Ring aus saisonalem Meereis und dann hinaus auf den Südlichen Ozean selbst.

Um hier zu überleben, muss man stark sein – oder zumindest sehr gut angepasst. Kaiserpinguine verbringen vier Monate auf dem Eis, ohne Nahrung zu sich zu nehmen, und zudem unter so harschen Bedingungen wie kaum irgendwo sonst, wobei jeder Pinguin ein einzelnes Ei in der sogenannten Brutfalte an seinem Bauch warm genug hält, damit es den Winter überlebt. Auf dem Meeresboden werden Schwämme, Seespinnen, Krebstiere und Würmer deutlich größer als ihre Verwandten im warmen Wasser, allerdings kennen wir den genauen Grund für diesen Kaltwassergigantismus noch nicht. In Wasser, das so kalt ist, dass Fische aus tropischen oder gemäßigten Zonen erfrieren würden, haben Krokodileisfische Frostschutzproteine in ihrem Blut entwickelt. Damit wird das Wachstum von Eiskristallen verhindert, denn der Gefrierpunkt ihres Bluts befindet sich etwas unterhalb des Gefrierpunkts von Meerwasser. Doch vielleicht ist das nicht einmal das Verblüffendste über ihr Blut: Krokodileisfische haben keine roten Blutkörperchen, weshalb ihr Blut lichtdurchlässig ist. Niemand weiß so ganz genau, welchen evolutionären Vorteil ihnen diese Anpassung bringt, sie sollte im Gegenteil ja eigentlich von Nachteil sein, da es die roten Blutkörperchen sind, die den Sauerstoff im Körper verteilen. Um dieses Problem auszugleichen, haben die Krokodileisfische jedenfalls eine schuppenfreie Haut ausgebildet, über die sie Sauerstoff direkt aus dem Meerwasser absorbieren können.

Der Südliche Ozean ist wahrlich ein Ort der Extreme. Er entstand vor rund 30 Millionen Jahren, als tektonische Verschiebungen für die Öffnung der Drakestraße sorgten, die Südamerika von der Nordspitze Antarktikas trennt, und damit das jüngste der weltweiten Ozeanbecken schufen. Es gab und gibt viele technische und politische Debatten über die genaue Größe des Südlichen Ozeans, doch wenn man sich eine Satellitenkarte der Region anschaut, scheint es sinnvoll zu sein, ihn von der Küste Antarktikas bis zu den fünf großen Kaps der Südhalbkugel reichen zu lassen, nämlich Afrikas Kap der Guten Hoffnung, Südamerikas Kap Hoorn, Neuseelands South West Cape, Tasmaniens South East Cape und Australiens Kap Leeuwin. Der Südliche Ozean ist meist zwischen 4000 und 5000 Meter tief, doch seine kalten Oberflächenwasser gehören zu den nähstoffreichsten der Welt, weshalb hier so viele Meerestiere zusammenkommen wie fast nirgendwo sonst. Hunderte Finnwale schwimmen so eng nebeneinander, dass ihr über dem Wasser kondensierender Atem tief liegende Wolken zu bilden scheint; große Pinguinschwärme hüpfen bei ihrem Hochgeschwindigkeitsschwimmen alle paar Meter aus dem Wasser wie Delfine; und auf abgelegenen Inseln drängen sich Robben und Seevögel an den Stränden.

Der Hauptgrund für diese Überfülle ist die ständige Vermischung der Wasser, verursacht von den extremen Umweltbedingungen in dieser ungebändigten Region auf der Südseite unseres Planeten. Jeden Winter, wenn das Sonnenlicht schwächer wird und lange Monate voller Dunkelheit heraufziehen, beginnt der Ozean rund um Antarktika zu gefrieren. Winzige Eiskristalle bilden sich an der Wasseroberfläche, sogenanntes Frazil-Eis. Dieser Gefriervorgang entzieht dem Meer Süßwasser und lässt Salz zurück, das dann schweres, salziges Wasser entstehen lässt, wie es sonst fast nirgends im Ozean vorkommt. Billionen Tonnen dieses dichten Wassers sinken Tausende Meter auf den Boden des Südlichen Ozeans. Währenddessen wehen auf dem Meer starke, anhaltende Westwinde, denen sich keine Landmasse in den Weg stellt, das Oberflächenwasser fort, woraufhin nährstoffreiches Wasser aus der Tiefe aufsteigt, um es zu ersetzen. Dieser Prozess setzt die größte Ozeanströmung unseres Planeten in Gang, den Antarktischen Zirkumpolarstrom – in jeder Hinsicht eine massive, gewaltige Kraft. Er ist der einzige wirklich globale Ozeanstrom und umkreist Antarktika im Uhrzeigersinn in einer ununterbrochenen unregelmäßigen Schleife. Die Strömung beginnt bei 40 Grad südlicher Breite, ist an manchen Stellen 200 Kilometer breit, und ihre Kraft im Wasser auch noch 4000 Meter unter der Oberfläche spürbar.

Die gewichtige Rolle des Antarktischen Zirkumpolarstroms bei der Vermischung der Weltmeere gilt als ein Hauptgrund dafür, dass die Antarktis permanent zugefroren ist. Der Indische, Atlantische und Pazifische Ozean spülen wärmeres Wasser in den Südlichen Ozean, doch der Antarktische Zirkumpolarstrom vermengt es und trägt es auf einer breiten kreisförmigen Route durch den Südlichen Ozean, sodass sich eine dauerhafte Barriere aus kaltem Wasser zwischen dem Eis Antarktikas und dem wärmeren Wasser bildet, das vom Äquator heranströmt.

Diese einzigartigen Umstände erschaffen das vielleicht wichtigste Merkmal für das Tierleben im Südlichen Ozean: die Antarktische Konvergenz. Ihr exakter Verlauf ändert sich je nach Jahreszeit, wobei sie eine echte biophysikalische Linie ist, vergleichbar mit der Wald- und Baumgrenze in der Arktis. Die arktische Baumgrenze markiert die geografische Breite, bis zu der noch Bäume wachsen können. Weiter nördlich ist es zu kalt, und es gibt nur noch Tundra, Eis und Ozean. Entsprechend zeigt die Antarktische Konvergenz an, wo das kältere, dichtere Wasser aus dem Süden unter das wärmere Wasser aus dem Norden sinkt. Die Unterschiede in der Temperatur der Oberflächenwasser sind dies- und jenseits der Konvergenz so stark, dass sich die luftatmenden Meerestiere auf beiden Seiten deutlich unterscheiden und diese Grenze auch kaum überqueren. Echte antarktische Arten wie die Weddellrobbe und der Kaiserpinguin können nur im kalten Wasser südlich der Antarktischen Konvergenz dauerhaft leben.

Das trifft auch auf das wahrscheinlich wichtigste Lebewesen im Südlichen Ozean zu, den Antarktischen Krill. Sollten Sie einmal in einem Boot auf dem Südlichen Ozean treiben und im Wasser einen rötlichen Schimmer wahrnehmen, der entweder nur ein paar Meter breit ist oder sich über Kilometer hinweg erstreckt, dann wissen Sie zwei Dinge sicher: Erstens, Sie befinden sich südlich der Konvergenz. Zweitens, Sie sind auf Zehntausende kleiner Tiere gestoßen, die vermutlich Dutzende größere anlocken werden. Antarktischer Krill sind garnelenartige Krebstiere mit einer leuchtend roten Pigmentierung ihrer Außenhaut. Wie viele andere Kaltwasserarten wachsen sie langsam, leben dafür aber überraschend lange. Wie bereits erwähnt schlüpft ihr Nachwuchs in der dunklen Tiefe des Südlichen Ozeans aus den Eiern, und die Larven brauchen mehrere Tage, um an die Oberfläche aufzusteigen, wo sie sich von Phytoplankton ernähren. Nach rund drei Jahren sind sie ausgewachsen und haben eine Größe von fünf bis sechs Zentimetern erreicht.

Krill verfügt über viele einzigartige Anpassungsmechanismen, dank derer er den antarktischen Winter überlebt. Zieht die dunkle Jahreszeit heran und gibt es immer weniger Licht, um Fotosynthese zu betreiben, geht auch das Phytoplankton zurück. Ist damit seine Hauptnahrungsquelle kurz vor dem Versiegen, verlangsamt der Krill seinen Metabolismus und passt, wo möglich, seinen Speiseplan an – nun ernährt er sich von Eisalgen, Ablagerungen auf dem Meeresboden und sogar von Zooplankton. Noch erstaunlicher aber ist, wie Studien herausfanden, dass weibliche Krillkrebse im Winter schrumpfen und sich auch ihre äußere sexuelle Physiologie zurückentwickelt, wodurch sie im Grunde in ihren jugendlichen Körper zurückkehren, der weniger Energie braucht. Diese Schrumpfung erlaubt es ihnen, ihre körpereigenen Proteine als Energiequelle zu nutzen und die saisonale Nahrungsknappheit zu überstehen. Bricht dann einmal mehr der Frühling an, kehren ihre Geschlechtsmerkmale wieder zurück, und sie werden rechtzeitig zur Brutzeit erneut fortpflanzungsfähig.

Das heißt, falls sie nicht vorher gefressen wurden.

Die Jäger-Beute-Beziehung ist im Südlichen Ozean oft einfacher als in anderen Lebensräumen. Häufig hängen die Nahrungsketten von Krill ab. Bei Pinguinen, Fischen, Robben und Tintenfischen steht Krill als wichtiger Bestandteil auf dem Speiseplan. Auch bei den Bartwalen – wie Buckel-, Blau- und Seiwale, die Wasser durch die namengebenden Barten in ihrem Maul strömen lassen und dabei ihre Nahrung herausfiltern – ist Krill ein ungemein gewichtiger Teil der sehr einfachen Nahrungskette. So fressen beispielsweise Blauwale, wie ja bereits ausgeführt, enorme Mengen Krill. In einem Kubikmeter Wasser können bis zu 10 000 der kleinen Krebse leben, und ein Blauwal schluckt sie alle auf einmal. Wale hängen so stark von Krill ab, dass man eine Korrelation zwischen den Trächtigkeitsraten von Buckelwalen und der Verfügbarkeit von Krill in einem bestimmten Gebiet festgestellt hat, also zwischen einer höheren Krilldichte und mehr Walkälbern im folgenden Jahr. Nun lernt man in jedem Statistikkurs, dass Korrelation nicht Kausalität bedeutet, aber in diesem Fall der starken Korrelation, verknüpft mit dem Fehlen anderer möglicher Faktoren, weist doch alles darauf hin, dass man einen Zusammenhang zwischen der Krillpopulation und der Geburtenrate von Buckelwalen ernsthaft in Erwägung ziehen sollte. Insofern ist es passend, dass Antarktischer Krill zu den am häufigsten vorkommenden Tierarten der Welt zählt: Man schätzt, dass im Südlichen Ozean etwa 700 Billionen Krillkrebse leben.

Einfach gesagt: Das Leben im Südlichen Ozean basiert auf diesen extremen klimatischen Bedingungen und den von ihnen verursachten Strömungen und Auftrieben. Sie bringen Nährstoffe aus der Tiefe an die Oberfläche, was Phytoplankton zum Wachstum anregt, von dem sich Krill ernährt, der wiederum die Nahrungsgrundlage für viele andere Tiere bildet, die entweder hier leben oder zum Fressen gen Süden ziehen.

Und auch wir sind in Wellen zur Erkundung und Ausbeutung gen Süden gezogen.

Jahrhunderte war das, was jenseits der bekannten Gebiete an den südlichen Kaps lag, Gegenstand von Diskussionen und Mythen. Diese Gegend faszinierte einflussreiche Denker wie den antiken griechisch-ägyptischen Astronomen Ptolemaios, der überzeugt war, eine kugelförmige Erde brauche Land an ihrem südlichen Ende, damit sie im Weltall ausbalanciert sei; oder den flämischen Kartografen Abraham Ortelius, der im 16. Jahrhundert den nach heutigem Maßstab ersten modernen Atlas schuf mit dem sinnträchtigen Titel *Theater der Welt* (*Theatrum Orbis Terrarum*). Eine seiner wunderschönen Karten enthält einen Hinweis auf ein »unbekanntes südliches Land« zwischen dem südamerikanischen Archipel Tierra del Fuego (Feuerland) und dem Ende der Welt.

Im Laufe der nächsten 200 Jahre gerieten sporadisch Schiffe weiter in den kartografischen Abgrund des Südlichen Ozeans – manchmal absichtlich, doch meist als Resultat widriger Wetterbedingungen, die die Segelschiffe vom Kurs abbrachten. Seeleute, die dort landeten, berichteten später von Eisschollen, felsigen Inseln, vielen Pinguinen und Robben. Diese Berichte überzeugten die britische Regierung davon, dass es das sagenumwobene südliche Land tatsächlich geben müsse, weshalb sie 1771 James Cook beauftragte, es zu finden und für die Krone in Besitz zu nehmen.

Das war eine Zeit für wirkliche Entdeckungen und eine Zeit der Kontraste. In London, wo James Cook lebte, gab es bereits den Buckingham Palace, St. Paul's Cathedral und die Oxford Street, doch niemand, der in dieser aufblühenden Stadt an der Schwelle zur Industriellen Revolution lebte, war sich bewusst, dass noch ein weiterer Kontinent auf unserem Planeten existiert. Cook gelang es nie, die Landmasse von Antarktika zu erreichen, aber er war doch der Erste, der viele der charakteristischen Eigenheiten des Südlichen Ozeans entdeckte. Ein beträchtlicher Teil seiner als lebender Proviant an Bord genommenen Tiere starb, als plötzlich die Temperaturen fielen, nachdem er die (heute so bezeichnete) Antarktische Konvergenz überquert hatte. Cook bewies, dass der Südliche Ozean ohne Unterbrechung den gesamten Erdball umrundet, und stieß auf für den Menschen dermaßen lebensfeindliche Bedingungen, dass er damit die Hoffnungen vieler Europäer zerstörte, die Antarktika als Siedlungsgebiet oder Nachschubstation für Handels- oder Entdeckungsreisen gesehen hatten. Die vermutlich dauerhafteste Auswirkung auf das Tierleben im Südlichen Ozean dürfte aber Cooks bereits erwähnter Bericht über die große Anzahl der dortigen Robben und Wale gehabt haben. Der uralte Reisebegleiter der »Entdeckung« ist die »Ausbeutung«, und sie sollte schon bald Segel setzen.

Im Jahr 1786, nicht lange nachdem Cook Seebären und Wale rund um das subantarktische Südgeorgien und die Südlichen Sandwichinseln gesichtet hatte, trafen also britische und amerikanische Jäger ein. In den folgenden 35 Jahren wurden allein in Südgeorgien schätzungsweise mehr als eine Millionen Seebären erlegt. Und damit noch nicht genug: Von diesem Tag im Jahr 1786 an bis zum Moratorium für die kommerzielle Waljagd 200 Jahre später wurden Millionen Seebären, Weddellrobben und See-Elefanten im Südlichen Ozean abgeschlachtet. Von den rund drei Millionen Walen, die der Mensch weltweit im 20. Jahrhundert tötete, stammte rund die Hälfte aus der Antarktis. Die Walfänger fuhren häufig an jene Stellen, an denen man normalerweise Krillschwärme fand, denn häufig schwammen hier auch Wale. Obgleich die Männer wahrscheinlich wussten, dass Wale Krill fressen, so konnten sie noch nicht wissen, dass es die Auftriebe waren, an denen man auf Wale stößt – findet man den Tiefenwasseraufstieg, findet man die Nährstoffe, den Krill und die Wale.

Es sprach sich herum, dass dieser Ozean eine reiche Beute abwarf. Die Robben- und Walfänger widerstanden den feindlichen Bedingungen, und bereits aus dem Jahr 1822 gibt es Berichte, wonach viele Robbenkolonien im Grunde ausgelöscht waren. Die letzten vereinzelt lebenden Individuen entgingen nur deshalb dem Tod, weil es sich wirtschaftlich nicht lohnte, kleinere Fänge zu machen.

Es ist verführerisch, im Rückblick die Jagd auf Robben und Wale zu dämonisieren, doch Kontext ist alles. Die Jagdmethoden waren zweifellos brutal, die Arbeitsbedingungen für die Seeleute entsetzlich, und es gibt viele Beispiele dafür, wie die verantwortlichen Firmen und Regierungen die arme Bevölkerung vor Ort für den Handel ausnutzten. Und doch sollte man unterscheiden zwischen den frühen Jägern, die nach Rohstoffen suchten, die sie auf anderem Wege nicht bekommen konnten – in der Regel Öl –, und dem industriellen Wal- und Robbenfang gegen Ende des 20. Jahrhunderts, zu dessen Hochzeiten bereits Alternativen für die allermeisten Materialien existierten, die man aus Walen gewann.

Welche Auswirkungen die Entnahme von Millionen der oben in der Nahrungskette stehenden Raubtiere aus dem Südlichen Ozean hatte, lässt sich nicht genau bestimmen, denn obgleich Bestandslisten der kommerziellen Wal- und Robbenjäger zu finden sind, sah damals niemand einen Anlass, das gesamte Ökosystem zu untersuchen. Nun könnte man annehmen, dass das Abschlachten von Meeressäugetieren zu einem Überfluss an Krill und Fischen geführt haben dürfte, da die wichtigsten Jäger verschwunden waren, doch Untersuchungen zu kürzlich in den Südlichen Ozean zurückgekehrten Walen und Robben legen etwas anderes nahe. Wir wissen heute, dass eine große

Walpopulation im Wasser das Wachstum von Phytoplankton eher anregt. Die Fäkalien der Wale enthalten Eisen, Stickstoff und Phosphor in hohen Konzentrationen, und in der Regel entleeren Wale ihren Darm an der Oberfläche oder kurz darunter. Ihre Ausscheidungen düngen das Wasser und regen das Wachstum mikroskopisch kleiner Pflanzen an. Forschende der Stanford University haben Wale als »mobile Krillverarbeitungsfabriken« bezeichnet. Krillkrebse sind reich an Eisen, weshalb Wale, die in großen Mengen Krill fressen und dann wieder ausscheiden, das ansonsten in den Krillkörpern verschlossene Eisen konzentrieren und freigeben. So wird das Eisen für das Phytoplankton nutzbar. Daher gehen wir heute davon aus, dass mehr Wale auch für mehr Krill sorgen und nicht für weniger.

Das Verbot des kommerziellen Robben- und Walfangs Ende des 20. Jahrhunderts erwies sich als außerordentlich effektiv. Alle Robben- und Walarten im Südlichen Ozean erholen sich und viele sogar deutlich schneller als gedacht. Heute gibt es wieder geschätzt 3,5 Millionen Seebären und 750 000 See-Elefanten sowie steigende Zahlen aller Bartenwalarten, die im Südlichen Ozean vorkommen oder hierherwandern. Allerdings bleibt festzuhalten, dass einige Walarten sich erheblich langsamer erholen als andere: So nimmt etwa die Zahl der Blauwale insgesamt zu, doch gibt es noch immer erst zwischen 750 und 2000 antarktische Blauwale. Es ist also noch ein langer Weg, bis sie wieder ihre ursprüngliche natürliche Populationsgröße erreicht haben werden. Doch grundsätzlich stehen die Zeichen auf Erholung, und die wilden reichhaltigen Wasser des Südlichen Ozeans reagieren darauf mit einer Zunahme an Krill.

Unsere jüngste Vergangenheit im Südlichen Ozean beruht aber nicht nur auf Ausbeutung. Er ist in den letzten Jahrzehnten auch zum herausragenden Schauplatz für Entdeckungen, Wissenschaft und globale Zusammenarbeit geworden. Denken wir an die Erforschung und Erkundung unter diesen extremsten aller Bedingungen, kommen uns zwar vermutlich zuerst die beeindruckenden Heldentaten von Amundsen, Mawson, Scott und Shackleton in den Kopf. Dabei gab es im 20. Jahrhundert auch ruhigere, doch nicht weniger eindrucksvolle Phasen der Erkundung.

Heute arbeiten im Sommer circa 5000 und im Winter rund 1000 Menschen in Forschungseinrichtungen in Antarktika und dem Südlichen Ozean. Sie alle leben in einem Teil der Welt, der niemandem gehört und für friedliche wissenschaftliche Zwecke reserviert ist. Wissenschaftsorganisationen aus den 57 Staaten, die bislang den Antarktisvertrag unterzeichnet haben, organisieren die Expeditionen gemeinsam und teilen die gewonnenen Daten miteinander. Das dürfte eines der schönsten Beispiele dafür sein, dass Nationen ihre Differenzen zum Wohle der Wissenschaft beiseiteschieben, weshalb man Antarktika häufig auch als »Laboratorium der Welt« bezeichnet. Die Expeditionen haben viele neue Arten gefunden, Beobachtungen des Ozonlochs von unschätzbarem Wert geliefert und ganz entscheidend daran mitgewirkt, Klimamodelle zu berechnen und Klimavorhersagen zu ermöglichen. Das nimmt man womöglich als selbstverständlich hin, aber um ein Haar wäre es gar nicht dazu gekommen, und es gibt auch keine Garantie, dass es in Zukunft so bleibt.

Am 1. Dezember 1959 legten zwölf Staaten – Argentinien, Australien, Belgien, Chile, Frankreich, Japan, Neuseeland, Norwegen, Südafrika, die Sowjetunion, das Vereinigte Königreich und die Vereinigten Staaten von Amerika – ihre Gebietsansprüche buchstäblich »auf Eis« und unterschrieben den Antarktisvertrag. Damit wollten sie die internationalen Beziehungen auf dem einzigen Kontinent ohne indigene Bevölkerung in einer internationalen Übereinkunft regeln. Vor dem Hintergrund des Kalten Kriegs war dies eine außerordentliche Leistung.

Während die Landfläche Antarktikas für die Wissenschaft reserviert wurde, blieben die Gewässer darum allen zugänglich. Anfang der 1960er-Jahre begann die Krillfischerei, als die Sowjetunion – fälschlicherweise, wie inzwischen deutlich wurde – behauptete, dass weniger Wale zu einem Überschuss an Krill geführt hätten, den man für unzählige Produkte nutzen könne, etwa für Butter aus Krill. Viele Wissenschaftlerinnen und Wissenschaftler widersprachen, leider vergeblich, und die Krillfischerei wurde zu einem immer drängenderen Problem für die Zukunft des Lebens in antarktischen Gewässern. Diese Sorge fand Ausdruck in einem »Übereinkommen über die Erhaltung der lebenden Meeresschätze der Antarktis«, aus dem eine internationale Kommission hervorging, die noch heute besteht: die Kommission zur Erhaltung der lebenden Meeresschätze der Antarktis (Commission for the Conservation of Antarctic Marine Living Resources, CCAMLR).

Die CCAMLR weitete den Geltungsbereich des Antarktisvertrags bis zur Antarktischen Konvergenz aus, wodurch Arten wie Krill in den Fokus der Mitgliedsstaaten gerieten. Die Hoffnung war, dass sich die Erfahrungen aus den Jahrzehnten der klugen Schirmherrschaft über den antarktischen Kontinent nun auch auf den Südlichen Ozean übertragen ließen. Doch so löblich die Absichten und Ambitionen der CCAMLR auch sind, die Realität der rauen und abgelegenen Region sorgt für erhebliche Probleme. Das Schicksal des Schwarzen Seehechts verdeutlicht dieses Problem wahrscheinlich am eindrücklichsten.

Wie viele Arten des Südlichen Ozeans wird der Schwarze Seehecht recht alt, wächst aber langsam. Die Weibchen brauchen mindestens zehn Jahre, bis sie zum ersten Mal laichen, sie schwimmen meist zwischen 200 und 2000 Meter unter den tosenden Wellen, wo sie nach Tintenfischen, Krebstieren und Fischen jagen. Die Restaurantgäste, die ihn als gedämpftes Filet genießen, stellen sich dabei vermutlich keinen bis zu zwei Meter großen, 100 Kilogramm schweren Tiefseefisch mit sehr langer Schnauze, zwei Reihen Zähnen und einem beeindruckenden Maul vor, der aus der Tiefe der antarktischen Gewässer heraufgeholt wurde.

Der schmackhafte Schwarze Seehecht war so begehrt, dass er den Spitznamen »weißes Gold« verliehen bekam. Zugleich erarbeiteten sich die Fischerboote, die ihn mit kilometerlangen Leinen verfolgten, den zweifelhaften Ruhm, besonders viele Albatrosse und andere Seevögel als Beifang an Bord zu holen. Die CCAMLR bemühte sich, die Fangquoten zu regulieren, doch das entsprechende Gebiet war so groß und die Nachfrage ebenfalls, weshalb die illegalen und nicht gemeldeten Fänge mit ziemlicher Sicherheit das vereinbarte Limit um ein Vielfaches überschritten. So wie man die kurzlebigeren, früher laichenden Fischarten der Ozeane mittlerer Breitengrade fing, so fing man nun auch die langlebigeren, spät laichenden Arten des Südlichen Ozeans. Das war eine Katastrophe mit Ansage. Es gab schlicht keine biologische Möglichkeit für Arten wie den Seehecht, mit unserer Nachfrage Schritt zu halten, wenn er so lange braucht, um überhaupt erst einmal geschlechtsreif zu werden. Hätten wir so weitergemacht, wäre der Bestand des Seehechts kaum mehr zu retten gewesen.

Obwohl es sehr wahrscheinlich ist, dass es noch immer in erheblichem Maße zu unreguliertem und unregistriertem Fang von Seehechten kommt, so konnten in den letzten Jahren doch sowohl beim Schutz des Südlichen Ozeans als auch bei Maßnahmen der CCAMLR Erfolge erzielt werden, was den Seevogelbeifang bei der Seehechtfischerei, aber auch die Regulierung der Fischerei in ihrem Zuständigkeitsbereich insgesamt angeht. Im Jahr 2016 richtete man das größte Meeresschutzgebiet der Erde ein: Im Rossmeer, einem Randmeer des Südlichen Ozeans, wurden gewaltige 1,55 Millionen Quadratkilometer unter Schutz gestellt (wobei in rund 1,1 Millionen Quadratkilometern jegliche Fischerei verboten ist). Diese Zone bietet je nach Jahreszeit mehr als 50 Prozent der südpazifischen

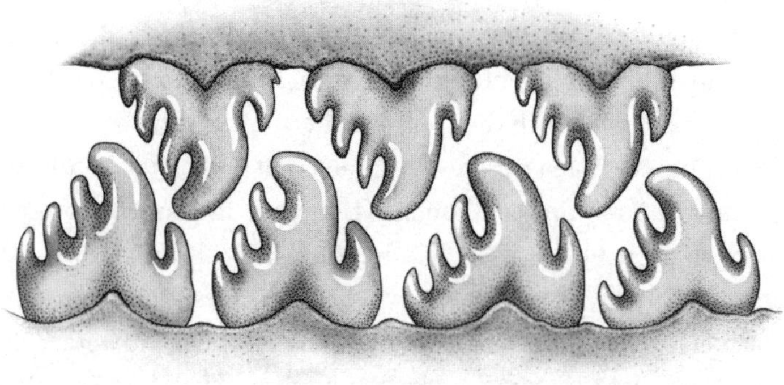

*Die siebartigen Zähne der im Südlichen Ozean heimischen Krabbenfresser-Robbe. Ihre besondere Form erlaubt es dem Tier, winzige Krebstiere wie Krill aus dem Wasser herauszufiltern. Krabben frisst es, wenn überhaupt, eher selten.*

Weddellrobben, einem Viertel aller Kaiserpinguine und einem Drittel aller Adeliepinguine ein Zuhause.

Beflügelt von diesem Ergebnis wollten Wissenschaftler und Umweltschutzverbände drei neue große Meeresschutzgebiete in Ostantarktika, dem Weddellmeer und rund um die Antarktische Halbinsel ausweisen. Würden die Vorschläge tatsächlich umgesetzt, ergäbe sich insgesamt eine Schutzzone von fast vier Millionen Quadratkilometern im Südlichen Ozean. Vorstöße wie dieser erkennen an, dass die Region die wahre Definition eines globalen öffentlichen Guts ist, das niemandem gehört, aber doch für uns alle lebenswichtig ist.

Doch wie bei so vielen anderen Dingen rund um unsere Meere ist auch die Zukunft des Südlichen Ozeans unsicher.

Auf der einen Seite gilt der Antarktisvertrag, der dank der Arbeit der CCAMLR nun auf einen Großteil des Lebens im Südlichen Ozean ausgeweitet wurde, als eine der fortschrittlichsten internationalen Übereinkünfte, die die Menschheit bislang getroffen hat. Der

Wunsch, ein Gebiet jenseits nationaler Grenzen für die friedliche Erkundung und Wissenschaft zu bewahren, damit die gesamte Menschheit davon profitiert, ist wirklich rühmenswert. Auf der anderen Seite sind auch die Herausforderungen immens.

Noch immer holen riesige Schiffe aus weit entfernten Ländern wie Norwegen und China Millionen Krillkrebse in großen Netzen aus dem Südlichen Ozean. Die Schiffe können Krill direkt an Bord zu Haustiernahrung, Futter für Fischzuchten und Gesundheitsprodukten weiterverarbeiten. Diese schwimmenden Fabriken sind derart clever ausgerüstet, dass sie ein Jahr lang ununterbrochen auf See bleiben können. Zwar wird darüber debattiert, ob die derzeitige Menge beim legalen Krillfang reduziert werden sollte, um den Bedürfnissen mariner Lebewesen wie Wale und Pinguine gerecht zu werden. Doch unabhängig von der Prozentzahl lohnt sich auf jeden Fall die Frage, ob die Weiterverarbeitung zu Haustiernahrung oder Nahrungsergänzungsmitteln wirklich die beste Verwendung für eine Tierart ist, auf der die wichtigste Nahrungskette unserer Erde aufbaut.

Und dabei haben wir noch nicht einmal die Rolle des Klimawandels berücksichtigt.

Die British Antarctic Survey beschreibt den Südlichen Ozean als weltweit größte Hitze- und Kohlenstoffsenkgrube. Untersuchungen ergaben, dass fast drei Viertel der vom Menschen verursachten Klimaerwärmung durch den Südlichen Ozean absorbiert wurden. Für unsere Zukunft ist er eine entscheidende Region, doch wir beginnen gerade erst, ihn zu verstehen. Die Wissenschaft geht bislang davon aus, dass der Südliche Ozean immer wärmer wird, dadurch mehr altes Eis schmilzt und sich weniger neues Eis bilden wird. Infolgedessen wird die Dichte des Oberflächenwassers tendenziell geringer, sodass weniger Wasser auf den Meeresgrund absinkt und sich die Fähigkeit des Ozeans, Kohlenstoff aufzunehmen, reduziert. Zugleich bringt ein verlangsamter Ozeankreislauf weniger altes Tiefenwasser an die Oberfläche, wodurch nicht ausreichend Nährstoffe aufgetrieben werden, damit sich Phytoplankton ausbreiten und Kohlenstoff aus der Atmosphäre aufnehmen kann. Auch das ist ein klassisches Beispiel für einen negativen Rückkoppelungseffekt – und in diesem Falle einer mit globalen Konsequenzen. Der Südliche Ozean ist der Motorenraum der weltweiten Ozeanströmungen. Sobald sich der Ozeanstrom hier verlangsamt, verlangsamt sich das gesamte Förderband des um die Welt reisenden Ozeanwassers, und es wird weniger Hitze aus den tropischen Gewässern in kältere Regionen transportiert. Das verursacht erhebliche destabilisierende Effekte überall auf der Welt, zum Beispiel die Verlangsamung des Golfstroms.

Viele der ersten Warnhinweise unserer sich schnell erhitzenden Welt sind im extremen Norden und Süden zu spüren. Doch Polarforscherinnen und -forscher warnen uns bereits, dass das, was an den Polen passiert, nicht an den Polen bleibt.

Derzeit absorbiert der Südliche Ozean immer mehr und mehr Kohlendioxid aus der Atmosphäre. Das ist kurzfristig gesehen natürlich hilfreich im Kampf gegen den Klimawandel, bewirkt aber zugleich, dass das Wasser immer saurer wird. Kalziumkarbonat wird in saurem Wasser gelöst, für Lebewesen wie Krebstiere eine schlechte Nachricht, da sie Kalziumkarbonat für die Bildung ihrer Panzer und Skelette brauchen. Mit der Zeit dürfte die Versauerung des Ozeans auch dazu führen, dass sich Nahrungsketten verlangsamen oder gar ganz zusammenbrechen. Eine Studie aus dem Jahr 2021 fand Hinweise darauf, dass der steigende Säuregrad im Ozean die Entwicklung Antarktischen Krills in der Embryonalzeit hemmt, was für einen Großteil der Lebewesen im Südlichen Ozean mehr als besorgniserregend wäre.

Wissenschaftsteams, die sich mit der Antarktis beschäftigen, sind sich nur allzu bewusst, dass wir vieles in dieser komplexen Region noch nicht verstehen. Aber wenn eines klar, so ist es das: Ein intakter Südlicher Ozean ist unser Verbündeter. Vielleicht nicht der Menschen, die es mit seinen 20 Meter hohen Wellen, den Temperaturen von minus 50 Grad Celsius und Winden mit Geschwindigkeiten von fast 100 Stundenkilometern zu tun bekommen. Aber er ist ein Verbündeter all jener unter uns, die in gemäßigterem Klima leben, und wir haben allen Grund, dem Südlichen Ozean und jenen mutigen Menschen dankbar zu sein, die zusammenarbeiten, um den einen Kontinent auf Erden zu verstehen, auf dem niemand von uns lebt, den wir aber alle brauchen.

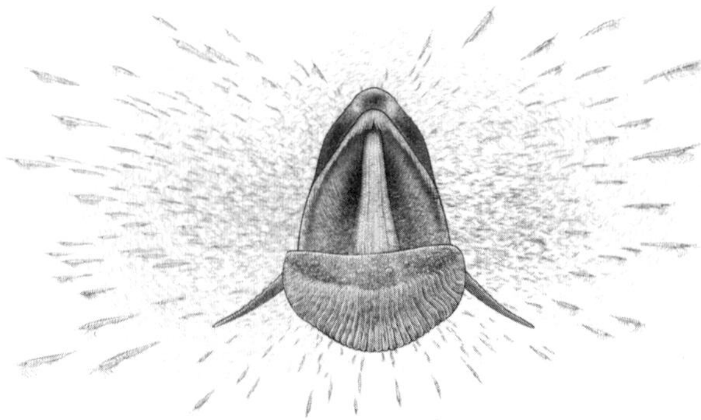

## DAS MEERESSCHUTZGEBIET SÜDGEORGIEN UND SÜDLICHE SANDWICHINSELN

Inigo Everson sah vom King Edward Point herab, nicht weit von der Forschungsstation entfernt, dessen eines Gebäude 60 Jahre später zu Ehren seiner wissenschaftlichen Arbeit über Südgeorgien seinen Namen tragen sollte. »Ich konnte keinen einzigen Seebären entdecken«, erinnert er sich. Er stand hier Mitte der 1960er-Jahre, als die Sichtung eines Seebären einen eigenen Eintrag ins Logbuch wert gewesen wäre. Heute, da 3,5 Millionen Seebären auf den subantarktischen Inseln leben, käme es keiner Wissenschaftlerin und keinem Wissenschaftler der British Antarctic Survey (BAS) in den Sinn, die Sichtung eines einzelnen Seebären zu notieren.

In Südgeorgien wurden wie gesagt spätestens ab 1786 Seebären gejagt, und sie waren bis in die 1830er-Jahre fast ausgerottet. Anschließend erholte sich der Bestand leicht, was in den 1870ern umgehend zur Wiederaufnahme der Jagd auf sie führte, und schon bald standen sie erneut kurz vor dem Aussterben. Obwohl um 1960 die Zahl der Seebären etwas höher lag als zu Zeiten des Tiefpunkts von nur noch 200 Tieren, war die Population doch noch immer winzig und fragmentiert. Die umfangreiche Erholung hatte noch nicht eingesetzt. Allein die Vorstellung, dass keine 60 Jahre später die Zahl wieder auf 3,5 Millionen Tiere anwachsen könnte, wäre jedem BAS-Forschenden waghalsig vorgekommen.

Der über 80-jährige Inigo Everson lebt heute in Südostengland, doch im Jahr 1964 reiste er, frisch von der Universität, an Bord der RRS *Shackleton* nach Südgeorgien. Als Kind hatte er in den Wassertümpeln gespielt, die Ebbe und Flut an der felsigen Küste entstehen ließen, viele Bücher über den Ozean gelesen (darunter Alister Hardys *The Open Sea*), und sein Interesse an der Fischerei war durch eine Dokumentation über die Heringsindustrie geweckt worden, an die er sich bis heute erinnert. Damit war sein Entschluss gefasst, eine Karriere in der Meeresbiologie anzustreben. Obwohl der Schuldirektor ihm davon abriet, da es nicht genug Stellen in diesem Bereich gebe, ließ sich Everson nicht von seiner Idee abbringen und entschied sich, gefördert von einem seiner Naturwissenschaftslehrer, an der walisischen Bangor University Zoologie und Ozeanografie zu studieren.

Hier fand ein junger Mensch mit Interesse am Meer das ideale Umfeld. Seine Wochenenden verbrachte er damit, in den zahllosen geschützten Buchten rund um Anglesey zu tauchen, zu schwimmen und Gezeitentümpel zu untersuchen, während der Ozean eine immer wichtigere, zentrale Rolle in seinem Leben einnahm. Ein Ferienjob im Fischereilabor in Lowestoft eröffnete ihm neues Wissen und ermöglichte ihm den Kontakt zu einem weiteren Wissenschaftler, Nev Jones. Dieser war gerade aus dem fernen Süden zurückgekehrt und erzählte zahllose Geschichten über die Antarktis. Damit war für Everson klar, was er machen wollte. Ihm wurde die »Untersuchung von Fischen« auf der abgelegenen, zu den Südlichen Orkney-Inseln gehörenden Signy Island genehmigt. Das war der Beginn einer Karriere, die sich um den großen Südlichen Ozean drehte.

Seine ersten 22 Lebensjahre hatte er ausschließlich in Großbritannien verbracht. Nun bestieg Inigo Everson voller Vorfreude und romantischer Vorstellungen die RRS *Shackleton*, nur um umgehend von dem Schiff enttäuscht zu werden.

> *Man kommt da also in Southampton an und sieht dieses wirklich winzige Schiff und denkt: Mensch, was soll das denn? Man geht die Mole entlang – man läuft die Strecke –, und es sind vielleicht nur vier oder sechs Meter von der Wasseroberfläche bis zum Kai, und man fragt sich: Dieses Schiff ist winzig, wo soll ich da Platz finden? Wo soll ich meine Sachen unterbringen?*

Das Schiff erwies sich dann aber doch als so robust wie sein Namensgeber, und vier Wochen später erreichte Everson die subantarktische Insel. Augenblicklich erkannte er, dass dies hier das Leben war, das er schon immer hatte führen wollen. Ihn beeindruckte alles: die wilde Landschaft, die Tierwelt, die er bisher nur aus Büchern kannte, und die Menschen, die er hier traf, wie etwa japanische Walfänger in Grytviken und Leith Harbour.

Im Rückblick beschreibt er, wie wenig marines Leben es damals gegeben hat – Wale und Seebären sah man so gut wie nie. Inigo Everson führte im Rahmen seiner ganzjährigen Untersuchungen ein

Regelwerk für den Fischfang ein und ergänzte seine Forschungen um gelegentliche Fahrten zu Pinguinkolonien, Raubmöwen, Robben und anderen Wildtieren.

Als im Jahr 1965 zwei sowjetische Fischereischiffe eintrafen, verstand Everson mit einem Mal, was kommerzieller Fang von Krill und Fischen im Südlichen Ozean bedeutete. Spätestens 1970 waren die Auswirkungen dieser Praxis nicht mehr zu übersehen: Für seine Forschung fing er Fische in den Kelpwäldern, was 1967 noch völlig problemlos gelungen war – jetzt war sein Netz leer. Die sowjetischen Fischer hatten über 500 000 Tonnen Fische gefangen; was einst eine weitverbreitete Fischart gewesen war, war nun extrem selten.

Die von Inigo Everson und Kollegen durchgeführten Untersuchungen in den 1960er- und 1970er-Jahren erwiesen sich als entscheidend, um das Leben im Südlichen Ozean zu verstehen – und den Schaden, den Überfischung anrichten kann. Diese Forschung leistete noch bedeutendere Pionierarbeit als entsprechende Arbeiten in anderen Teilen des Ozeans. Denn da es auf diesen Inseln nie menschliche Bewohner gegeben hatte, existierten auch keine mündlichen Überlieferungen oder Kunstwerke, die einen längerfristigen Kontext hätten vermitteln können, wie es in diesen Gewässern vor der Ankunft der Europäer ausgesehen hatte. Solchen Quellen am nächsten kamen noch Aufzeichnungen von Forschungsreisenden wie James Cook oder von Robben- und Waljägern. Ihre Abrechnungen ermöglichten es der Wissenschaft, Jahrzehnte später zu erkennen, dass es einmal deutlich mehr Robben auf den subantarktischen Inseln gegeben hatte, doch das größere Bild der Veränderungen im marinen Leben und der Nahrungsketten ergab sich erst nach und nach. Als nun noch die moderne kommerzielle Fischfangindustrie hinzukam, musste man dringend die Auswirkungen verstehen lernen, um dann das Tierleben im Südlichen Ozean effektiv schützen zu können.

Die folgenden Jahrzehnte der Forschung und internationalen Kooperation trugen spektakuläre Früchte. Als Inigo Everson nach vielen Jahren Anfang der 2000er Südgeorgien im Rahmen einer Forschungsreise erneut besuchte, bemerkte der mitreisende BAS-Wissenschaftler Mark Belchier, wie erstaunt Everson über die Vielfalt an Leben dort war:

*Inigo kannte natürlich die wissenschaftlichen Erkenntnisse und wusste um die Daten, die eine deutliche Zunahme von Walen, Seebären und vielen anderen Arten zeigten. Doch es ist eine Sache, etwas auf intellektueller Ebene zu verstehen, und etwas völlig anderes, dort vor Ort zu sein und mit eigenen Augen eine Region zu erblicken, die man seit so vielen Jahren kennt und die nun voller Wale ist.*

Mark Belchier kehrte nach seiner Forschungsreise mit Inigo Everson noch mehrfach nach Südgeorgien zurück und bestätigte, dass die Regeneration noch nicht zu Ende ist. Bei Weitem nicht. Die Ausgangslage ist noch nicht erreicht. Er erklärt:

*Es gibt heute viel, viel mehr Tiere. Reist man im Sommer dorthin, ist das Meer voller Buckel- und Finnwale, es finden sich auch Südkaper-Wale […], hin und wieder sieht man sogar Blauwale. Meist findet man mehr von ihnen, als Inigo in den 1960ern und 1970ern vorgefunden haben dürfte oder bei seiner Forschungsreise Anfang der 2000er gesehen hat.*

Was führte zu diesem bemerkenswerten Umschwung? Und wie weit kann es noch gehen?

Zwei große internationale Abkommen bremsten den Niedergang. Zunächst das Verbot der Robbenjagd Mitte der 1960er-Jahre, dann das globale Moratorium für den kommerziellen Walfang 1986, das die Tötung von Bartenwalen, die den Sommer in den subantarktischen Gewässern verbringen und sich von Krill ernähren, fast vollständig stoppte. Zu Recht wurden beide gefeiert, doch der Bestand zahlreicher Wal- und Robbenarten war in vielen Fällen so klein, dass er sich zunächst nur sehr langsam erholte. Langlebige, sich erst spät vermehrende Arten brauchen länger, um sich zu regenerieren, doch ein Anfang war gemacht, und jedes Jahr stiegen die Zahlen. Nun wurde es Zeit, den Rest des Ökosystems in den Blick zu nehmen. Glücklicherweise gab es eine stabile Basis, von der man ausgehen konnte: den Antarktisvertrag. Er war zu dieser Zeit, und ist es noch heute, eines der bemerkenswertesten Beispiele von Vision und Pragmatismus, die je zu einer internationalen Übereinkunft geführt haben. Die British Antarctic Survey fasst es mit diesen passenden Worten zusammen:

> *Es gibt wenig Orte auf der Erde, auf denen nie Krieg geführt wurde, deren Umwelt umfassend geschützt ist und an denen die wissenschaftliche Forschung Vorrang hat. Der gesamte Kontinent Antarktika ist ein solcher Ort. Ein Land, das die Vertragsstaaten des Antarktisvertrags ein Naturschutzgebiet nennen, das dem Frieden und der Wissenschaft verschrieben wurde.*

Im Jahr 1980 befand sich der Kalte Krieg in seiner Hochphase, und entsprechend bestimmten Bündnispolitik, Verdächtigungen und Angst die internationalen Beziehungen. Trotz dieses globalen Kontextes vereinbarten Inigo Everson und zahlreiche andere Wissenschaftlerinnen, Wissenschaftler und diplomatisches Personal aus der Sowjetunion, den Vereinigten Staaten, der Europäischen Union und 24 weiteren Staaten eine Kooperation zur Verwaltung, zum Schutz und zur Rohstoffnutzung dieser Gewässer. Und sie verabredeten, Entscheidungen im Konsens zu treffen. Das daraus entstandene

»Übereinkommen über die Erhaltung der lebenden Meeresschätze der Antarktis« erhält nur selten die Aufmerksamkeit, die es verdient, doch jeder, der sich an den Kalten Krieg erinnert, dürfte allein schon bei der Lektüre der Namen der beteiligten Länder erkennen, welch großartige Leistung es war, sie alle zusammen an einen Tisch zu bekommen. Geschweige denn eine Übereinkunft zu schließen, Rohstoffe gemeinsam zu nutzen. In den darauffolgenden vier Jahrzehnten sorgte die zur Umsetzung gegründete Kommission zur Erhaltung der lebenden Meeresschätze der Antarktis (CCAMLR) für die Impulse, das Forum und die Struktur sowohl für solide wissenschaftliche Arbeit als auch für erkennbare Verbesserungen im Management der gesamten Region – insbesondere indem sie eher das gesamte Ökosystem in den Blick nahm anstatt nur einzelne Arten. So wurde beispielsweise 2008 in der gesamten der CCAMLR unterstehenden Hochsee der Einsatz von Grundschleppnetzen verboten.

Während sich die Gerichtsbarkeit der CCAMLR auf alle antarktischen Gewässer bezieht und zwangsläufig zwischen einer Reihe unterschiedlicher, sich häufig widersprechender Interessen abwägen muss, kann die Regierung des britischen Überseegebiets Südgeorgien und Südliche Sandwichinseln innerhalb ihres Zuständigkeitsbereichs eigenständig weitergehende Maßnahmen durchsetzen. Dabei hat sie eine der verblüffendsten marinen Erholungen weltweit herbeigeführt. Das Meeresschutzgebiet Südgeorgien und Südliche Sandwichinseln wurde 2012 eingerichtet und umfasst ein Gebiet mit mehr als einer Million Quadratkilometer. Zum Vergleich: Das ist etwa dreimal so groß wie ganz Deutschland. Innerhalb dieses Gebiets ist der Abbau von Mineralien und fossilen Brennstoffen verboten, ebenso das Schleppnetzfischen auf dem Meeresboden und das Befahren mit Schiffen, die mit Schweröl angetrieben werden.

Ein Viertel dieser Schutzfläche ist eine vollständige Fangverbotszone, was bedeutet, dass jeglicher Fischfang verboten ist. Entscheidend dabei: Damit werden die wichtigsten und empfindlichsten Bereiche geschützt, etwa die Flachwassersysteme bis 30 Kilometer vor der Küste, alle Tiefseeberge und der gesamte Tiefseegraben. Genau dies sind die für die Fortpflanzung und Wanderung der Arten wie auch für die Vegetation entscheidenden Bereiche und meist auch genau die Orte, an denen wir weltweit am häufigsten fischen.

Dabei betonen alle Beteiligten, dass Meeresschutz nicht gleichbedeutend mit Anti-Fischfang ist; vielmehr beschreibt er einen Weg, auf dem Fischerei und die Wiederbelebung des Lebens im Meer zugleich möglich sind. Mark Belchier arbeitete sowohl für die British Antarctic Survey als auch für die Regierung von Südgeorgien, als das Schutzgebiet eingerichtet wurde, und spricht sich für die bestehenden Schutzmaßnahmen aus:

> *Die Fischerei innerhalb des Meeresschutzgebiets wird gut gemanagt und stark reguliert. Es müssen stets wissenschaftliche Beobachter an Bord sein, die die Daten aufnehmen, die Position jedes Schiffs muss stets in Echtzeit übermittelt werden, damit wir immer wissen, wo es sich aufhält, die Saison für den Fischfang wird immer so gelegt, dass es möglichst wenig Konkurrenz mit den Wildtieren gibt, und alle Fischereiboote müssen eine Reihe von Maßnahmen ergreifen, um sicherzustellen, dass Seevögel, Robben, Wale und andere Tiere, die womöglich zum Beifang werden könnten, einem möglichst geringen Risiko ausgesetzt sind.*

Aber natürlich gibt es auch eine wirtschaftliche Realität:

> *Das gesamte Geld, das mit den Fischereilizenzen eingenommen wird, fließt zurück in die Forschung, mit der das Meeresschutzgebiet gestärkt wird, sowie in die Überwachung und den Schutz der Gewässer, um sicherzustellen, dass es nicht zu illegaler oder*

*nicht nachhaltiger Fischerei kommt. Es ist ein schmaler Grat, aber wenn wir das gesamte Gebiet für die Fischerei sperren würden, hätten wir sehr schnell kein Geld mehr, um auch nur ein einziges Patrouillenboot zu finanzieren.*

Der hier von Mark Belchier vertretende Pragmatismus scheint für die Wiederbelebung des Ozeans ganz entscheidend zu sein, ganz besonders in jenen Teilen der Welt, in denen es nur wenig dauerhaft dort lebende Menschen gibt, die in der Theorie die Initiative ergreifen könnten, ihre Gewässer in der Zukunft selbst zu verwalten und zu schützen. Was auch immer Sie davon halten mögen, die Ergebnisse des Meeresschutzgebiets Südgeorgien und Südliche Sandwichinseln sind spektakulär.

Stellen Sie sich einen Fisch vor, der über einen halben Meter lang ist und bis zu zehn Kilogramm wiegt. Die Rückenflosse ist zweigeteilt, mit vier bis sieben Stacheln im vorderen und über 30 im hinteren Teil. Er hat ein breites, leicht nach unten gebogenes Maul und eine samtige grün-schwarze Marmorierung entlang seines Körpers, mit größeren Mustern im Gesicht und kleineren Punkten zum Schwanz hin. Der Antarktische Marmorbarsch lebt in den relativ flachen Gewässern rund um die Inseln und das Kontinentalschelf des Südlichen Ozeans – bis zu einer Tiefe von etwa 350 Metern. Von ihm lässt sich eine eher wenig glamouröse, dafür aber ungemein beeindruckende Geschichte über seine Regeneration im Rahmen dieses Naturschutzgebiets erzählen.

Der Antarktische Marmorbarsch war der erste kommerziell ausgebeutete Fisch in dieser Region und wurde insbesondere in den 1960er- und 1970er-Jahren von sowjetischen Schiffen gefangen. Das Zentrum ihrer Aktivitäten lag vor Südgeorgien, wo sie in nur zwei Jahren geschätzte 500 000 Tonnen fingen. Die Art stand kurz vor dem Aussterben. Dann wurde der Fang des Antarktischen Marmorbarschs verboten, doch der Bestand war bereits so klein, dass kaum Hoffnung auf Erholung bestand, da der Marmorbarsch sechs Jahre alt werden muss, um die Geschlechtsreife zu erlangen und dann auch nur einmal pro Jahr ablaicht. Die Wissenschaft wartete auf einen Hinweis, dass das Fischfangverbot noch rechtzeitig gekommen war, aber 20 Jahre lang war nichts festzustellen. Doch als dann noch das Meeresschutzgebiet hinzukam, gab es zum ersten Mal glaubhafte, gut belegte Beweise dafür, dass der Marmorbarsch sich allmählich erholte. Nun kehrt er langsam, aber sicher zurück.

Eine der wichtigsten Eigenschaften der subantarktischen Inseln ist, dass sie Inseln sind. Das klingt nach einem schlechten Scherz, doch ich möchte darauf hinaus, dass das, was an Land passiert, auch Einfluss auf die Geschehnisse im Meer hat. Denn viele der in Südgeorgien heimischen Arten leben amphibisch und hängen von dem einen Lebensraum ebenso ab wie von dem anderen. Und ganz ähnlich wie im geschützten Meeresbereich lässt sich auch an Land eine Veränderung feststellen.

In Südgeorgien fand das weltgrößte Projekt statt, bei dem eine invasive Art erfolgreich ausgerottet wurde. Über 250 Jahre lang hatten Ratten und Mäuse, die an Bord von Walfangschiffen in das fragile Inselökosystem eingedrungen waren, das Tierleben hier dezimiert. Nachdem es Tausende Jahre lang kein Landraubtier gegeben hatte, brüteten Generationen von Vögeln ihre Eier sicher auf dem Boden oder in Erdlöchern aus. Damit wurden sie zu einer leichten Beute für die invasiven Nagetiere; und während deren Population zunahm, ging die der Vögel parallel dazu zurück. Das ging zweieinhalb Jahrhunderte so. Bis man 2018 ein großes Umweltschutzprojekt abschließen konnte und Südgeorgien für mäuse- und rattenfrei erklärt wurde. Und schon zwei Jahre später war der Gesang des Riesenpiepers wieder zu hören. Der nur spatzengroße braun gestreifte Vogel – der einzige Singvogel Antarktikas – hatte auf einigen winzigen vorgelagerten Inseln Zuflucht gesucht. Als die Nagetiere verschwunden waren, kehrte der Pieper nach Südgeorgien in sein ursprüngliches Siedlungsgebiet zurück.

Heute, mit seinen Stränden voller Robben, den Walherden, die vor der Küste auftauchen, den Singvögeln, die die kühle Luft mit ihren warmen Gesängen füllen, und all dies vor einer Kulisse mit uralten Bergen und den zerfallenden Walfängerstationen, kommt einem Südgeorgien wie ein zurückerobertes Stück vom Paradies vor.

Was die Zukunft für diesen abgelegenen und kostbaren Außenposten bereithält? Das Leben im Meeresschutzgebiet sollte sich weiter erholen, doch wohin das führt, steht noch nicht fest. Die Bestände des Antarktischen Marmorbarschs und die Zahl der Wale nehmen womöglich zu, aber es ist auch denkbar, dass sich mit der Zeit die immer größer werdende Zahl von Robben auf die der Marmorbarsche auswirkt. Oder vielleicht frisst die größer werdende Walpopulation immer mehr von dem zur Verfügung stehenden Nahrungsangebot, was im Gegenzug zu einer Verringerung der Robbenzahl führen dürfte. Das werden wir mit der Zeit erfahren, doch die Schönheit dieses großen Schutzgebietes mit seinen lebenswichtigen Fangverbotszonen besteht darin, dass es der Natur Zeit und Raum gibt, ein natürlicheres Gleichgewicht zu finden – wie immer das auch aussehen mag.

Viele Forschende stellen sich nun natürlich die Frage, wie sich der Klimawandel in Zukunft im Meeresschutzgebiet bemerkbar machen wird. Zusätzliche Nährstoffe, die aus den sich rasch zurückziehenden Gletschern auf Südgeorgien in den Ozean gelangen, dürften die derzeitige Nahrungskette künstlich befeuern, dafür werden heftigere Stürme, intensiverer Regen und Regenwasserabfluss zusammen mit dem wärmer werdenden Wasser das Gleichgewicht und die Stabilität des Ökosystems weiter verändern. Da sich die gesamte Region erwärmt, dürften Arten, die an gemäßigtere Zonen angepasst sind, wie etwa Königs- und Eselspinguine, kurzfristig deutlich profitieren, wohingegen eher antarktische Arten wie Goldschopf- und Zügelpinguine darunter leiden werden.

Und was ist mit dem Krill? Über diese winzigen Krebstiere wird heftig diskutiert. Die Expertenteams, die das Meeresschutzgebiet Südgeorgien und Südliche Sandwichinseln betreuen, sind überzeugt, dass innerhalb des Naturparks ein gesundes Gleichgewicht erreicht ist, zumal nur wenig Krillfischerei erlaubt ist, und auch nur in den Wintermonaten, wenn die meisten Wale abgewandert sind. Außerhalb der Schutzzonen jedoch zeigen sich viele Beobachter besorgt, dass die Krillfischerei in Konkurrenz zu den Walen steht und Krill in Hinblick auf Klimawandel und Versauerung der Meere weiteren Schutz benötigt. Unstrittig ist allerdings, dass die geschützten Bereiche rund um Südgeorgien und die Südlichen Sandwichinseln die Widerstandskraft des Ökosystems und die Hoffnung der Wissenschaft stärken. Welche Auswirkungen der Klimawandel oder die menschlichen Aktivitäten im gesamten Südlichen Ozean auch haben werden, dieses Gebiet steht nun deutlich besser da als vor der Errichtung des Schutzgebiets.

Und vielleicht ist dies nur der Anfang der großen Regeneration des Südlichen Ozeans. Vielleicht kann die CCAMLR die Bühne bieten, auf der ihre Mitgliedsstaaten ein weiteres Mal die aktuellen politischen Differenzen beiseitelegen und das Modell einer Schutzzone, wie sie rund um Südgeorgien und die Südlichen Sandwichinseln besteht, zu einem Bereich ausweiten, der den gesamten Südlichen Ozean zu einem Ort der Zuflucht und Erholung für die maritime Welt macht. Und vielleicht folgen andere dem Beispiel Südgeorgiens und gehen in ihren eigenen Gewässern noch ein Stück weiter, in der Hoffnung, dass die sich daraus ergebenden Vorteile die globalen Nachzügler mit der Zeit ebenfalls überzeugen werden. Wir wissen auf jeden Fall, dass überall dort, wo ein gut geführtes Meeresschutzgebiet im Südlichen Ozean eingerichtet wird, sehr wahrscheinlich das Leben neu aufblüht.

Die subantarktischen Inseln mögen weit entfernt liegen von der modernen Welt, in der die meisten von uns leben. Doch viele ihrer typischsten Arten, angefangen bei Walen bis hin zu Albatrossen, sind dort nur zeitweise zu Hause und verlassen das Schutzgebiet, um Tausende Kilometer durch offenes Wasser zu reisen, ohne jeden Schutz. Sie sind dabei heutzutage Gefahren durch Fischereigerät, Umweltverschmutzung oder Zusammenstößen mit Schiffen ausgesetzt. Sie erreichen womöglich zerstörte Brutgebiete ohne Nahrungsquellen. Mit der Zeit können wir alle jedoch etwas aus der Geschichte ihrer Inseln lernen. Wir können den Einfluss von jahrhundertelanger Ausbeutung, der Fokussierung auf eine einzige Beutetierart und die Folgen des fast völligen Zusammenbruchs von Nahrungsketten erkennen. Und wir können ebenfalls die Vorteile aufzählen, die langfristige entschiedene wissenschaftliche Arbeit und auf Beweisen aufgebauter Schutz mit sich bringen, und uns an dem erfreuen, was geschieht, wenn der gesamte Ozean Zeit und Raum zum Durchatmen bekommt. Wir erkennen eine überwältigende Regeneration und wollen immer mehr davon.

All diese Lehren gehen von den abgelegenen Inseln im wilden Südlichen Ozean aus.

TEIL DREI

# IN EINER EINZIGEN MENSCHENGENERATION

# HEUTE

Um das Meer wirklich verstehen zu können, müssen wir manchmal etwas über das Festland lernen.

Vor der Küste drängeln sich Kaptölpel, schießen herab und tauchen ins Wasser. Sie bewegen sich derart hektisch und chaotisch, dass es schwierig ist, in der Menge einem einzelnen Tier zu folgen. Die großen schwarz-weißen Vögel fliegen viel zu schnell und unberechenbar, als dass man die typische gelb-goldene Krone erkennen könnte, doch die Größe der Vögel und die Tatsache, dass sie einem Fischtrawler vor der Küste Südafrikas folgen, verraten ihre Identität.

Die Seevögel umkreisen das Boot, um ein paar Brocken Seehecht zu erbeuten, der aus den Tiefen des Meeres hochgeholt wird. Auf den ersten Blick sieht es nach einer Szene von Futter im Überfluss aus, und die schweren Netze liefern offenbar sowohl Mensch als auch Vogel genug Nahrung. Die Nester an Land erzählen jedoch eine andere Geschichte.

Auf den wenigen kostbaren Inseln vor der Küste Südafrikas und Namibias bauen Kaptölpel ihre Nester aus Matsch und Guano in die sanft geschwungenen Sandhügel. Die an winzige Vulkane mit eingebrochenem Gipfel erinnernden Nester erstrecken sich zu Tausenden bis knapp zur Flutlinie, doch immer mehr von ihnen bleiben leer. In anderen hocken unterernährte Küken, die auf die Rückkehr ihrer Eltern warten, daneben verrenkte Kadaver der Jungtiere, die zu lange warten mussten. Kaptölpel brüten schon seit Jahrtausenden auf diesen Inseln. Historisch gesehen war es so, dass die Fischerboote den Kaptölpeln folgten, um Fischschwärme ausfindig zu machen. Doch auf tragische Weise haben sich die Rollen vertauscht.

Unmengen Sardinen zogen sowohl die Kaptölpel als auch die menschlichen Fischer an und ernährten sie über Generationen.

Heute ist die Sardinenfischerei fast verschwunden, und die Boote durchkämmen tiefere Gewässer auf der Jagd nach Seehechten, während die Kaptölpel, die niemals in solche Wassertiefen vordringen können, um das kämpfen, was beim Fischen übrig bleibt. Die Fischfangreste, von denen sich die Elterntiere ernähren, wenn sie selbst nicht genug ihrer natürlichen Nahrung finden können, liefern nur halb so viel Energie wie Sardinen. Sind die ausgewachsenen Tiere in einem schlechten Zustand, wachsen folglich viele Küken nur langsam heran oder sterben. Es lässt sich nicht genau sagen, welchen Anteil die Überfischung und welchen Anteil der Klimawandel am Rückgang der Sardinen haben, aber die Realität spricht für sich: Hier kann das Leben im Ozean das Leben an Land nicht mehr in der Weise stützen, wie es das einst tat.

Überall dort auf der Welt, wo Land auf Meer trifft, finden sich verlorene Generationen. Wurden ihre Vorfahren noch in vielversprechende Küstenhabitate gelockt, müssen deren Bewohner heute mit dem fragmentierten Nachhall einer offenbar verlorenen Welt kämpfen. In diesen Küstensiedlungen leben jene, die sich daran erinnern, wie es einmal gewesen ist, neben jenen, die miterleben werden, in welche Richtung sich unsere Ozeane entwickeln.

Ein älterer Fischer, den die Macht der Gewohnheit frühmorgens hierherbringt, fährt gedankenverloren mit der Hand über den rauen Fels der Strandmauer, seine Fingerspitzen streichen über die Kanten der Poller, während seine Augen den Kiesstrand abtasten, den er besser kennt als jeden anderen Ort der Welt. Abgesehen von den Rufen und dem Geschnatter der Seevögel ist es in der Morgendämmerung ruhig. Er erinnert sich daran, wie früher um diese Zeit hier Trubel und Lärm herrschten. Manche Boote wurden abfahrbereit gemacht, während die Nachtfischer in den Hafen einliefen und ausluden – man rief sich Witze zu, oder ein Streit brach aus. Das Leben eben. Er hatte etwas Warmes getrunken und einen Happen zum

Frühstück gegessen, und alle hatten einen Spruch für seinen Sohn übrig und gefragt, wann er denn das Boot seines alten Herrn übernähme.

Doch der Witz verlor an Schärfe. Es hatte sich natürlich schon all die Jahre angedeutet: die ausländischen Schiffe, der zurückgehende Ertrag, die immer kleiner werdenden Fische. Dabei war die Veränderung schleichend, allmählich, von einem Tag auf den anderen kaum wahrnehmbar vonstattengegangen. Im Großen und Ganzen ging das Leben weiter wie bisher. Bis es das nicht mehr tat. Die nächste Generation zeigte nur wenig Antrieb, für so wenig so viel zu arbeiten. Die Boote wurden nicht mehr repariert. Der Morgen im Hafen wurde still.

30 Jahre vergingen – eine neue Generation wuchs heran. Der Fischer ist nun ein alter Mann, sein Sohn erwachsen. Die Kinder, die er heutzutage am Strand spielen sieht, sind zumeist für ein paar Urlaubstage aus der Stadt angereist oder besuchen Verwandte, die zu optimistisch oder zu stur waren, um fortzuziehen.

Doch eine Veränderung liegt in der Luft: Etwas regt sich. Das ist kein dauerhafter Zustand. Seine lange Erfahrung auf See sagt dem alten Fischer, dass sich wieder alles gewandelt haben wird, wenn diese Kinder groß sind.

## MORGEN

Die Zeitspanne einer menschlichen Generation, also 25 bis 30 Jahre, sind ein praktischer Maßstab: lang genug, damit sich etwas wirklich verändern kann, aber auch nicht so weit in der Zukunft, dass es für die heute Lebenden bedeutungslos wäre.

Die Kinder, die heute am Strand spielen, werden in einer Zeit leben, die vielleicht zur folgenreichsten der Menschheitsgeschichte der letzten 10 000 Jahre wird. Wenn sie ihr mittleres Lebensalter erreicht haben werden, werden sie wissen, ob wir den Klimawandel drosseln konnten oder es ihm erlaubten, uns zu überwältigen; ob wir die Natur wiederbelebten oder sie grundlegend destabilisierten; ob der Ozean unser Verbündeter blieb oder zu unserem Gegner wurde.

Wie wir gesehen haben, kann sich der Ozean erholen. Mangroven und Kelpwälder *können* nachwachsen, Wale *können* zurückkehren, und im Sterben liegende Küstengemeinschaften *können* wieder aufblühen. Das Erholungspotenzial der »letzten Wildnis« ist derart gewaltig, dass es bei einer einzigen verlorenen Generation bleiben kann. *Wir* könnten die Ausnahme sein, diejenigen, die sich unwissentlich zu viel nahmen und zu wenig schützten. Genau wie unsere Vorfahren, die an Ozeanen lebten, in denen Leben und Lebenskraft im Überfluss vorhanden waren, können auch die Kinder von heute aufwachsen und die Neubelebung der Meere miterleben.

Es mag vieles geben in der näheren Zukunft, vor dem man sich fürchten muss, es könnte aber auch eine unglaublich spannende Zeit werden, um sie bewusst mitzugestalten. Denn wir wissen inzwischen, wie wir viele unserer größten Probleme, vor denen wir als Menschen stehen, angehen müssen, und wir können uns von Jahrhunderten des Fortschritts dazu inspirieren lassen. Allein in den letzten 100 Jahren haben wir die Säuglingssterblichkeit deutlich verringert, viele einst gefürchtete Krankheit in den Griff bekommen, den Zugang zu Bildung und dem Gesundheitswesen ausgeweitet, wissenschaftliche Erkenntnisse angehäuft, die unser Verständnis der Welt veränderten, und auf globaler Ebene in einem Maße zusammengearbeitet wie noch nie zuvor. Natürlich gibt es noch vieles in der Welt, das wir verbessern müssen, aber es gibt gute Gründe, daran zu glauben, dass wir auch die *Fähigkeit* besitzen, es zu verbessern. Die Frage ist, ob wir auch den Willen und die Weitsicht dazu besitzen.

Nun, was können also die nächsten 30 Jahre unserem Ozean bringen? Dieser Frage liegt ein inhärentes Problem zugrunde: Jeder, der alt genug ist, weiß, wie töricht es ist, die Zukunft vorherzusagen. Und doch, wenn wir nicht in der Lage sind, uns unseren zukünftigen Ozean vorzustellen, dann werden wir sicherlich auch Schwierigkeiten bekommen, für ihn zu kämpfen. Was wir vernünftigerweise tun *können*, ist, unsere Erkenntnisse und Entdeckungen zusammenzufassen und sie zu nutzen, um einen überzeugenden Fahrplan für die Regeneration des Ozeans aufzustellen, während wir gleichzeitig den weiteren Lauf der Ereignisse überwachen und unser Verhalten anpassen, sollten sich neue Hinweise ergeben.

Zunächst sollten wir anerkennen, dass das Ozeanleben für die meisten von uns weit weg ist. Falls wir uns doch einmal dafür entscheiden, Meeresfrüchte zu kaufen, erledigen wir das entweder im Supermarkt oder im Restaurant, ohne dass wir uns Gedanken darüber machen, wie sie da hingekommen sind. Dabei ist das Fischen für mehrere Millionen Menschen auf der Welt der tägliche Broterwerb, ein wichtiger Teil ihrer örtlichen Gemeinschaft und Wirtschaft, und der Fang liefert einen entscheidenden Anteil ihres Eiweißbedarfs. Mag es sich moralisch richtig anfühlen, von Regierungen oder großen Wirtschaftsunternehmen, die mit dem Ozean Geld machen, ein Umdenken zu verlangen, so gibt es doch viele Menschen in Küstengebieten, für die das Fischen im Meer keine freiwillige Entscheidung, sondern unverzichtbarer Teil des Lebens ist. Wir müssen daher sicherstellen, dass die von uns ergriffenen Maßnahmen zur Wiederherstellung des Ozeans diesen Gemeinschaften nützen und nicht noch den Druck erhöhen, den sie ohnehin verspüren. Und das ist möglich.

Nach Jahrzehnten der wissenschaftlichen Forschung und einigen wunderbaren Beispielen im Meeresschutz ist inzwischen klar, dass sich das Leben im Ozean erholen kann – häufig deutlich schneller als an Land –, *sofern* wir ihm Raum und Zeit dafür geben. Bei der Weltbiodiversitätskonferenz COP 15 der Vereinten Nationen 2022 im kanadischen Montreal beschlossen fast 200 Staaten, 30 Prozent der Ozeane bis 2030 zu schützen. Meeresschutz kann dabei helfen, die Tier- und Pflanzenwelt zurückzugewinnen, während zugleich der Fischfang stabil bleibt oder sogar zunimmt, weshalb dieses Ziel, auch »30x30« genannt, ein Wendepunkt für den Ozean sein *könnte*. Wir sollten uns aber klar vor Augen halten, welche Anstrengungen nötig sind, um dieses Ziel zu erreichen.

30 Prozent der Ozeanoberfläche sind rund 120 Millionen Quadratkilometer. Zum Vergleich: Das viel gelobte Meeresschutzgebiet Papahānaumokuākea vor Hawai'i – das für eine Schutzzone enorm groß ist – umfasst gerade einmal 1,5 Millionen Quadratkilometer. 30 Prozent des Ozeans sind also eine wirklich imposante Fläche.

Obwohl im Ozean Masse wichtig ist, dreht sich beim marinen Umweltschutz nicht alles um die Größe. Viele der derzeitigen Meeresschutzgebiete befinden sich nicht, wie man vielleicht annehmen würde, an den biologisch wichtigsten Stellen der Ozeane, sondern häufig in Regionen, in denen es am wenigsten Widerstand gab. Darüber hinaus werden sie nicht durchgesetzt, und schädliche Fischereimethoden wie der Fang mit Grundschleppnetzen sind in einer erschreckend großen Zahl weiterhin erlaubt. So dürfte sich der Nutzen für die Meereslebewesen, obgleich viele Zonen auf dem Papier geschützt sind, oft in Grenzen halten.

Aber auch hier lautet die gute Nachricht: Eine Veränderung des Status quo ist keine Frage des Abwartens und Hoffens auf neue Erfindungen und zukünftige Technologien, die es vielleicht nie geben wird, sondern nur eine Frage des Willens und der Finanzierung. Wir haben zuverlässige Beweise, dass Meeresschutzzonen Erfolg haben können. Sicher, sie werden nicht alle in der gleichen Art und Weise, in genau der gleichen Zeit und in genau dem gleichen Ausmaß wirksam sein, aber sie funktionieren. Die Umsetzung des 30x30-Gedankens ist mit der heutigen Technologie möglich, und wenn wir die geeigneten Gebiete für den Schutz auswählen und sie gut überwachen, dürfen wir zuversichtlich sein und in vergleichsweise kurzer Zeit deutliche Verbesserungen der Zustände in unserem Ozean erwarten.

Allerdings ist der Ozean ein dynamisches zusammenhängendes System, was die Komplexität der Angelegenheit erhöht. Zum Beispiel: Ganz egal wie gut man 30 Prozent schützt, wenn man die restlichen 70 Prozent ausbluten lässt, wird der Plan vermutlich nicht wie beabsichtigt funktionieren. Daher kommt aus der Wissenschaft der Vorschlag, wir sollten uns verpflichten, 30 Prozent des Ozeans zu schützen und die restlichen 70 Prozent nachhaltig zu managen. Aber was bedeutet nachhaltige Fischerei?

Eine Standarddefinition für »Nachhaltigkeit« meint, dass man »die Bedürfnisse der heute Lebenden erfüllt, ohne die Bedürfnisse kommender Generationen zu schädigen«. Und so hört man manchmal, ein Großteil der gegenwärtigen Fischerei sei »nachhaltig«, da sie auf das abzielt, was als »höchstmöglicher Dauerertrag« bekannt ist – im Grund der maximale Fischertrag in einem Jahr, bei dem man davon ausgehen kann, dass man auch im folgenden Jahr die gleiche Menge Fisch fangen kann. Hier regt sich allerdings heftiger Widerspruch, denn man schätzt, dass nach diesem Verständnis heute rund zwei Drittel aller Fische »nachhaltig« gefangen würden – schließlich scheint es so, als würden wir jedes Jahr die gleiche Menge Fisch fangen. Dabei gibt es auch Gegenargumente: Der Fischbestand des »höchstmöglichen Dauerertrags« ist nur noch halb so groß, wie er es vor dem industriellen Fischfang war, die Datenlage über die Fischerei ist unvollständig und basiert zum Großteil auf dem, was gefangen wurde, anstatt auf dem, was tatsächlich noch *im* Ozean schwimmt, und die gemeldeten Zahlen berücksichtigen nicht in angemessener Weise Faktoren wie den Beifang, Geisternetze oder die langfristigen Auswirkungen der Zerstörung empfindlicher Ökosysteme durch Methoden wie die Grundschleppnetzfischerei.

Allein über diese Debatte ließe sich ein ganzes Buch schreiben. Dabei müsste man wichtige, aber komplexe Fragen klären, zum Beispiel ob ein Fisch (oder der Fischbestand) für seinen Eigenwert existieren sollte oder schlicht wegen seines Wertes als Ressource für uns. Für unseren Zweck hier wäre die entscheidende Frage, in welchem Umfang die Fischerei mit welchen Mitteln und an welchen Orten betrieben werden kann, um den Ozean gesund zu erhalten, zugleich aber auch den Menschen, die vor Ort auf Nahrungsmittel aus dem Meer angewiesen sind, ein gutes Leben zu ermöglichen.

Es gibt keine einfachen, universell gültigen Antworten, und doch kennen wir die wichtigen Parameter. Wir wissen, dass manche Fangmethoden, vor allem die Grundschleppnetzfischerei, besonders schädlich sind. Wir wissen auch, dass der Ozean widerstandsfähiger gegen die Auswirkungen des Klimawandels sein wird, wenn das marine Leben kraftvoller, vielfältiger und reichlicher ist, *und* dass das marine Leben gesünder ist, wenn die Arten im richtigen Verhältnis zueinander in ihren Habitaten leben – ganz egal ob es ein Mangrovenwald, ein Korallenriff, ein Kelpwald oder eine Seegraswiese ist. Alle Untersuchungen weisen darauf hin, dass durch den Schutz großer Meeresgebiete, wo die schädlichsten Fischereimethoden verboten sind und die Fischbestände unabhängig und genau überwacht werden, eine deutliche Erholung des Lebens im Ozean möglich ist.

Doch kann in einer derart komplexen Welt wie der unsrigen die Lösung wirklich so einfach sein, dass wir in einem Drittel der gesamten Ozeanfläche echte Meeresschutzgebiete einrichten und auch überall sonst die Fischereimethoden aufgeben, die den meisten Schaden anrichten? Ja und nein. Selbst wenn sich vom heutigen Standpunkt aus nichts anderes als das ändern sollte, wäre das bereits eine enorme Verbesserung. Aber es gibt ein paar Unbekannte.

Der Klimawandel ist bereits Realität. Wärmeres Wasser und Hitzewellen im Ozean bringen bereits heute das Meereis zum Schmelzen, unterbrechen Ozeanströmungen, bleichen Korallen und vertreiben Meereslebewesen an andere Orte. Insgesamt scheint es so zu sein, dass die Klimamigration in den Ozeanen schneller abläuft als an Land – vermutlich deshalb, weil es hier weniger Hindernisse für die Bewegung gibt. So wandern bereits viele Ozeantiere weg vom Äquator und weiter Richtung Norden oder Süden in kühleres Wasser. Die Wanderrouten der Wale im Nordatlantik vor der Küste Kanadas beispielsweise haben sich in den letzten Jahren weiter nordwärts verlagert, wahrscheinlich wegen des sich erwärmenden Wassers und weil nicht mehr so viele Beutetiere verfügbar sind wie zuvor. Diese neuen Routen führen die Wale in Bereiche mit stärkerem Schiffsverkehr, was Umweltschützerinnen und Umweltschützer vor neue Herausforderungen stellt. Und das ist nur ein Beispiel für das, was sich bei einer ozeanweiten Umgestaltung ergeben wird. Da uns eine weitere deutliche Erwärmung bevorsteht – unsere bisherigen Emissionen werden ihre vollen Auswirkungen auf unser globales Klimasystem erst noch zeigen –, dürften Gebiete, die heute als ideale Schutzzonen gelten, in ein, zwei Jahrzehnten in anderen Zonen liegen. Wir müssen die Situation weiter beobachten und unser Vorgehen anpassen können.

Darüber hinaus besteht eine Wechselbeziehung zwischen unseren Bemühungen im Kampf gegen den Klimawandel und der Gesundheit unseres Ozeans. Je schneller wir unsere Emissionen reduzieren, umso weniger gravierend wird sich der Klimawandel auf das marine Leben auswirken: Je gesünder unser Ozean wird, umso mehr wird er uns dabei helfen, den Klimawandel zu verlangsamen. Das ist eine Win-win-Situation für uns. Doch um dorthin zu kommen, müssen wir an beiden Seiten der Gleichung ansetzen – und zwar in einem deutlichen schnelleren Tempo und in deutlich größerem Umfang als bisher.

In den letzten 100 Jahren hat es die Menschheit geschafft, mehr als nur eine »weitverbreitete« oder die »dominante« Spezies zu sein, sie ist inzwischen die mit Abstand größte Gestaltungskraft der Erde. Unser Einfluss auf die Biosphäre ist derart riesig, dass der von uns angerichtete Schaden, im geologischen Maßstab, dem Umfang aller fünf bisherigen Massenaussterbeereignisse der Erdgeschichte gleichkommt – darunter jenes, das die meisten Dinosaurier auslöschte. Doch die Reichen und Glücklichen unter uns, die für einen Großteil dieses Problems verantwortlich sind, können diesen Schaden problemlos ignorieren. Wir haben ein tolles Leben. Wir haben immer genug zu essen und sauberes Trinkwasser. Vor unseren Häusern gibt es Bäume und Vögel. Bei extremem Wetter ziehen wir uns in den relativen Komfort unserer vier Wände zurück. Und während wir unseren privilegierten Alltag leben, erscheint die Welt um uns nicht apokalyptisch; der Antrieb für einen Wechsel scheint sehr weit weg.

Aber der alte Bezugsrahmen gilt nicht mehr. Die meiste Zeit in der Menschheitsgeschichte war unser Einfluss lokal begrenzt, und die Bedrohungen standen uns direkt vor Augen oder waren so weit entfernt, dass wir sie nicht beeinflussen konnten – sie waren ein »Akt Gottes«. Und obwohl wir Menschen physisch noch fast dieselben sind wie vor 100 000 Jahren, sind wir in jeder anderen Hinsicht nicht mehr wiederzuerkennen. Heute sind wir eine wahrhaft globale, den Planeten verändernde Spezies, deren größte Bedrohung aus einer Biosphäre stammt, die *wir selbst* destabilisiert haben. Die Armen spüren diese Bedrohung ganz akut, während viele Menschen in den reichen Nationen erst langsam zu realisieren scheinen, dass uns auch vergleichsweise großer Reichtum nicht auf ewig vor den Folgen unseres Tuns abschotten kann. Um diese neuen Formen der Herausforderung anzugehen, um eine echte Chance zu haben, unseren Ozean gesunden zu lassen und unsere Welt zu stabilisieren, müssen wir nicht nur unsere Politik ändern, sondern auch unsere Perspektive. Wir müssen uns selbst so sehen, wie wir wirklich sind.

*Falls* wir unsere Perspektive ändern und anerkennen, dass wir eine Spezies sind, die, trotz all der wunderbaren Erfindungen, vollständig von einer stabilen Biosphäre abhängig ist; *falls* wir anerkennen, dass wir eine Spezies sind, die Teil der Natur ist und nicht durch unsere große Intelligenz irgendwie abgelöst von der Natur existiert; *falls* wir zugeben, dass wir nun die Fähigkeit besitzen, die Biosphäre zu verändern und zu beschädigen, *dann* können wir auch anerkennen, dass der einzige Ausweg aus dieser Situation darin besteht, zu kooperieren und unsere gemeinsamen Probleme als wahrhaft globale Spezies auch gemeinsam zu lösen.

Globale Übereinkünfte mögen nur langsam zu erreichen, hart durchzusetzen und voller Kompromisse sein, doch für einen Wandel im großen Maßstab sind sie jetzt unverzichtbar. Glücklicherweise haben wir einige hilfreiche Kompetenzen entwickelt. Unsere einzigartigen Kommunikationsfähigkeiten und die Eigenschaft, wissenschaftliche Erkenntnisse, Theorien und bewährte Verfahren miteinander teilen zu können, kommen uns nun zugute. Wir müssen uns nur am Antarktisvertrag oder dem Walfangmoratorium orientieren, um uns zu erinnern, dass wichtige, weltverändernde Vereinbarungen möglich sind. Besteht also nicht doch Hoffnung, dass wir 30 Prozent der Ozeane zu Schutzzonen machen und das Hochseeabkommen umsetzen können? Ist es wirklich unmöglich, den Tiefseebergbau zu verbieten? Die Verschmutzung der Ozeane zu reduzieren? Uns über bewährte Verfahren der Aquakultur auszutauschen und sie durchzusetzen?

Die Perspektive zu ändern und unseren globalen Einfluss anzuerkennen, bedeutet nicht, dass die kleineren, lokalen Initiativen überflüssig wären – ganz im Gegenteil. Die anscheinend vereinzelten Maßnahmen liefern die Blaupause und die nötigen Belege für größere Initiativen; individuelle Geschichten tragen dazu bei, unser Selbstverständnis als Spezies zu modifizieren.

Die Menschen waren schon immer Geschichtenerzähler; schon seit der ersten menschlichen Zivilisation war es genau das, was unsere Kultur prägte, unsere Identität erschuf und das definierte, was wir für wichtig hielten. Unsere gemeinsamen Geschichten formten Religionen und Nationen, sie stärkten die Politik, sorgten für unsere Selbstwahrnehmung und die Sippen, zu denen wir uns hingezogen fühlen. Es lässt sich kaum ein bedeutender sozialer Wandel in der modernen Zeit finden – angefangen von der Bürgerrechtsbewegung bis zu gleichgeschlechtlichen Partnerschaften –, der nicht von individuellen Geschichten der Ungerechtigkeit oder Hoffnung geformt oder beschleunigt wurde. Das kann auch für unsere Verwandlung gelten – von einer Spezies, die den Ozean ausbeutet und plündert, hin zu einer, die ihn wiederbelebt und pflegt.

Bislang waren wir vor allem gut darin, Geschichten von Untergang und Zusammenbruch zu erzählen, sodass sich viele von uns problemlos einen zukünftigen Ozean vorstellen können mit gebleichten Korallen, an Plastik erstickten Schildkröten, Abwasserschwaden, Quallenschwärmen und Geisterstädten an den Küsten, wo einst von Leben pulsierende Fischerdörfer waren. Doch in Zukunft werden Geschichten von Innovation, Hoffnung sowie Heldinnen und Helden ebenso wichtig sein, da sie uns zeigen, wer wir sind, und uns zugleich inspirieren, wer wir noch werden können.

Das ist kein Märchen aus einer fernen Zukunft, sondern eine Realität, die für viele Menschen heute schon greifbar nahe ist. Stellen wir uns ein paar Kinder vor, die heute am Strand spielen, vielleicht einige Steine auftürmen, in der Brandung plantschen oder mit ihren Großeltern ein paar Köderfische füttern. *Sie* werden es noch erleben, wie diese Geschichte endet, werden sehen, wohin *unsere* Entscheidungen führen. Wenn wir unsere großartigen Entdeckungen nutzen, unsere einzigartigen Gehirne einsetzen und unsere unvergleichlichen Kommunikations- und Problemlösungsfähigkeiten einbringen, um den Ozean zu retten, dann werden sie ihre eigenen Kinder in einer Welt großziehen, in der die größten Herausforderungen, vor denen die Menschheit je stand, bereits angepackt wurden. Sie werden jahrzehntelange Erholung und Genesung miterleben. Sie werden größere Fisch- und Seevogelschwärme sowie Walgruppen beobachten können als jemand, der heute lebt. Sie werden Zeugen der Wiederbelebung der Küstengemeinschaften und des Wendepunkts bei der Stabilisierung unseres Klimas sein. Doch vor allem werden sie in einer Welt leben, in der unsere Spezies, die intelligenteste, die die Erde je kannte, sich weiterentwickelte, um nicht mehr nur über die Wellen zu herrschen, sondern um mit der größten denkbaren Wildnis in Einklang zu leben.

# NACHWORT

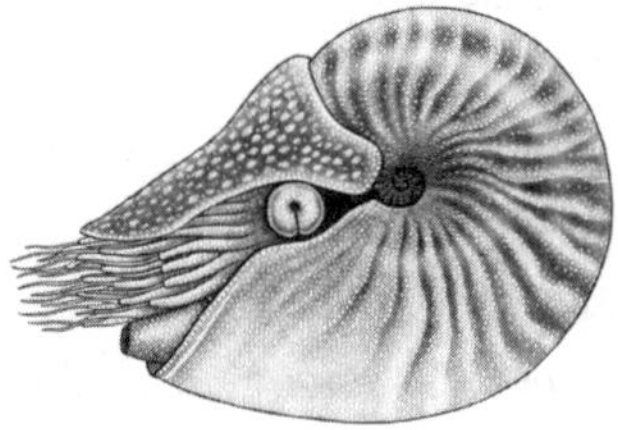

Einer der schönsten Ausdrücke in diesem Buch lautet »ist noch nicht bekannt«. Diese und ähnliche Formulierungen tauchen häufig auf den vorangegangenen Seiten auf, und sie enthalten das verlockende Versprechen noch ausstehender Entdeckungen, noch unbekannter Arten und einer Zukunft voller Ideen und Enthüllungen.

Entdeckungen gehören zu den großen Freuden bei der Erkundung der Natur. Sei es, wenn man aktiv etwas, das man zuvor noch nie gesehen hat, ausfindig macht oder aufdeckt, sei es der wundervolle Moment, in dem das neue Puzzlestück an den richtigen Platz gelegt wird und man mit einem Mal versteht, warum ein bestimmter Aspekt der Natur so funktioniert, wie er funktioniert. Die letzten 100 Jahre menschlicher Forschung im Ozean erbrachten häufig beides. Sogar während dieses Buch entstand, sind Forscherinnen und Forschern unglaubliche Entdeckungen über das Leben in unserem Ozean gelungen.

Mit dem Verstehen geht Verantwortung einher. Uns ist jetzt klar, dass unser weltumspannender Ozean schwer beschädigt ist, aber ist uns auch klar, wie unser zukünftiger Ozean aussehen soll? Es ist womöglich schwierig, sich vorzustellen, wie dieses Weltmeer in Zukunft beschaffen sein wird, denn heute kennt niemand mehr einen wirklich üppigen, blühenden Ozean. Es ist ganz normal, dass wir die

Naturwunder, die wir beim Aufwachsen kennenlernten, als »natürlich« empfinden und Verlust und Gewinn mit dieser Ausgangslinie abgleichen. Das kann so aber sicher nicht stimmen. Der Ozean, in dem ich in meiner Jugend vor 30 Jahren tauchte, war spektakulär, zugleich aber deutlich ärmer im Vergleich zu dem Ozean, in dem David vor 60 Jahren schwamm. Und so weiter.

Dabei gibt es keinen Grund, warum das so weitergehen muss. Auch wenn wir viele Wunder erst noch entdecken werden, so wissen wir inzwischen doch alles, was wir brauchen, um den Ozean wiederzubeleben. Wir verfügen über die entsprechenden Kenntnisse, aber, noch wichtiger, wir verfügen auch über die Beweise.

Wir haben reale Beweise, die uns zeigen, dass wir deutlich mehr erreichen können, als den Niedergang des Ozeans zu verlangsamen oder die aktuellen Zustände zu stabilisieren, denn die wichtigste Entdeckung der letzten Jahre ist die Fähigkeit des Ozeans zur eigenen Erholung. Einige Gemeinschaften sind vorangegangen und haben Teile des Ozeans auf der ganzen Welt geschützt, unter unterschiedlichen Bedingungen und in unterschiedlichen Habitaten, und überall kam das Leben mit spektakulären Ergebnissen zurück.

Zu häufig wird der Eindruck vermittelt, der Schutz des Ozeans sei eine Abwägung zwischen Naturschutz und Fischerei, dabei haben wir überall auf der Welt gesehen, dass gesunde Ozeane sowohl den Fischern und ihren Gemeinschaften als auch der Tierwelt guttun. Ein wiederbelebter Ozean sorgt für Nahrung, Lebensunterhalt, Kohlenstoffspeicherung, die Stabilität des Planeten … und vielleicht auch für ein paar atemberaubende Einstellungen in einem Dokumentarfilm. Wir hoffen, dass wir durch diese Geschichten über Entdeckungen, Wunder und Gesundung etwas Aufmerksamkeit auf die bemerkenswerten Geschenke lenken können, die der Ozean für uns alle bereithält.

Colin Butfield, Februar 2025

# DANKSAGUNG

Es mag poetisch sein, sich einen Autor (oder auch zwei, wie in diesem Fall) auszumalen, wie er sich zurückgezogen an einem einsamen Ort über die Geschichte beugt, die er erzählen möchte, und jeden Satz einzeln prüft, bis der Text endlich vollendet ist und er ihn in fehlerlosem Zustand an die Druckerei schickt. Dankenswerterweise war der Ablauf im vorliegenden Falle jedoch ziemlich anders. Die Wahrheit ist, dass dieses Buch das Ergebnis Hunderter Gespräche ist, von Dutzenden Expertinnen und Experten abhing und nur durch geduldige Freunde und Familien möglich wurde.

Die Idee zu *Ozeane. Die letzte Wildnis unserer Erde* entstand nebenbei, während wir einen Film über den Ozean drehten, der 2025 zu sehen sein soll. Auch wenn dieses Buch andere Geschichten erzählt und ein anderes Thema hat als der Film, so ist es doch aus einer ganz ähnlichen Idee hervorgegangen – ein Publikum zu inspirieren, damit es unseren Ozean versteht, liebt und schlussendlich wertschätzt. Wir sind dankbar für den kreativen Anschub durch Toby Nowlan und Keith Scholey sowie für die Talente von Doug Anderson, Sam Cooke, Philippa Edwards, Olly Scholey, Kate Streather, Toby Strong, Gavin Thurston und der Teams von Open Planet Studios und Silverback Films, deren wunderbare Arbeit an dem Film uns immer stärker zum Schreiben des Buchs motivierte.

Es ist eine Sache, die Idee für ein Buch zu entwickeln und einige Monate lang darüber zu reden, doch eine ganz andere, dann tatsächlich derart unterstützt und ermutigt zu werden, um mit dem Schreibprozess beginnen zu können. Wir schulden unseren Dank Robert Kirby und Michael Ridley, die an dieses Projekt glaubten und uns erneut mit dem Team von John Murray zusammenbrachten. Nick

Davies, Kate Hewson und Caroline Westmore haben uns dabei begleitet, sanft geführt und weitere ebenso kompetente Kolleginnen und Kollegen hinzugeholt, darunter Sarah Arratoon, Helena Dorée, Rebecca Folland, Rosie Gailer, Alice Graham, Hilary Hammond, Louise Henderson-Clark, Alice Herbert, Sophie Jackson, Amanda Jones, Zoë King, Sara Marafini, Janette Revill, Charlotte Robathan, David Roper, Tim Ryder, Megan Schaffer, Ellie Wheeldon, Graham Wild und Corinna Zifko. Vielen Dank für die Leidenschaft und Sorgfalt, die ihr alle in dieses Buch gesteckt habt.

Sie halfen uns außerdem dabei, weitere Mitarbeitende zu finden, deren Beiträge diese Veröffentlichung so sehr bereichern, insbesondere Yeachin Tsai mit ihrem wunderbaren Titelbild, unsere talentierte Illustratorin Jennifer Smith und die vielen Fotografinnen, Fotografen und Kameraleute, denen wir dankbar dafür sind, dass wir ihre mühsam erstellten Bilder nutzen dürfen.

Vor allem aber sind die Erzählungen auf diesen Seiten die Geschichten echter Menschen, Gemeinschaften und Expeditionen – wahrer Ozeanheldinnen und -helden. Vielen Dank dafür, dass ihr euch die Zeit genommen habt, mit uns zu sprechen, und dass ihr uns eure Geschichten anvertraut habt. Wir hoffen sehr, dass wir ihnen gerecht geworden sind. Wir sind auch unserem großen Freundeskreis und zahllosen Kolleginnen und Kollegen zu Dank verpflichtet, die uns beim Auffinden der Geschichten und der Forschung halfen und freundlich ihre Adressbücher öffneten, wann immer wir sie darum baten.

Doch wie immer gilt unser größter Dank unseren Familien. Schreiben kann ein sehr frustrierender Prozess sein, daher muss das Zusammenleben mit jemandem, der ein Buch schreibt, noch viel frustrierender sein. Sophie, Connor und Josh: Entschuldigung für die verlorenen Wochenenden und danke für all eure Unterstützung.

# BILDNACHWEIS

## BILDTEIL 1

KORALLENRIFFE S. 1: © Alex Mustard; S. 2–3: Olly Scholey © Open Planet Studios / Silverback Films; S. 4: Doug Anderson © Open Planet Studios / Silverback Films

TIEFSEE S. 5: © Atlantic Productions, aus *Great Barrier Reef with David Attenborough* (Foto: Freddie Claire); S. 6–7: Mit freundlicher Genehmigung von NOAA Office of Ocean Exploration and Research, Hohonu Moana 2016; S. 8 oben und unten: © NOAA / Ocean Exploration Trust

HOCHSEE S. 9 und S. 10–11: © Olly Scholey; S. 12: Doug Anderson © Open Planet Studios / Silverback Films

KELPWALD S. 13 und S. 16: Doug Anderson © Open Planet Studios / Silverback Films; S. 14–15: © Alex Mustard

## BILDTEIL 2

ARKTIS S. 1: Connect Images / Alexander Semenov / Getty Images; S. 2–3 und S. 4 oben: © Paul Nicklen Photography Inc.; S. 4 unten: © Rodney Bursiel Photography Inc.

MANGROVEN S. 5: © Ammar Alsayed Ahmed; S. 6–7: © Jillian Morris; S. 8: © Dhritiman Mukherjee

OZEANISCHE INSELN UND TIEFSEEBERGE S. 9: Foto mit freundlicher Genehmigung von NOAA Ocean Exploration, 2021 North Atlantic Stepping Stones: New England and Corner Rise Seamounts; S. 10–11: © Olly Scholey; S. 12: © Cristina Mittermeier Photography

SÜDLICHER OZEAN S. 13 oben: © Ben Osbourne/Silverback Films; S. 13 unten: © Olly Scholey; S. 14–15: Hector Skevington-Postles © Open Planet Studios / Silverback Films; S. 16: © Jeff Miller / Getty Images

Illustrationen im Text © Jennifer N. R. Smith

# QUELLEN UND LESETIPPS

## KORALLENRIFFE


Aretz, M. und Nudds, J., »The Coral Fauna of the Holkerian / Asbian Boundary Stratotype Section (Carboniferous) at Little Asby Scar (Cumbria, England) and Its Implications for the Boundary«, *Stratigraphy*, 2 (2005), S. 167–190.

Bollati, E. u. a., »Green Fluorescent Protein-like Pigments Optimise the Internal Light Environment in Symbiotic Reef-building Corals«, *eLife*, 11 (2022), e73 521.

Bourne, D. G., Morrow, K. M. und Webster, N. S., »Insights into the Coral Microbiome: Underpinning the Health and Resilience of Reef Ecosystems«, *Annual Review of Microbiology*, 70 (2016), S. 317–340.

Cooper, T. F., O'Leary, R. A. und Lough, J. M., »Growth of Western Australian Corals in the Anthropocene«, *Science*, 335, Nr. 6068 (2012), S. 593–596.

Cornwall, C. E. u. a., »Resistance of Corals and Coralline Algae to Ocean Acidification: Physiological Control of Calcification Under Natural pH Variability«, *Proceedings of the Royal Society B*, 285, Nr. 1884 (2018), 20 181 168.

CTI-CFF Regional Secretariat, *Regional Plan of Action 2.0: Coral Triangle Initiative on Coral Reefs, Fisheries and Food Security 2021–2030*, Manado, Indonesia: Coral Triangle Initiative on Coral Reefs, Fisheries and Food Security, 2022.

Darwin, Charles R., *The Structure and Distribution of Coral Reefs. Being the first part of the geology of the voyage of the Beagle, under the command of Capt. Fitzroy, R. N. during the years 1832 to 1836*, 1. Auflage, London: Smith, Elder, 1842.

Doney, S. C. u. a., »Ocean Acidification: The Other $CO_2$ Problem«, *Annual Review of Marine Science*, 1 (2009), S. 169–192.

Elise, S. u. a., »An Optimised Passive Acoustic Sampling Scheme to Discriminate Among Coral Reefs' Ecological States«, *Ecological Indicators*, 107 (2019), 105 627.

Eyal, G. u. a., »Spectral Diversity and Regulation of Coral Fluorescence in a Mesophotic Reef Habitat in the Red Sea«, *PLOS ONE*, 10 (2015), e0 128 697.

Eyre, B. D. u. a., »Coral Reefs Will Transition to Net Dissolving Before End of Century«, *Science*, 359, Nr. 6378 (2018), S. 908–911.

Frieler, K. u. a., »Limiting Global Warming to 2 °C Is Unlikely to Save Most Coral Reefs«, *Nature Climate Change*, 3 (2013), S. 165–170.

Goffredo, S. u. a., »Colony and Polyp Biometry and Size Structure in the Orange Coral *Astroides calycularis* (Scleractinia: Dendrophylliidae)«, *Marine Biology Research*, 7, Nr. 3 (2011), S. 272–280.

Gruber, N. u. a., »The Oceanic Sink for Anthropogenic $CO_2$ from 1994 to 2007«, *Science*, 363, Nr. 6432 (2019), S. 1193–1199.

Harborne, A. R. u. a., »Multiple Stressors and the Functioning of Coral Reefs«, *Annual Review of Marine Science*, 9 (2017), S. 445–468.

Hawkins, J. P. und Roberts, C. M., »Effects of Artisanal Fishing on Caribbean Coral Reefs«, *Conservation Biology*, 18, Nr. 1 (2004), S. 215–226.

Hoegh-Guldberg, O. und Bruno, J. F., »The Impact of Climate Change on the World's Marine Ecosystems«, *Science*, 328, Nr. 5985 (2010), S. 1523–1528.

Hughes, T. P. u. a., »Coral Reefs in the Anthropocene«, *Nature*, 546 (2017), S. 82–90.

—, »Spatial and Temporal Patterns of Mass Bleaching of Corals in the Anthropocene«, *Science*, 359, Nr. 6371 (2018), S. 80–83.

Intergovernmental Panel on Climate Change, *Climate Change 2021 – The Physical Science Basis: Working Group I Contribution to the Sixth Assessment Report of the Intergovernmental Panel on Climate Change*, 1. Auflage, Cambridge: Cambridge University Press, 2023.

Lapid, E., Wielgus, J. und Chadwick-Furman, N., »Sweeper Tentacles of the Brain Coral Platygyra daedalea: Induced Development and Effects on Competitors«, *Marine Ecology Progress Series*, 282 (2004), S. 161–171.

Lin, T.-H. u. a., »Exploring Coral Reef Biodiversity via Underwater Soundscapes«, *Biological Conservation*, 253 (2021), 108 901.

McClanahan, T. R. und Shafir, S. H., »Causes and Consequences of Sea Urchin Abundance and Diversity in Kenyan Coral Reef Lagoons«, *Oecologia*, 83 (1990), S. 362–370.

Matsuda, S. B. u. a., »Temperature-Mediated Acquisition of Rare Heterologous Symbionts Promotes Survival of Coral Larvae under Ocean Warming«, *Global Change Biology*, 28 (2022), S. 2006–2025.

Mourier, J. u. a., »Extreme Inverted Trophic Pyramid of Reef Sharks Supported by Spawning Groupers«, *Current Biology*, 26, Nr. 15 (2016), S. 2011–2016.

Mumby, P. J. u. a., »Marine Reserves, Fisheries Ban, and 20 Years of Positive

Change in a Coral Reef Ecosystem«, *Conservation Biology*, 35, Nr. 5 (2021), S. 1473–1483.

Roberts, C. M., »Effects of Fishing on the Ecosystem Structure of Coral Reefs«, *Conservation Biology*, 9, Nr. 5 (1995), S. 988–995.

Roopin, M. und Chadwick, N. E., »Benefits to Host Sea Anemones from Ammonia Contributions of Resident Anemonefish«, *Journal of Experimental Marine Biology and Ecology*, 370, Nr. 1–2 (2009), S. 27–34.

Sabine, C. L. u. a., »The Oceanic Sink for Anthropogenic $CO_2$«, *Science* 305, Nr. 5682 (2004), S. 367–371.

Sakai, K., »Effect of Colony Size, Polyp Size, and Budding Mode on Egg Production in a Colonial Coral«, *Biological Bulletin*, 195, Nr. 3 (1998), S. 319–325.

Sheppard, C., *Coral Reefs: A Natural History*, Princeton: Princeton University Press, 2021.

Simpson, S. u. a., »Attraction of Settlement-Stage Coral Reef Fishes to Reef Noise«, *Marine Ecology Progress Series*, 276 (2004), S. 263–268.

—, »Homeward Sound«, *Science*, 308, Nr. 5719 (2005), S. 221.

Smith, E. G. u. a., »Screening by Coral Green Fluorescent Protein (GFP)-like Chromoproteins Supports a role in Photoprotection of Zooxanthellae«, *Coral Reefs*, 32 (2013), S. 463–474.

Souter, D. u. a. (Hrsg.), *Status of Coral Reefs of the World: 2020*, Global Coral Reef Monitoring Network and International Coral Reef Initiative, 2021, doi: 10.59387/WOTJ9184.

Spalding, M. D., Ravilious, C. und Green, E. P., *World Atlas of Coral Reefs*, Berkeley, CA: University of California Press, 2001.

Tebbett, S. B., Connolly, S. R. und Bellwood, D. R., »Benthic Composition Changes on Coral Reefs at Global Scales«, *Nature Ecology and Evolution*, 7 (2023), S. 71–81.

Van Oppen, M. J. H. und Blackall, L. L., »Coral microbiome Dynamics, Functions and Design in a Changing World«, *Nature Reviews Microbiology*, 17, Nr. 9 (2019), S. 557–567.

Wilson, E. C., »Permian Corals from the Spring Mountains, Nevada«, *Journal of Paleontology*, 65, Nr. 5 (1991), S. 727–741.

Wisshak, M. u. a., »Ocean Acidification Accelerates Reef Bioerosion«, *PLOS ONE*, 7 (2012), e45124.

Zapalski, M. K. u. a., »Coralliths of Tabulate Corals from the Devonian of the Holy Cross Mountains (Poland)«, *Palaeogeography, Palaeoclimatology, Palaeoecology*, 585 (2022), 110745.

## TIEFSEE

Alfaro-Lucas, J. u. a., »Trophic Structure and Chemosynthesis Contributions to Heterotrophic Fauna Inhabiting an Abyssal Whale Carcass«, *Marine Ecology Progress Series*, 596 (2018), S. 1–12.

Anderson, T. R. und Rice, T., »Deserts on the Sea Floor: Edward Forbes and His Azoic Hypothesis for a Lifeless Deep Ocean«, *Endeavour*, 30, Nr. 4 (2006), S. 131–137.

Ausubel, J. H., Trew Crist, D. und Waggoner, P. E., *First Census of Marine Life 2010: Highlights of a Decade of Discovery*, Washington, DC: Census of Marine Life International Secretariat, 2010.

Bianchi, D. und Mislan, K. A. S., »Global Patterns of Diel Vertical Migration Times and Velocities from Acoustic Data: Global Patterns of Diel Vertical Migration«, *Limnology and Oceanography*, 61 (2016), S. 353–364.

Bolstad, K. S. R. u. a., »In-Situ Observations of an Intact Natural Whale Fall in Palmer Deep, Western Antarctic Peninsula«, *Polar Biology*, 46, Nr. 4 (2023), S. 123–132.

Bouchet, P. u. a., »Marine Biodiversity Discovery: The Metrics of New Species Descriptions«, *Frontiers in Marine Science*, 10 (2023), 929 989.

Boyd, P. W. u. a., »Multi-faceted Particle Pumps Drive Carbon Sequestration in the Ocean«, *Nature*, 568 (2019), S. 327–335.

Brierley, A. S., »Diel Vertical Migration«, *Current Biology*, 24 (2014), R1074-R1076.

Cailliet, G. M. u. a., »Age Determination and Validation Studies of Marine Fishes: Do Deep-Dwellers Live Longer?«, *Experimental Gerontology*, 36, Nr. 4–6 (2001), S. 739–764.

Corliss, J. B. u. a., »Submarine Thermal Springs on the Galápagos Rift«, *Science*, 203, Nr. 4385 (1979), S. 1073–1083.

Etter, W. und Hess, H., »Reviews and Syntheses: The First Records of Deep-Sea Fauna – a Correction and Discussion«, *Biogeosciences*, 12, Nr. 21 (2015), S. 6453–6462.

Foley, N. S., Van Rensburg, T. M. und Armstrong, C. W., »The Rise and Fall of the Irish Orange Roughy Fishery: An Economic Analysis«, *Marine Policy*, 35 (2011), S. 756–763.

Giering, S. L. C. u. a., »Reconciliation of the Carbon Budget in the Ocean's Twilight Zone«, *Nature*, 507 (2014), S. 480–483.

*Global Ocean Science Report: The Current Status of Ocean Science Around the World*, Paris: UNESCO Publishing, 2017.

Glover, A. G. und Smith, C. R., »The Deep-Sea Floor Ecosystem: Current Status and Prospects of Anthropogenic Change by the Year 2025«, *Environmental Conservation*, 30, Nr. 3 (2003), S. 219–241.

Harris, P. T. u. a., »Geomorphology of the Oceans«, *Marine Geology*, 352 (2014), S. 4–24.

Hein, J. R., Koschinsky, A. und Kuhn, T., »Deep-Ocean Polymetallic Nodules as a Resource for Critical Materials«, *Nature Reviews Earth & Environment*, 1 (2020), S. 158–169.

Jónasdóttir, S. H. u. a., »Seasonal Copepod Lipid Pump Promotes Carbon Sequestration in the Deep North Atlantic«, *Proceedings of the National Academy of Sciences of the United States of America*, 112, Nr. 39 (2015), S. 12122–12126.

Jones, E., *The Challenger Expedition: Exploring the Ocean's Depths*, London: Royal Museums Greenwich, 2022.

Kelley, D. S. u. a., »An Off-Axis Hydrothermal Vent Field Near the Mid-Atlantic Ridge at 30° N«, *Nature*, 412 (2001), S. 145–149.

Kobayashi, T., Nagai, H. und Kobayashi, K., »Concentration Profiles of 10Be in Large Manganese Crusts«, *Nuclear Instruments and Methods in Physics Research Section B: Beam Interactions with Materials and Atoms*, 172 (2000), S. 579–582.

Levin, L. A., Amon, D. J. und Lily, H., »Challenges to the Sustainability of Deep-Seabed Mining«, *Nature Sustainability*, 3 (2020), S. 784–794.

Mayer, L. u. a., »The Nippon Foundation – GEBCO Seabed 2030 Project: The Quest to See the World's Oceans Completely Mapped by 2030«, *Geosciences*, 8 (2018), S. 63.

Paulus, E., »Shedding Light on Deep-Sea Biodiversity – A Highly Vulnerable Habitat in the Face of Anthropogenic Change«, *Frontiers in Marine Science*, 8 (2021), 667 048.

Pitcher, T. J. u. a. (Hrsg.), *Seamounts: Ecology, Fisheries and Conservation*, Oxford: Blackwell, 2007.

Purser, A. u. a., »Association of Deep-Sea Incirrate Octopods with Manganese Crusts and Nodule Fields in the Pacific Ocean«, *Current Biology*, 26 (2016), R1268-R1269.

Roark, E. B. u. a., »Extreme Longevity in Proteinaceous Deep-Sea Corals«, *Proceedings of the National Academy of Sciences of the United States of America*, 106, Nr. 13 (2009), S. 5204–5208.

Robison, B. H., »Bioluminescence in the Benthopelagic Holothurian *Enypniastes eximia*«, *Journal of the Marine Biological Association of the United Kingdom*, 72, Nr. 2 (1992), S. 463–472.

Sala, E. u. a., »The Economics of Fishing the High Seas«, *Science Advances*, 4, Nr. 6 (2018), eaat2504.

Simon-Lledó, E. u. a., »Biological Effects 26 Years after Simulated Deep-Sea Mining«, *Scientific Reports*, 9 (2019), 8040.

Smith, C. R., Roman, J. und Nation, J. B., »A Metapopulation Model for Whale-Fall Specialists: The Largest Whales Are Essential to Prevent Species Extinctions«, *Journal of Marine Research*, 77, Nr. 2 (2019), S. 283–302.

Spiess, F. N. u. a., »East Pacific Rise: Hot Springs and Geophysical Experiments«, *Science*, 207, Nr. 4438 (1980), S. 1421–1433.

Tarling, G. A. u. a., »Carbon and Lipid Contents of the Copepod Calanus finmarchicus Entering Diapause in the Fram Strait and Their Contribution to the Boreal and Arctic Lipid Pump«, *Frontiers of Marine Science*, 9 (2022), 926 462.

Thiel, H. u. a., »The Large-scale Environmental Impact Experiment DISCOL – Reflection and Foresight«, *Deep Sea Research Part II: Topical Studies in Oceanography*, 48, Nr. 17–18 (2001), S. 3869–3882.

Thomas, K. N., Robison, B. H. und Johnsen, S., »Two Eyes for Two Purposes: In Situ Evidence for Asymmetric Vision in the Cockeyed squids *Histioteuthis heteropsis* and *Stigmatoteuthis dofleini*«, *Philosophical Transactions of the Royal Society B*, 372, Nr. 1717 (2017), 20 160 069.

Wölfl, A.-C. u. a., »Seafloor Mapping – The Challenge of a Truly Global Ocean Bathymetry«, *Frontiers of Marine Science*, 6 (2019), S. 283.

Yin, K., Zhang, D. und Xie, W., »Experimental Whale Falls in the South China Sea«, *Ocean-Land-Atmosphere Research*, 2, Nr. 2 (2023), 0005.

## HOCHSEE

Block, B. A. u. a., »Tracking Apex Marine Predator Movements in a Dynamic Ocean«, *Nature*, 475 (2011), S. 86–90.

Branch, T. A. u. a., »Past and Present Distribution, Densities and Movements of Blue Whales *Balaenoptera musculus* in the Southern Hemisphere and Northern Indian Ocean«, *Mammal Review*, 37, Nr. 2 (2007), S. 116–175.

Carmine, G. u. a., »Who Is the High Seas Fishing Industry?«, *One Earth*, 3, Nr. 6 (2020), S. 730–738.

Carwardine, M. u. a., *Handbook of Whales, Dolphins and Porpoises*, London: Bloomsbury, 2020.

Chiba, S. u. a., »Human Footprint in the Abyss: 30 Year Records of Deep-Sea Plastic Debris«, *Marine Policy*, 96 (2018), S. 204–212.

Clukey, K.E. u.a., »Investigation of Plastic Debris Ingestion by Four Species of Sea Turtles Collected as Bycatch in Pelagic Pacific Longline Fisheries«, *Marine Pollution Bulletin*, 120 (2017), S. 117–125.

Davies, T.E. u.a., »Multispecies Tracking Reveals a Major Seabird Hotspot in the North Atlantic«, *Conservation Letters*, 14, Nr. 5 (2021), e12824.

—, »Tracking Data and the Conservation of the High Seas: Opportunities and Challenges«, *Journal of Applied Ecology*, 58, Nr. 12 (2021), S. 2703–2710.

Duncan, E. u.a., »A Global Review of Marine Turtle Entanglement in Anthropogenic Debris: A Baseline for Further Action«, *Endangered Species Research*, 34 (2017), S. 431–448.

—, »Microplastic Ingestion Ubiquitous in Marine Turtles«, *Global Change Biology*, 25, Nr. 2 (2019), S. 744–752.

García-Alegre, A. u.a., »Seabed Litter Distribution in the High Seas of the Flemish Pass Area (NW Atlantic)«, *Scientia Marina*, 84 (2020), 93.

Hong, S., Lee, J. und Lim, S., »Navigational Threats by Derelict Fishing Gear to Navy Ships in the Korean Seas«, *Marine Pollution Bulletin*, 119 (2017), S. 100–105.

Houghton, J.D.R. u.a., »The Role of Infrequent and Extraordinary Deep Dives in Leatherback Turtles (*Dermochelys coriacea*)«, *Journal of Experimental Biology*, 211, Nr. 16 (2008), S. 2566–2575.

Jarvis, R.M. und Young, T., »Pressing Questions for Science, Policy, and Governance in the High Seas«, *Environmental Science & Policy*, 139, Nr. 3 (2023), S. 177–184.

Johnson, C.M. u.a., *Protecting Blue Corridors: Challenges and Solutions for Migratory Whales Navigating National and International Seas*, World Wildlife Fund, 2022.

Kühn, S. und Van Franeker, J.A., »Quantitative Overview of Marine Debris Ingested by Marine Megafauna«, *Marine Pollution Bulletin*, 151 (2020), 110858.

Laist, D.W., »Impacts of Marine Debris: Entanglement of Marine Life in Marine Debris Including a Comprehensive List of Species with Entanglement and Ingestion Records«, in J.M. Coe und D.B. Rogers (Hrsg.), *Marine Debris*, New York: Springer, 1997, S. 99–139.

Lebreton, L. u.a., »Industrialised Fishing Nations Largely Contribute to Floating Plastic Pollution in the North Pacific Subtropical Gyre«, *Scientific Reports*, 12 (2022), 12666.

Letessier, T.B. u.a., »Remote Reefs and Seamounts are the Last Refuges for Marine Predators Across the Indo-Pacific«, *PLOS Biology*, 17 (2019), e3000366.

Lohmann, K. J., Lohmann, C. M. F. und Endres, C. S., »The Sensory Ecology of Ocean Navigation«, *Journal of Experimental Biology*, 211, Nr. 11 (2008), S. 1719–1728.

Montecalvo, I. u. a., »Ocean Predators: Squids, Chinese Fleets and the Geopolitics of High Seas Fishing«, *Marine Policy*, 152 (2023), 105 584.

Mouritsen, H., »Long-Distance Navigation and Magnetoreception in Migratory Animals«, *Nature*, 558 (2018), S. 50–59.

Mucientes, G. und Queiroz, N., »Presence of Plastic Debris and Retained Fishing Hooks in Oceanic Sharks«, *Marine Pollution Bulletin*, 143 (2019), S. 6–11.

Nelms, S. E. u. a., »Investigating Microplastic Trophic Transfer in Marine Top Predators«, *Environmental Pollution*, 238 (2018), S. 999–1007.

—, »Plastic Pollution and Marine Megafauna: Recent Advances and Future Directions«, in Alice Horton (Hrsg.), *Plastic Pollution in the Global Ocean*, Singapore: World Scientific, 2023, S. 97–138.

Pacoureau, N. u. a., »Half a Century of Global Decline in Oceanic Sharks and Rays«, *Nature*, 589 (2021), S. 567–571.

Pérez Rodam, M. A., *A Third Assessment of Global Marine Fisheries Discards*, Rome: Food and Agriculture Organization of the United Nations, 2019.

Richardson, K., Hardesty, B. D. und Wilcox, C., »Estimates of Fishing Gear Loss Rates at a Global Scale: A Literature Review and Meta-analysis«, *Fish and Fisheries*, 20, Nr. 6 (2019), S. 1218–1231.

Rocha Jr, R. C., Clapham, P. J. und Ivashchenko, Y., »Emptying the Oceans: A Summary of Industrial Whaling Catches in the 20th Century«, *Marine Fisheries Review*, 76, Nr. 4 (2015), S. 37–48.

Romeo, T. u. a., »First Evidence of Presence of Plastic Debris in Stomach of Large Pelagic Fish in the Mediterranean Sea«, *Marine Pollution Bulletin*, 95, Nr. 1 (2015), S. 358–361.

Sala, E. u. a., »The Economics of Fishing the High Seas«, *Science Advances*, 4, Nr. 6 (2018), eaat2504.

Santos, R. G. u. a., »Debris Ingestion by Juvenile Marine Turtles: An Underestimated Problem«, *Marine Pollution Bulletin*, 93, Nr. 1–2 (2015), S. 37–43.

Senko, J. u. a., »Understanding Individual and Population-Level Effects of Plastic Pollution on Marine Megafauna«, *Endangered Species Research*, 43 (2020), S. 234–252.

Spotila, J. R., *Sea Turtles: A Complete Guide to Their Biology, Behavior, and Conservation*, Baltimore, MD: Johns Hopkins University Press, 2004.

Sumaila, U. R. u. a., »Winners and Losers in a World Where the High Seas Is Closed to Fishing«, *Scientific Reports*, 5 (2015), 8481.

Unger, B. u. a., »Large Amounts of Marine Debris Found in Sperm Whales Stranded Along the North Sea Coast in Early 2016«, *Marine Pollution Bulletin*, 112, Nr. 1–2 (2016), S. 134–141.

United Nations General Assembly, Agreement under the United Nations Convention on the Law of the Sea on the Conservation and Sustainable Use of Marine Biological Diversity of Areas Beyond National Jurisdiction, New York, 19. Juni 2023.

Zantis, L. J. u. a., »Assessing Microplastic Exposure of Large Marine Filter-Feeders«, *Science of the Total Environment*, 818 (2022), 151 815.

## KELPWALD

Cerda, O., Hinojosa, I. A. und Thiel, M., »Nest-Building Behavior by the Amphipod *Peramphithoe femorata* (Krøyer) on the Kelp *Macrocystis pyrifera* (Linnaeus) C. Agardh from Northern-Central Chile«, *Biological Bulletin*, 218, Nr. 3 (2010), S. 248–258.

Clendenning, K. A., »Organic Productivity in Kelp Area«, in W. A. North (Hrsg.), *The Biology of Giant Kelp Beds (Macrocystis) in California*, Lehre: J. Cramer Verlag, 1974, S. 259–263.

Darwin, Charles, *Die Fahrt der Beagle*, Hamburg, Germany: Mare, 2006.

Daub, C. D. u. a., »Fucoidan from *Ecklonia maxima* Is a Powerful Inhibitor of the Diabetes-Related Enzyme, α-glucosidase«, *International Journal of Biological Macromolecules*, 151, Nr. 8 (2020), S. 412–420.

Davis, R. W. und Pagano, A. M. (Hrsg.), *Ethology and Behavioral Ecology of Sea Otters and Polar Bears*, Cham: Springer, 2021.

Duarte, C. M. u. a., »Global Estimates of the Extent and Production of Macroalgal Forests«, *Global Ecology and Biogeography*, 31, Nr. 7 (2022), S. 1422–1439.

Feehan, C. J., Filbee-Dexter, K. und Wernberg, T., »Embrace Kelp Forests in the Coming Decade«, *Science*, 373, Nr. 6557 (2021), 863.

Hobday, A., »Abundance and Dispersal of Drifting Kelp *Macrocystis pyrifera* Rafts in the Southern California Bight«, *Marine Ecology Progress Series*, 195 (2000), S. 101–116.

—, »Persistence and Transport of Fauna on Drifting Kelp (*Macrocystis pyrifera* (L.) C. Agardh) Rafts in the Southern California Bight«, *Journal of Experimental Marine Biology and Ecology*, 253, Nr. 1 (2000), S. 75–96.

Jayathilake, D. R. M. und Costello, M. J., »A Modelled Global Distribution of the Kelp Biome«, *Biological Conservation*, 252 (2020), 108 815.

—, »Version 2 of the World Map of Laminarian Kelp Benefits from More Arctic Data and Makes it the Largest Marine Biome«, *Biological Conservation*, 257 (2021), 109 099.

Jorgensen, S. J. u. a., »Killer Whales Redistribute White Shark Foraging Pressure on Seals«, *Scientific Reports*, 9 (2019), 6153.

Krause-Jensen, D. und Duarte, C. M., »Substantial Role of Macroalgae in Marine Carbon Sequestration«, *Nature Geoscience*, 9 (2016), S. 737–742.

Krumhansl, K. A. u. a., »Global Patterns of Kelp Forest Change over the Past Half-Century«, *Proceedings of the National Academy of Sciences of the United States of America*, 113, Nr. 48 (2016), S. 13 785–13 790.

Li, H. u. a., »Transcriptomic Responses to Darkness and the Survival Strategy of the Kelp *Saccharina latissima* in the Early Polar Night«, *Frontiers of Marine Science*, 7 (2020), 592 033.

Lissner, A. L. und Dorsey, J. H., »Deep-Water Biological Assemblages of a Hard-Bottom Bank-Ridge Complex of the Southern California Continental Borderland«, *Bulletin of the Southern California Academy of Sciences*, 85 (1986), S. 87–101.

Mabate, B. u. a., »Fucoidan Structure and Its Impact on Glucose Metabolism: Implications for Diabetes and Cancer Therapy«, *Marine Drugs*, 19, Nr. 1 (2021), 30.

Martínez, E. A., Cárdenas, L. und Pinto, R., »Recovery and Genetic Diversity of the Intertidal Kelp *Lessonia nigrescens* (Phaeophyceae) 20 Years after El Niño 1982 / 83«, *Journal of Phycology*, 39, Nr. 3 (2003), S. 504–508.

Perissinotto, R. und McQuaid, C., »Deep Occurrence of the Giant Kelp *Macrocystis laevis* in the Southern Ocean«, *Marine Ecology Progress Series*, 81 (1992), S. 89–95.

Pessarrodona, A. u. a., »Carbon Sequestration and Climate Change Mitigation Using Macroalgae: A State of Knowledge Review«, *Biological Reviews*, 98, Nr. 6 (2023), S. 1945–1971.

Qin, Y., »Alginate Fibres: An Overview of the Production Processes and Applications in Wound Management«, *Polymer International*, 57 (2008), S. 171–180.

Rogers-Bennett, L. und Catton, C. A., »Marine Heat Wave and Multiple Stressors Tip Bull Kelp Forest to Sea Urchin Barrens«, *Scientific Reports*, 9 (2019), 15 050.

Schiel, D. R. und Foster, M. S., *The Biology and Ecology of Giant Kelp Forests*, Oakland, CA: University of California Press, 2015.

Schiel, D. R., Steinbeck, J. R. und Foster, M. S., »Ten Years of Induced Ocean Warming Causes Comprehensive Changes in Marine Benthic Communities«, *Ecology*, 85, Nr. 7 (2004), S. 1833–1839.

Smith, S. D. A., »Kelp Rafts in the Southern Ocean«, *Global Ecology and Biogeography*, 11 (2002), S. 67 ff.

Spalding, H., Foster, M. S. und Heine, J. N., »Composition, Distribution, and Abundance of Deep-Water (>30 m) Macroalgae in Central California«, *Journal of Phycology*, 39, Nr. 2 (2003), S. 273–284.

Starko, S., Wilkinson, D. P. und Bringloe, T. T., »Recent Global Model Underestimates the True Extent of Arctic Kelp Habitat«, *Biological Conservation*, 257 (2021), 109 082.

Towner, A. u. a., »Fear at the Top: Killer Whale Predation Drives White Shark Absence at South Africa's Largest Aggregation Site«, *African Journal of Marine Science*, 44, Nr. 2 (2022), S. 139–152.

Vergés, A. und Campbell, A. H., »Kelp Forests«, *Current Biology*, 30, Nr. 16 (2020), R919–R920.

Wernberg, T. u. a., »Climate-Driven Regime Shift of a Temperate Marine Ecosystem«, *Science*, 353, Nr. 6295 (2016), S. 169–172.

## ARKTIS

Albert, C. u. a., »Seasonal Variation of Mercury Contamination in Arctic Seabirds: A Pan-Arctic Assessment«, *Science of the Total Environment*, 750 (2021), 142 201.

Arctic Monitoring and Assessment Programme (AMAP), *Arctic Pollution Issues: A State of the Arctic Environment Report*, Tromsø: AMAP, 1997.

—, *Assessment 2020: POPs and Chemicals of Emerging Arctic Concern: Influence of Climate Change*, Tromsø: AMAP, 2021.

—, *Assessment 2021: Mercury in the Arctic*, Tromsø: AMAP, 2021.

Boltunov, A. u. a., »Persistent Organic Pollutants in the Pechora Sea Walruses«, *Polar Biology*, 42 (2019), S. 1775–1785.

Davis, R. W. und Pagano, A. M. (Hrsg.), *Ethology and Behavioral Ecology of Sea Otters and Polar Bears*, Cham: Springer, 2021.

Dietz, R. u. a., »Current State of Knowledge on Biological Effects from Contaminants on Arctic Wildlife and Fish«, *Science of the Total Environment*, 696 (2019), 133 792.

Higdon, J. W. und Ferguson, S. H., »Loss of Arctic Sea Ice Causing Punctuated Change in Sightings of Killer Whales (*Orcinus orca*) Over the Past Century«, *Ecological Applications*, 19 (2009), S. 1365–1375.

Higdon, J. W., Hauser, D. D. W. und Ferguson, S. H., »Killer Whales (*Orcinus orca*) in the Canadian Arctic: Distribution, Prey Items, Group Sizes, and Seasonality«, *Marine Mammal Science*, 28, Nr. 2 (2012), E93–E109.

Jay, C. V. u. a., »Walrus Haul-out and in – Water Activity Levels Relative to Sea Ice Availability in the Chukchi Sea«, *Journal of Mammalogy*, 98, Nr. 2 (2017), S. 386–396.

Kinnard, C. u. a., »Reconstructed Changes in Arctic Sea Ice over the Past 1,450 Years«, *Nature*, 479 (2011), S. 509–512.

Kwok, R., »Arctic Sea Ice Thickness, Volume, and Multiyear Ice Coverage: Losses and Coupled Variability (1958–2018)«, *Environmental Research Letters*, 13, Nr. 10 (2018), 105 005.

Laidre, K. L. u. a., »Interrelated Ecological Impacts of Climate Change on an Apex Predator«, *Ecological Applications*, 30, Nr. 4 (2020), e02 071.

Letcher, R. J. u. a., »Exposure and Effects Assessment of Persistent Organohalogen Contaminants in Arctic Wildlife and Fish«, *Science of the Total Environment*, 408 (2010), S. 2995–3043.

Lewis, K. M., van Dijken, G. L. und Arrigo, K. R., »Changes in Phytoplankton Concentration Now Drive Increased Arctic Ocean Primary Production«, *Science*, 369, Nr. 6500 (2020), S. 198–202.

Macdonald, R. W., Harner, T. und Fyfe, J., »Recent Climate Change in the Arctic and Its Impact on Contaminant Pathways and Interpretation of Temporal Trend Data«, *Science of the Total Environment*, 342, Nr. 1–3 (2005), S. 5–86.

Nansen, F., *Farthest North: Being the Record of a Voyage of Exploration of the Ship »Fram« 1893–96 and the Fifteenth Months' Sleigh Journey (George Newnes, by Arrangement with Archibald Constable)*, Cambridge: Cambridge University Press, 1898.

Notz, D. und Stroeve, J., »Observed Arctic Sea-Ice Loss Directly Follows Anthropogenic $CO_2$ Emission«, *Science*, 354, Nr. 6313 (2016), S. 747–750.

Pedro, S. u. a., »Blubber-Depth Distribution and Bioaccumulation of PCBs and Organochlorine Pesticides in Arctic-Invading Killer Whales«, *Science of the Total Environment*, 601–602 (2017), S. 237–246.

Posdaljian, N. u. a., »Changes in Sea Ice and Range Expansion of Sperm Whales in the Eclipse Sound Region of Baffin Bay, Canada«, *Global Change Biology*, 28, Nr. 12 (2022), S. 3860–3870.

Previdi, M., Smith, K. L. und Polvani, L. M., »Arctic Amplification of Climate Change: A Review of Underlying Mechanisms«, *Environmental Research Letters*, 16, Nr. 9 (2021), 093 003.

Rantanen, M. u. a., »The Arctic Has Warmed Nearly Four Times Faster than the Globe since 1979«, *Communications Earth & Environment*, 3 (2022), 168.

Rose, G. A., »Capelin (*Mallotus villosus*) Distribution and Climate: A Sea ›Canary‹ for Marine Ecosystem Change«, *ICES Journal of Marine Science*, 62, Nr. 7 (2005), S. 1524–1530.

Savinov, V. u. a., »Persistent Organic Pollutants in Ringed Seals from the Russian Arctic«, *Science of the Total Environment*, 409, Nr. 14 (2011), S. 2734–2745.

Scheuhammer, A. M. u. a., »Effects of Environmental Methylmercury on the Health of Wild Birds, Mammals, and Fish«, *AMBIO: A Journal of the Human Environment*, 36, Nr. 1 (2007), S. 12–19.

World Wildlife Fund, »The Tallurutiup Imanga National Marine Conservation Area«, *The Circle*, 4 (2020), S. 14 f.

Yurkowski, D. J. u. a., »A Temporal Shift in Trophic Diversity among a Predator Assemblage in a Warming Arctic«, *Royal Society Open Science*, 5, Nr. 10 (2018), 180 259.

## MANGROVEN

Armitage, A. R. u. a., »The Contribution of Mangrove Expansion to Salt Marsh Loss on the Texas Gulf Coast«, *PLOS ONE*, 10 (2015), e0 125 404.

Atwood, T. B. u. a., »Global Patterns in Mangrove Soil Carbon Stocks and Losses«, *Nature Climate Change*, 7 (2017), S. 523–528.

Bunting, P. u. a., »Global Mangrove Extent Change 1996–2020: Global Mangrove Watch Version 3.0«, *Remote Sensing*, 14, Nr. 15 (2022), 3657.

—, »Global Mangrove Watch: Updated 2010 Mangrove Forest Extent (v2.5)«, *Remote Sensing*, 14, Nr. 15 (2022), 1034.

Donato, D. C. u. a., »Mangroves Among the Most Carbon-Rich Forests in the Tropics«, *Nature Geoscience*, 4, Nr. 5 (2011), S. 293–297.

Elhassan, I., »Occurrence of the Green Sawfish *Pristis zijsron* in the Sudanese Red Sea with Observations on Reproduction«, *Endangered Species Research*, 36 (2018), S. 41–47.

Frias-Torres, S. und Luo, J., »Using Dual-Frequency Sonar to Detect Juvenile Goliath Grouper *Epinephelus itajara* in Mangrove Habitat«, *Endangered Species Research*, 7 (2009), S. 237–342.

Gaos, A. R. u. a., »Living on the Edge: Hawksbill Turtle Nesting and Conservation Along the Eastern Pacific Rim«, *Latin American Journal of Aquatic Research*, 45, Nr. 3 (2017), S. 572–584.

—, »Shifting the Life-History Paradigm: Discovery of Novel Habitat Use by Hawksbill Turtles«, *Biology Letters*, 8, Nr. 1 (2012), S. 54 ff.

Goldberg, L. u. a., »Global Declines in Human-Driven Mangrove Loss«, *Global Change Biology*, 26, Nr. 10 (2020), S. 5844–5855.

Hogarth, P. J., *The Biology of Mangroves and Seagrasses*, Oxford: Oxford University Press, 2015.

Hollensead, L. u. a., »Assessing Residency Time and Habitat Use of Juvenile Smalltooth Sawfish Using Acoustic Monitoring in a Nursery Habitat«, *Endangered Species Research*, 37 (2018), S. 119–131.

Igulu, M. M. u. a., »Mangrove Habitat Use by Juvenile Reef Fish: Meta-Analysis Reveals that Tidal Regime Matters more than Biogeographic Region«, *PLOS ONE*, 9 (2014), e114715.

Kanno, S. u. a., »Mangrove Use by Sharks and Rays: A Review«, *Marine Ecology Progress Series*, 724 (2023), S. 167–183.

Khan, M. M. H., »Species Diversity, Relative Abundance and Habitat Use of the Birds in the Sundarbans East Wildlife Sanctuary, Bangladesh«, *Forktail*, 21 (2005), S. 79–86.

Kristensen, E. u. a., »Organic Carbon Dynamics in Mangrove Ecosystems: A Review«, *Aquatic Botany*, 89, Nr. 2 (2008), S. 201–219.

Leal, M. und Spalding, M. D., *The State of the World's Mangroves 2022*, Global Mangrove Alliance, 2022.

McKee, K. L., Cahoon, D. R. und Feller, I. C., »Caribbean Mangroves Adjust to Rising Sea Level through Biotic Controls on Change in Soil Elevation«, *Global Ecology and Biogeography*, 16, Nr. 5 (2007), S. 545–556.

McLeod, E. u. a., »A Blueprint for Blue Carbon: Toward an Improved Understanding of the Role of Vegetated Coastal Habitats in Sequestering $CO_2$«, *Frontiers in Ecology and the Environment*, 9 (2011), S. 552–560.

Menéndez, P. u. a., »The Global Flood Protection Benefits of Mangroves«, *Scientific Reports*, 10 (2020), 4404.

Mumby, P. J. u. a., »Mangroves Enhance the Biomass of Coral Reef Fish Communities in the Caribbean«, *Nature*, 427 (2004), S. 533–536.

Nagelkerken, I. u. a., »The Habitat Function of Mangroves for Terrestrial and Marine Fauna: A Review«, *Aquatic Botany*, 89, Nr. 2 (2008), S. 155–185.

Naha, D. u. a., »Ranging, Activity and Habitat Use by Tigers in the Mangrove Forests of the Sundarban«, *PLOS ONE*, 11 (2016), e0152119.

Polidoro, B. A. u. a., »The Loss of Species: Mangrove Extinction Risk and Geographic Areas of Global Concern«, *PLOS ONE*, 5 (2010), e10095.

Saha, S. u. a., »Shark Diversity in the Indian Sundarban Biosphere«, *Journal of Fish Taxonomy*, 23 (2022), S. 54–58.

Sanderman, J. u. a., »A Global Map of Mangrove Forest Soil Carbon at 30 M Spatial Resolution«, *Environmental Research Letters*, 13, Nr. 5 (2018), 055 002.

Shah, S., *Pandemic: Tracking Contagions, from Cholera to Ebola and Beyond*, New York: Picador, 2017.

Spalding, M. D., Kainuma, M. und Collins, L., *World Atlas of Mangroves*, London: Earthscan, 2010.

Spalding, M. D. u. a., *Mangroves for Coastal Defence: Guidelines for Coastal Managers & Policy Makers*, Wetlands International and The Nature Conservancy, 2014.

Tomlinson, P. B., *The Botany of Mangroves*, 2. Auflage, New York: Cambridge University Press, 2016.

Wedemeyer-Strombel, K. R. u. a., »Fishers' Ecological Knowledge and Stable Isotope Analysis Reveal Mangrove Estuaries as Key Developmental Habitats for Critically Endangered Sea Turtles«, *Frontiers in Conservation Science*, 2 (2021), 796 868.

Worthington, T. und Spalding, M., *Mangrove Restoration Potential: A Global Map Highlighting a Critical Opportunity*, Apollo – University of Cambridge Repository, 2018, doi: 10.17863.

## OZEANISCHE INSELN UND TIEFSEEBERGE

Afonso, P. u. a., »The Azores: A Mid-Atlantic Hotspot for Marine Megafauna Research and Conservation«, *Frontiers of Marine Science*, 6 (2020), 826.

Bessudo, S. u. a., »Residency of the Scalloped Hammerhead Shark (*Sphyrna lewini*) at Malpelo Island and Evidence of Migration to Other Islands in the Eastern Tropical Pacific«, *Environmental Biology of Fishes*, 91, Nr. 2 (2011), S. 165–176.

Bo, M. u. a., »Persistence of Pristine Deep-Sea Coral Gardens in the Mediterranean Sea (SW Sardinia)«, *PLOS ONE*, 10 (2015), e0 119 393.

Booth, D. T. u. a., »Egg Viability of Green Turtles Nesting on Raine Island, the World's Largest Nesting Aggregation of Green Turtles«, *Australian Journal of Zoology*, 69 (2021), S. 12–17.

Carreiro-Silva, M. u. a., »Variability in Growth Rates of Long-Lived Black Coral Leiopathes sp. from the Azores«, *Marine Ecology Progress Series*, 473 (2013), S. 189–199.

Clark, M. R., Tittensor, D. und Rogers, A., *Seamounts, Deep-Sea Corals and Fisheries: Vulnerability of Deep-Sea Corals to Fishing on Seamounts Beyond*

*Areas of National Jurisdiction*, Cambridge: UNEP World Conservation Monitoring Centre, 2006.

Davies, T. E. u. a., »Multispecies Tracking Reveals a Major Seabird Hotspot in the North Atlantic«, *Conservation Letters*, 14, Nr. 5 (2021), e12 824.

Finley, C., »The Industrialization of Commercial Fishing, 1930–2016«, in *Oxford Research Encyclopedia of Environmental Science*, online edition, Oxford University Press, 2016, doi: 10.1093 / acrefore / 9 780 199 389 414.013.31.

Fock, H. O. u. a., »Diel and Habitat-Dependent Resource Utilisation by Deep-Sea Fishes at the Great Meteor Seamount: Niche Overlap and Support for the Sound Scattering Layer Interception Hypothesis«, *Marine Ecology Progress Series*, 244 (2002), S. 219–233.

Foley, N. S., van Rensburg, T. M. und Armstrong, C. W., »The Rise and Fall of the Irish Orange Roughy Fishery: An Economic Analysis«, *Marine Policy*, 35, Nr. 6 (2011), S. 756–763.

Isaacs, J. D. und Schwartzlose, R. A., »Migrant Sound Scatterers: Interaction with the Sea Floor«, *Science*, 150, Nr. 3705 (1965), S. 1810–1813.

Jensen, M. P. u. a., »Environmental Warming and Feminization of One of the Largest Sea Turtle Populations in the World«, *Current Biology*, 28, Nr. 1 (2018), S. 154–159.

Kerry, C. R., Exeter, O. M. und Witt, M. J., »Monitoring Global Fishing Activity in Proximity to Seamounts Using Automatic Identification Systems«, *Fish and Fisheries*, 23, Nr. 3 (2022), S. 733–749.

Leitner, A. B., Neuheimer, A. B. und Drazen, J. C., »Evidence for Long-Term Seamount-Induced Chlorophyll Enhancements«, *Scientific Reports*, 10 (2020), 12 729.

Letessier, T. B. u. a., »Remote Reefs and Seamounts Are the Last Refuges for Marine Predators Across the Indo-Pacific«, *PLOS Biology*, 17 (2019), e3 000 366.

McCauley, D. J. u. a., »Wealthy Countries Dominate Industrial Fishing«, *Science Advances*, 4, Nr. 6 (2018), eaau2161.

Mashayek, A. u. a., »On the Role of Seamounts in Upwelling Deep-Ocean Waters Through Turbulent Mixing«, *Proceedings of the National Academy of Sciences of the United States of America*, 121, Nr. 27 (2024), e2 322 163 121.

Morato, T. u. a., »Seamounts Are Hotspots of Pelagic Biodiversity in the Open Ocean«, *Proceedings of the National Academy of Sciences of the United States of America*, 107, Nr. 21 (2010), S. 9707–9711.

NOAA Office of National Marine Sanctuaries, *2020 State of Papahānaumokuākea Marine National Monument: Status and Trends 2008–2019*, Silver Spring, MD: US Department of Commerce, National Oceanic and Atmospheric Administration, Office of National Marine Sanctuaries, 2020.

Pitcher, T. J., *Seamounts: Ecology, Fisheries & Conservation*, Oxford: Blackwell, 2007.

Prouty, N. u. a., »Growth Rate and Age Distribution of Deep-Sea Black Corals in the Gulf of Mexico«, *Marine Ecology Progress Series*, 423 (2011), S. 101–115.

Roark, E. u. a., »Radiocarbon-Based Ages and Growth Rates of Hawaiian Deep-Sea Corals«, *Marine Ecology Progress Series*, 327 (2006), S. 1–14.

Rowden, A. A. u. a., »Paradigms in Seamount Ecology: Fact, Fiction and Future«, *Marine Ecology*, 31, series 1 (2010), S. 226–241.

Schmidt Ocean Institute, »Four New Seamounts Discovered in the High Seas, 2024«, Presseerklärung, 8. Februar 2024.

Silva, M. A. u. a., »Spatial and Temporal Distribution of Cetaceans in the Mid-Atlantic Waters Around the Azores«, *Marine Biology Research*, 10, Nr. 2 (2014), S. 123–137.

Tsukamoto, K., »Spawning of Eels Near a Seamount«, *Nature*, 439 (2006), 929.

## SÜDLICHER OZEAN

Atkinson, A. u. a., »A Re-appraisal of the Total Biomass and Annual Production of Antarctic Krill«, *Deep Sea Research Part I: Oceanographic Research Papers*, 56, Nr. 5 (2009), S. 727–740.

Basberg, B. und Headland, R. K., »The 19th Century Antarctic Sealing Industry: Sources, Data and Economic Significance«, NHH Department of Economics, Discussion Paper Nr. 21 (2008), doi: 10.2139 / ssrn.1553751.

Branch, T. A. u. a., »Past and Present Distribution, Densities and Movements of Blue Whales *Balaenoptera musculus* in the Southern Hemisphere and Northern Indian Ocean«, *Mammal Review*, 37, Nr. 2 (2007), S. 116–175.

Busch, B. C., *The War Against the Seals: A History of the North American Seal Fishery*, Montreal: McGill-Queen's University Press, 1987.

Cheng, L. u. a., »Past and Future Ocean Warming«, *Nature Reviews Earth & Environment*, 3 (2022), S. 776–794.

Clarke, A. und Johnston, N. M., »Antarctic Marine Benthic Diversity«, in R. N. Gibson und R. J. A. Atkinson (Hrsg.), *Oceanography and Marine Biology: An Annual Review*, London: Taylor & Francis, 2003, S. 47–114.

Costa, D. P. und Crocker, D. E., »Marine Mammals of the Southern Ocean«, in E. E. Hofmann u. a. (Hrsg.), *Antarctic Research Series*, Washington, DC: American Geophysical Union, 1996, S. 287–301.

Donohue, K. A. u. a., »Mean Antarctic Circumpolar Current Transport Measured in Drake Passage«, *Geophysical Research Letters*, 43, Nr. 22 (2016), S. 11760–11767.

Forcada, J. u. a., »Ninety Years of Change, from Commercial Extinction to Recovery, Range Expansion and Decline for Antarctic Fur Seals at South Georgia«, *Global Change Biology*, 29, Nr. 24 (2023), S. 6867–6887.

Fraser, C. u. a., »An Ocean Like No Other: The Southern Ocean's Ecological Richness and Significance for Global Climate«, *The Conversation*, 6. Dezember 2020.

Frölicher, T. L. u. a., »Dominance of the Southern Ocean in Anthropogenic Carbon and Heat Uptake in CMIP5 Models«, *Journal of Climate*, 28, Nr. 2 (2015), S. 862–886.

Government of New Zealand, »Ross Sea Region Marine Protected Area«, Presseerklärung, 26. Oktober 2016, https: //www.mfat.govt.nz / en / environment / antarctica-and-the-southern-ocean / ross-sea-region-marine-protected-area (zuletzt aufgerufen am 25. Mai 2024).

Hamabe, K., Matsuoka, K. und Kitakado, T., »Estimation of Abundance and Population Dynamics of the Antarctic Blue Whale in the Antarctic Ocean South of 60° S, from 70° E to 170° W«, *Marine Mammal Science*, 39 (2023), S. 671–687.

Hindell, M. A. u. a., »Circumpolar Habitat Use in the Southern Elephant Seal: Implications for Foraging Success and Population Trajectories«, *Ecosphere*, 7 (2016), e01213.

—, »Tracking of Marine Predators to Protect Southern Ocean Ecosystems«, *Nature*, 580 (2020), S. 87–92.

Hückstädt, L. A. u. a., »Projected Shifts in the Foraging Habitat of Crabeater Seals Along the Antarctic Peninsula«, *Nature Climate Change*, 10 (2020), S. 472–477.

Intergovernmental Panel on Climate Change (IPCC), *The Ocean and Cryosphere in a Changing Climate: Special Report of the Intergovernmental Panel on Climate Change*, 1. Auflage, Cambridge: Cambridge University Press, 2022.

Johnson, C. M. u. a., *Protecting Blue Corridors – Challenges and Solutions for Migratory Whales Navigating National and International Seas*, World Wildlife Fund, 2022.

Khatiwala, S. u. a., »Global Ocean Storage of Anthropogenic Carbon«, *Biogeosciences*, 10, Nr. 4 (2013), S. 2169–2191.

Kim, B.-M. u. a., »Antarctic Blackfin Icefish Genome Reveals Adaptations to Extreme Environments«, *Nature Ecology and Evolution*, 3 (2019), S. 469–478.

Laborie, J. u. a., »Estimation of Total Population Size of Southern Elephant Seals

(*Mirounga leonina*) on Kerguelen and Crozet Archipelagos Using Very High-Resolution Satellite Imagery«, *Frontiers of Marine Science*, 10 (2023), 1149100.

LaRue, M. u. a., »Insights from the First Global Population Estimate of Weddell Seals in Antarctica«, *Science Advances*, 7, Nr. 39 (2021), eabh3674.

Leaper, R. und Miller, C., »Management of Antarctic Baleen Whales Amid Past Exploitation, Current Threats and Complex Marine Ecosystems«, *Antarctic Science*, 23, Nr. 6 (2011), S. 503–529.

Li, Q. u. a., »Abyssal Ocean Overturning Slowdown and Warming Driven by Antarctic Meltwater«, *Nature*, 615 (2023), S. 841–847.

Lyne, M., »Deep Ocean Currents Around Antarctica Headed for Collapse, Study Finds«, University of New South Wales, 31. März 2023, www.sciencedaily.com/releases/2023/03/230330102327.htm (zuletzt aufgerufen am 15. Mai 2024).

Matsuoka, K. und Hakamada, T., »Estimates of Abundance and Abundance Trend of the Blue, Fin and Southern Right Whales in the Antarctic Areas IIIE-VIW, South of 60° S, Based on JARPA and JARPAII Sighting Data«, 2014.

Meyer, B., »The Overwintering of Antarctic krill, *Euphausia superba*, from an Ecophysiological Perspective«, *Polar Biology*, 35, Nr. 1 (2012), S. 15–37.

Moran, A. L. und Woods, H. A., »Why Might They Be Giants? Towards an Understanding of Polar Gigantism«, *Journal of Experimental Biology*, 215, Nr. 12 (2012), S. 1995–2002.

Nicol, S. und Robertson, G., »Ecological Consequences of Southern Ocean Harvesting«, in N. Gales (Hrsg.), *Marine Mammals: Fisheries, Tourism and Management Issues*, Collingwood, Australia: CSIRO Publishing, 2003, S. 48–61.

Pallin, L. J. u. a., »A Surplus No More? Variation in Krill Availability Impacts Reproductive Rates of Antarctic Baleen Whales«, *Global Change Biology*, 29, Nr. 8 (2023), S. 2108–2121.

Rankin, J. C. und Tuurala, H., »Gills of Antarctic Fish«, *Comparative Biochemistry and Physiology Part A: Molecular & Integrative Physiology*, 119 (1998), S. 149–163.

Rocha Jr, R. C., Clapham, P. J. und Ivashchenko, Y., »Emptying the Oceans: A Summary of Industrial Whaling Catches in the 20th Century«, *Marine Fisheries Review*, 76, Nr. 4 (2015), S. 37–48.

Rowlands, E. u. a., »The Effects of Combined Ocean Acidification and Nanoplastic Exposures on the Embryonic Development of Antarctic Krill«, *Frontiers of Marine Science*, 8 (2021), 709763.

Savoca, M. S. u. a., »Baleen Whale Prey Consumption Based on High-Resolution Foraging Measurements«, *Nature*, 599 (2021), S. 85–90.
Shishido, C. M. u. a., »Polar Gigantism and the Oxygen-Temperature Hypothesis: A Test of Upper Thermal Limits to Body Size in Antarctic Pycnogonids«, *Proceedings of the Royal Society B*, 286, Nr. 1900 (2019), 20190124.
Sidell, B. D. und O'Brien, K. M., »When Bad Things Happen to Good Fish: The Loss of Hemoglobin and Myoglobin Expression in Antarctic Icefishes«, *Journal of Experimental Biology*, 209, Nr. 10 (2006), S. 1791–1802.
Siegel, V., »Krill Stocks in High Latitudes of the Antarctic Lazarev Sea: Seasonal and Interannual Variation in Distribution, Abundance and Demography«, *Polar Biology*, 35, Nr. 8 (2012), S. 1151–1177.
Tarling, G. u. a., »Growth and Shrinkage in Antarctic Krill *Euphausia superba* is Sex-Dependent«, *Marine Ecology Progress Series*, 547 (2016), S. 61–78.

## IN EINER EINZIGEN MENSCHENGENERATION

Grémillet, D. u. a., »Radar Detectors Carried by Cape Gannets Reveal Surprisingly Few Fishing Vessel Encounters«, *PLOS ONE*, 14, Nr. 2 (2019), e0210328.
Sherley, R. B. u. a., »The Status and Conservation of the Cape Gannet *Morus capensis*«, *Ostrich: Journal of African Ornithology*, 90, Nr. 4 (2019), S. 335–346.
Tew Kai, E. u. a., »Are Cape Gannets Dependent upon Fishery Waste? A Multiscale Analysis Using Seabird GPS-Tracking, Hydro-Acoustic Surveys of Pelagic Fish and Vessel Monitoring Systems«, *Journal of Applied Ecology*, 50, Nr. 3 (2013), S. 659–670.

# REGISTER

## W



## Z